物探技术在水利工程中的应用

张　毅　裴少英　周项通　张宪君　杨　涛　著

U0253516

黄河水利出版社
· 郑　州 ·

内 容 提 要

本书根据实际物探工作中的经验,通过具体的工程案例,详细介绍了物探工作在水利工程中的应用情况。物探技术作为一种先进的检测手段,在水利工程中发挥着重要作用。全书共分为 6 章,具体包括物探技术在我国水利工程中的应用情况、水利工程前期探测、水利工程施工期物探检测、隧洞超前地质预报、水利工程运营期探测、水利工程物探技术发展趋势。本书旨在为相关从业者提供有益的参考和借鉴,推动物探技术在水利工程中的进一步应用和发展。

本书可供水利工程物探技术人员参考使用。

图书在版编目(CIP)数据

物探技术在水利工程中的应用/张毅等著. —郑州:
黄河水利出版社,2024.4
ISBN 978-7-5509-3864-9

Ⅰ.①物…　Ⅱ.①张…　Ⅲ.①地球物理勘探-应用-
水利工程-研究　Ⅳ.①TV

中国国家版本馆 CIP 数据核字(2024)第 077509 号

责任编辑	冯俊娜	责任校对	杨秀英
封面设计	黄瑞宁	责任监制	常红昕

出版发行　黄河水利出版社
　　　　　地址:河南省郑州市顺河路 49 号　邮政编码:450003
　　　　　网址:www.yrcp.com　E-mail:hhslcbs@126.com
　　　　　发行部电话:0371-66020550
承印单位　河南新华印刷集团有限公司
开　　本　787 mm×1 092 mm　1/16
印　　张　15.5
字　　数　358 千字
版次印次　2024 年 4 月第 1 版　2024 年 4 月第 1 次印刷
定　　价　98.00 元

前　言

　　水利工程物探是一门涉及多个学科、应用广泛的技术,它对水利工程的规划、设计和建设具有重要影响。工程物探对水利工程勘察的重要性主要体现在以下几个方面:首先,工程物探能够提供详尽的地质数据。通过观测和分析地下岩土层的物理场变化,可以获取地质体的空间分布、结构、物性参数等关键信息。这些信息对于评估水利工程地基的稳定性、确定施工方案以及预防潜在的地质灾害至关重要。其次,工程物探有助于提高勘察效率。传统的勘察方法往往耗时耗力,且可能受到环境、天气等因素的影响。而工程物探技术可以在较短的时间内覆盖较大的区域,并快速获取大量的数据,显著缩短勘察周期,提高工作效率。此外,工程物探技术还具有成本效益。相较于一些传统的勘察手段,工程物探往往不需要大量的钻探工作,降低了人力、物力和财力的投入。同时,由于其准确性和高效性,还可以减少后期施工中的不确定性和风险,进一步节省成本。总之,工程物探在水利勘察工作中的应用具有广泛性和重要性。它不仅可提供丰富的地质数据和信息,还可为水利工程的设计、施工和运行提供有力的技术支持与保障。随着技术的不断发展和完善,工程物探在水利勘察中的应用将更加深入和广泛。

　　本书是由5位长期从事水利工程物探工作的一线技术人员所著。本书全面而深入地探讨了水利工程物探的各个方面,包括技术应用、前期探测、施工期检测、隧洞超前地质预报和运营期探测等。作者根据实践经验和专业知识,精心构建了这本书的内容,旨在分享他们的经验和教训,为读者提供有价值的参考。

　　全书共分为六章。第1章和第6章由张宪君撰写,第2章由张毅撰写,第3章由裴少英撰写,第4章及辅文部分由杨涛撰写,第5章由周项通撰写。

作　者

2024 年 1 月

前 言

目　录

第 1 章　物探技术在我国水利工程中的应用情况

1.1　水资源与水利工程

1.1.1　主要水资源

通常所说的水资源是指陆地上各种可以被人们利用的淡水资源。

目前人类利用的主要淡水资源有河流水、淡水湖泊水、浅层地下水,只占淡水总储量的 0.3%。

按空间分布可以分为地表水(如江河水、湖泊水、冰川)和地下水(如潜水、承压水)。

按循环周期分类可以分为静态水资源(如淡水主体:冰川、内陆湖泊水、深层地下水)和动态水资源(地表水、浅层地下水、河流水),其中动态水资源与人类的关系最密切。

我国江河年径流总量 27 000 亿 m^3,仅次于巴西、俄罗斯、加拿大、美国和印度尼西亚,居世界第 6 位;人均占有量 2 240 m^3,不到世界平均数的 1/4。水资源空间分布为南方多北方少,东部多西部少。时间分布为夏秋两季多,冬春两季少,各年之间的变化很大。水资源时间分配不均的解决办法主要是修建水库等,水资源空间分布不均的解决办法主要为跨流域调水等。

一个区域的水资源主要有地下水、地表径流、降水、湖泊水等,其与降水量的大小、地表径流流入量、湖泊库容及其水资源量、冰川融化速度等呈正相关,和径流流出量、蒸发量、植物蒸腾量、地下径流流出量等呈负相关。

1.1.1.1　河流的补给来源

河流单一补给的很少,往往是多种水源补给,某种补给为主。

(1)雨水补给:是最主要的补给方式,流量随降水量变化而变化,汛期出现在雨季(可依据气候类型判断丰水期和枯水期)。

(2)积雪融水:纬度较高、冬季有大量积雪的地区,春季气温回升积雪融化而出现春汛,形成河流,如我国东北地区的河流。

(3)冰川融水:山岳冰川融化水,成为大河源头或干旱地区河流的主要水源。流量受气温影响,夏季流量大。

(4)湖泊水:对湖泊以下河流段径流起调节作用,丰水期可以削减洪峰,起到分洪蓄洪作用,枯水期起到补给径流的作用。人工水库、沼泽等湿地有同样的作用。

(5)地下水:是河流稳定而可靠的补给来源,往往构成河流的基流,如济南附近的小清河。

注意:冰川对河流和其他陆地水体的补给主要是单向补给;河流水、湖泊水和地下水之间,依据水位高低具有相互补给关系。

1.1.1.2 河流径流的变化

（1）季节变化:修水库以调节径流变化,保证生产和生活用水。

（2）年际变化:修水库以调节丰水年与枯水年的径流量。

1.1.1.3 地下水的类型、定义、补给及主要特征

地下水的类型、定义、补给及主要特征见表1-1。

表 1-1 地下水的类型、定义、补给及主要特征

类型	定义	补给	主要特征
潜水	埋藏在第一个隔水层之上	大气降水、地表水和空气中水汽进入地下凝结而成的水	有自由水面;在重力作用下水从高处向低处渗流;水量不稳定;水质易受污染;埋藏较浅
承压水	埋藏在上下两个隔水层之间,承受一定压力	潜水	有承压水面承受压力,水的运动取决于压力的大小,可从低处向高处渗流;水量稳定;水质不易受污染;埋藏较深

潜水的补给来源:

（1）大气降水。降雨历时长、强度不大、地形平缓、植被良好的情况,对地下水补给最有利。

（2）河湖水补给。河湖水位高于潜水面时,河湖水补给两岸潜水;反之,潜水补给河湖水。黄河下游只有河水补给地下水。

1.1.1.4 湖泊的类型、定义、补给及主要特征

按湖泊所在流域的特点分类,可将湖泊分为内流湖和外流湖。内流湖在内流区,基本上是咸水湖;外流湖在外流区,属于淡水湖。我国的湖泊主要在青藏高原湖区（世界最大的高原湖泊区,占我国湖泊面积的一半,青海湖是我国最大的湖泊）和东部平原湖区（主要分布在长江中下游平原、淮河下游和山东南部,是我国淡水湖最集中的地区）。我国五大淡水湖（鄱阳湖、洞庭湖、太湖、洪泽湖、巢湖）都分布在长江中下游平原地区。世界主要的湖泊分布在北欧地区、北美中部等,重要的湖泊有里海、贝加尔湖、死海、北美五大湖、维多利亚湖等。

1.1.2 水利工程

1.1.2.1 水资源规划与开发

水资源是国民经济和社会发展的重要基础,因此必须进行合理规划与开发。水利工程在规划与开发水资源方面起着重要作用。首先,要进行水资源调查和分析,了解水资源的分布、储量、水质等情况。其次,要制订科学的水资源规划方案（包括水量分配、水质保护、水资源利用等）。最后,要采取有效的措施（如修建水库、水闸、泵站等）,实现水资源

的合理开发和利用。

1.1.2.2 水电站建设

水电站是利用水能资源发电的重要设施,对于促进能源结构调整、改善能源供应状况具有重要意义。水电站建设需要经过科学论证和充分准备,选择合适的水电开发地点,制订合理的建设方案。同时,在建设过程中要注重环境保护和生态修复,避免对周围环境和生态造成不良影响。

1.1.2.3 防洪工程

防洪工程是保障人民生命财产安全的重要措施之一。在洪水灾害易发地区,应加强防洪工程建设(包括堤防、水库、蓄滞洪区等)。这些工程可以有效抵御洪水灾害,减少灾害损失。同时,要加强洪水预警和应急响应机制建设,提高防洪减灾能力。

1.1.2.4 灌溉工程

灌溉工程是农业生产的重要组成部分,对于保障粮食安全和提高农业效益具有重要意义。灌溉工程建设需要根据当地的自然条件和农业需求进行科学规划,选择合适的灌溉方式和设备。同时,要加强灌溉用水管理和节水技术推广,提高灌溉效率和水资源利用效率。

1.1.2.5 水环境治理

水环境治理是保护水资源和生态环境的重要措施之一。应加强水污染防治和水环境治理工作,包括污水处理厂建设、排污口整治、河道整治等。同时,要加强水生态保护和修复工作(如湿地保护、水生生物保护等)。通过这些措施可以有效改善水环境质量,保障人民健康和生态环境安全。

1.1.2.6 跨流域调水

跨流域调水是解决水资源分布不均和水资源短缺问题的重要手段之一。应根据不同地区的自然条件和需求进行科学规划,选择合适的调水路线和方案。同时,要加强调水工程的建设和管理,确保调水工程的正常运行和效益发挥。此外,还要注重环境保护和生态修复工作,避免对周围环境和生态造成不良影响。

1.1.2.7 水土保持与生态修复

水土保持与生态修复是保护生态环境和促进可持续发展的重要措施之一。应加强水土流失防治和水土保持工作(包括水土保持工程建设、水土流失监测与评估等)。同时,要加强生态修复工作(如湿地修复、河道整治等)。通过这些措施可以有效保护生态环境和促进可持续发展。

1.1.2.8 水能资源开发

水能资源是清洁的可再生能源之一,具有广阔的开发前景。应根据当地的水能资源条件和需求进行科学规划,选择合适的水电开发方式和方案。同时,要加强水电站建设和运营管理,确保水电站的正常运行和效益发挥。此外,还要注重环境保护和生态修复工作,避免对周围环境和生态造成不良影响。

1.2 国内外物探装备及技术现状

1.2.1 物探技术现状

目前,国内外主要水利工程物探装备包括地震勘探设备、重力勘探设备、磁法勘探设备、电法勘探设备、隧道超前探测设备和声呐勘探设备。其中,地震勘探设备是应用最广泛、最重要的物探装备之一,而重力勘探设备、磁法勘探设备和电法勘探设备则在不同领域和特定条件下发挥着重要作用。

物探技术自从在水利工程中应用以来,就在不断地发展和广泛地应用。特别是近几十年来,随着电子技术的发展、互联网的全面普及,物探技术也在不断地向数字化方向发展,从最初的简单勘探到如今的高精度勘探,顺应科学技术的发展,物探能力也在不断提高,而物探技术的发展主要靠的是物探装备,而物探装备的发展主要体现在以下几个方面。

计算机技术的不断发展和更新,促使地震资料处理技术也在不断地发展变化,从最初的模拟处理到现在的数字处理,从原来的简单到现在的复杂,无疑不在诠释这种技术的发展与应用。

随着地震资料硬件处理技术的发展,其软件处理系统也在不断发生着变化,而物探技术是水利工程勘探的重要技术所在。

随着综合国力的提升,我国的物探技术也在不断地发展,而物探技术主要应用于勘探,因此物探技术的发展进步应从勘探市场入手,在双方追求共同利益的前提下,完成好共同的计划。因此,市场经济的发展可以有效地促进科学技术的进步和发展。

国内陆地勘探市场为物探技术的进步和发展提供了一定的平台,而海上和海外勘探将会成为物探技术进一步发展的最具潜力的市场。随着科学技术的突飞猛进,物探技术不仅在陆地勘探市场中得到应用,在海上和海外勘探市场都有在研究,并且取得了突出的成就,尤其是在水利工程前期勘探方面做出了巨大的贡献。对于水利工程前期勘探,由于其复杂性,在促进物探技术发展、给物探技术带来一些新的机遇的同时,也难免存在一些挑战。在很久以前,我国就提出了"稳定东部,发展西部"的战略方针,该战略方针的提出,为后续我国的物探技术发展指明了方向。

改革开放前,我国物探设备相对较简陋,主要是来自苏联。20世纪80年代后,我国引进了欧美等西方国家的先进设备,以及随着我国经济及科技水平的高速发展,涌现出大量的高性能国产物探设备。国产设备在数据采集记录、处理分析等方面有了突破性进展,极大地促进了物探技术的发展与进步。目前,我们使用较多的仪器有北京市水电物探研究所生产的SWS多波工程勘探仪;武汉岩海工程技术有限公司生产的桩基检测仪、声波仪、载荷仪;中地装(重庆)地质仪器有限公司生产的地震仪高密度电法仪;徐州建工建设工程有限公司所生产的载荷仪;中国科学院岩土所、物化探所、力学所生产的各种仪器和传感器等,这些设备的性能已接近或达到国外仪器的水平,为物探技术的继续发展铺设了道路。

1.2.1.1　地震勘探技术

地震勘探技术是目前应用最广泛的物探技术之一,其原理是通过人工地震或自然地震产生的地震波在地下介质中的传播和反射来探测地下地质结构和矿产资源。目前,地震勘探技术已经实现了高精度、高分辨率和高效率的勘探。地震勘探是一种通过研究地震波在地层中的传播规律来探测地下结构和地质特征的方法。当地震波在地层中传播时,由于地层介质性质的不同,地震波的传播速度、振幅、相位等都会发生变化。通过在地面上设置地震波接收器,可以记录地震波在地层中的传播情况,然后通过分析地震波的传播规律,推断出地下地层的结构和性质。

地震勘探方法主要包括反射法和折射法。反射法是最常用的地震勘探方法,它是通过在地面上布置一系列地震波接收器,接收反射回来的地震波信号,然后通过处理和分析这些信号,可以得到地下地层的结构和性质。折射法则是通过测量地震波在地层中的传播速度,推算出地下地层的深度和厚度。

目前,地震勘探设备主要包括地震波接收器、地震激发装置和处理分析系统。地震波接收器用于接收地震波信号,通常由多个传感器组成,可以接收来自不同方向的地震波信号。地震激发装置则用于产生地震波信号,通常采用炸药或可控震源等方式。处理分析系统则用于对接收到的地震波信号进行处理和分析,包括数据采集、预处理、反演解释等环节。

地震勘探数据处理是地震勘探过程中的重要环节,它包括对接收到的地震波信号进行预处理、滤波、叠加、偏移等处理,以提高数据的质量和分辨率。同时,还需要进行反演解释,通过建立地下地层的模型,对地震数据进行解释和分析,得到地下地层的结构和性质等信息。

在地震勘探技术的发展过程中,也面临着一些挑战和问题。例如,在复杂地质条件下的探测精度和可靠性问题、数据处理和分析的自动化程度不足等问题。为了解决这些问题,需要采取以下措施:

(1)加强基础研究。通过对地震波传播规律、地层结构特征等方面的深入研究,可以提高探测精度和可靠性。

(2)引入新技术。例如,采用人工智能和大数据等技术可以提高数据处理与分析的自动化程度及准确性。

(3)加强设备研发。通过不断改进和完善设备性能,提高设备的稳定性与可靠性等方面的工作可以提高探测精度及可靠性。

1.2.1.2　重力勘探技术

重力勘探技术是通过测量地球重力场的变化来探测地下地质结构和矿产资源的方法。其原理是地下介质密度和磁性变化导致重力场的变化,通过测量这种变化推断出地下地质结构和矿产资源的分布。虽然重力勘探技术已经取得了很大的进展,但仍存在一些问题与挑战。其中,最主要的问题是精度和分辨率。目前,重力勘探技术的精度和分辨率还有待提高。此外,对于复杂地质条件的处理和分析也是一项重要的挑战。

1.2.1.3　磁法勘探技术

磁法勘探技术是通过测量地球磁场的变化来探测地下地质结构和矿产资源的方法。

其原理是地下介质磁性变化导致磁场的变化,通过测量这种变化推断出地下地质结构和矿产资源的分布。磁法勘探是一种利用地磁场的变化来探测地下矿产、地质构造和其他地下异常的方法。随着科技的发展,磁法勘探技术不断提高,逐渐成为地质勘察和地球物理研究的重要手段。本书将对磁法勘探技术的现状进行概述,包括技术发展历程、设备与仪器、数据处理与分析、应用领域拓展以及技术挑战与前景展望。

(1)技术发展历程。19世纪初,人们开始利用磁法勘探技术来研究地球磁场的变化。随着技术的发展,磁法勘探逐渐从简单的磁力测量发展到高精度的磁测、磁测数据处理和解释。近年来,随着计算机技术和数字信号处理技术的发展,磁法勘探技术不断提高,应用范围也不断扩大。

(2)设备与仪器。目前,磁法勘探的设备主要包括磁力仪、磁测仪器和数据处理设备。其中,磁力仪是用于测量地磁场强度的设备,其精度和稳定性直接影响测量结果。近年来,随着电子技术的发展,高精度、高稳定性的磁力仪不断涌现。此外,为了提高测量效率,一些新型的磁测仪器如航空磁测仪、三维磁测仪等也逐渐应用于实际工作中。

(3)数据处理与分析。磁法勘探数据处理是整个工作流程中的重要环节。目前,常用的数据处理方法包括最小二乘法、反演计算等。通过对测量数据进行处理和分析,可以提取出地下地质构造和异常信息,为地质勘察提供重要依据。同时,随着计算机技术的发展,一些专业的数据处理软件不断涌现,大大提高了数据处理效率和质量。

(4)应用领域拓展。随着技术的发展和应用领域的拓展,磁法勘探技术的应用范围不断扩大。目前,除传统的地质勘察外,磁法勘探还广泛应用于考古、环保、城市规划等领域。例如,在考古领域中,通过磁法勘探可以确定古代遗址的位置和范围;在环保领域中,可以用于监测地下水污染和土壤污染;在城市规划中,可以用于探测地下管线和其他地下设施。

1.2.1.4　电法勘探技术

电法勘探技术是通过测量地球电场的变化来探测地下地质结构和矿产资源的方法。其原理是地下介质电性变化导致电场的变化,通过测量这种变化推断出地下地质结构和矿产资源的分布。随着科技的发展,电法勘探的硬件设备也在不断进步。现代电法勘探设备通常采用高精度的测量仪器和先进的信号处理技术,具有高稳定性、高精度、高效率等特点。同时,随着电子技术的发展,设备的体积和质量也在不断减小,使得电法勘探更加方便快捷。

(1)软件算法进步。在软件算法方面,现代电法勘探技术采用了许多先进的数值模拟技术和反演算法,提高了数据处理和解释的精度与效率。同时,随着人工智能和机器学习技术的发展,这些技术也被应用于电法勘探,如神经网络、支持向量机等,进一步提高了数据处理和解释的智能化水平。

(2)应用领域拓展。电法勘探技术的应用领域也在不断拓展。除传统的矿产资源探测外,还被广泛应用于油气勘探、地热资源开发、水文地质研究、城市地质调查等领域。随着应用领域的拓展,电法勘探技术的需求也在不断增加,推动了技术的不断发展和进步。

(3)挑战与解决方案。尽管电法勘探技术已经取得了很大的进步,但仍面临着一些挑战。例如,复杂地形和地表干扰对测量精度的影响、数据处理和解释的难度等。为了解决这些问题,需要采取一系列措施,如加强基础理论研究、提高硬件设备的稳定性和精度、优化数据处理算法等。

(4)技术规范与标准。为了规范电法勘探技术的应用和发展,需要建立和完善相关的技术规范及标准。这些规范和标准包括测量方法、数据处理解释方法、设备质量要求等方面,以确保电法勘探结果的准确性和可靠性。同时,对于电法勘探设备的生产和应用,也需要建立相应的标准和规范,以确保设备的性能和质量符合要求。

总之,电法勘探技术是一种重要的地球物理勘探方法,在水利工程领域有着广泛的应用前景。随着技术的不断发展和进步,相信未来电法勘探技术的应用将会更加广泛和深入。

1.2.1.5　隧道超前探测系统

隧道超前探测系统是一种用于探测隧道前方地质情况、岩石结构和潜在危险的先进技术系统。该系统通过非接触方式对隧道前方的地质条件进行探测,为隧道施工提供重要的地质信息,以确保施工安全和施工效率。

隧道超前探测系统的主要目的是通过探测隧道前方的地质条件,为施工提供准确的地质信息,以避免施工过程中的地质灾害和危险,确保施工安全。此外,该系统还可以帮助施工人员更好地了解隧道前方的岩石结构和地质构造,为制订更加合理的施工方案提供依据。

1. 主要功能

隧道超前探测系统的主要功能包括:

(1)探测隧道前方的地质条件,包括岩石类型、结构、含水情况等。

(2)探测隧道前方的潜在危险,如断层、破碎带、岩溶等。

(3)提供准确的地质信息,为制订施工方案提供依据。

(4)实时监测隧道施工过程中的地质变化,确保施工安全。

(5)对探测数据进行处理和分析,为后续施工提供参考。

2. 系统组成

隧道超前探测系统主要由以下3个部分组成:

(1)探测器。用于发射和接收探测信号,包括超声波、红外线、电磁波等。

(2)数据处理单元。对探测器接收到的信号进行处理和分析,提取有用的地质信息。

(3)显示与控制单元。将处理后的数据以图形或数字形式显示出来,方便施工人员查看和分析。

3. 探测方法

隧道超前探测系统采用的探测方法主要有以下3种:

(1)超声波探测。利用超声波在岩石中的传播特性,通过测量超声波在岩石中的传播时间和速度,可以计算出岩石的厚度和岩石的物理性质。

(2)红外线探测。利用不同岩石和地质构造对红外线的吸收和反射特性不同,通过测量红外线的反射和透射情况,可以判断出岩石的类型和结构。

(3)电磁波探测。利用电磁波在岩石中的传播特性,通过测量电磁波在岩石中的传播时间和幅度,可以判断出岩石的含水情况和岩石的物理性质。

4. 应用领域

隧道超前探测系统在以下领域有着广泛的应用：

（1）隧道施工。在隧道施工过程中，超前探测系统可以提供准确的地质信息，帮助施工人员制订更加合理的施工方案，避免地质灾害和危险的发生。

（2）地质勘探。在地质勘探过程中，超前探测系统可以提供更加准确的地质信息和岩石结构信息，为地质勘探提供更加准确的依据。

（3）其他领域。隧道超前探测系统除在隧道施工和地质勘探领域有着广泛的应用外，还可以应用于其他需要探测地质信息和岩石结构的领域。

5. 发展趋势

随着科技的不断发展和进步，隧道超前探测系统将会朝着以下方向发展：

1）高精度探测技术

提高探测系统的精度和分辨率，使探测结果更加准确和可靠。

2）多功能集成化

将多种探测方法和功能集成于一体，提高系统的综合性能和适用范围。

3）智能化发展

引入人工智能和大数据技术，实现系统的智能化发展，提高系统的自动化程度和效率。

1.2.1.6　声呐勘探技术

声呐勘探技术是一种利用声波在水下进行探测和通信的技术。它通过向水下目标发射声波，然后接收回波信号，对回波信号进行处理和分析，可以获得水下目标的距离、位置、形状等信息。声呐勘探技术被广泛应用于海洋探测、水下考古、水下资源开发、海洋救援等领域。

1. 声呐勘探系统

声呐勘探系统是一种利用声呐勘探技术进行水下探测的系统。它由声呐设备、数据处理和分析设备、显示设备等组成。其中，声呐设备负责向水下发射声波并接收回波信号，数据处理和分析设备负责对回波信号进行处理和分析，显示设备则将处理和分析结果以图像或数据的形式显示出来。

2. 声呐勘探应用

（1）海洋资源探测。声呐勘探系统可以用于探测海底资源，如石油、天然气等。通过对海底地形地貌的探测和分析，可以确定资源的分布和储量。

（2）水下考古。声呐勘探系统可以用于水下考古，通过对水下遗址的探测和分析，可以了解历史文化的分布和演变。

（3）海洋救援。声呐勘探系统可以用于海洋救援，通过对水下目标的探测和分析，确定遇险人员的位置和状态，为救援工作提供重要信息。

（4）水下机器人探测。声呐勘探系统可以与水下机器人相结合，通过机器人对水下目标的探测和分析，可以实现远程控制和自主导航等功能。

3. 声呐勘探发展趋势

（1）高分辨率。随着技术的发展，声呐设备的分辨率越来越高，可以更加准确地探测和分析水下目标。

（2）多频段多模式。未来声呐设备将采用多频段多模式的工作方式，可以适应不同的探测需求和环境条件。

（3）智能化。随着人工智能技术的发展，未来声呐设备将更加智能化，可以实现自主导航和决策等功能。

（4）网络化。未来声呐设备将实现网络化连接，可以通过互联网进行远程控制和数据传输等功能。

（5）轻量化小型化。未来声呐设备将更加轻量化和小型化，可以方便地携带和运输。

1.2.2 国内外物探技术比较

1.2.2.1 技术实力比较

国内物探技术在近年来得到了快速发展，技术实力不断提升，但与国外先进水平相比仍存在一定差距。国外物探技术在长期的发展过程中积累了丰富的经验和技术储备，具有较高的技术水平和丰富的实践经验。而国内物探技术虽然发展迅速，但在某些关键技术和应用领域仍需要进一步加强研究和创新。

1.2.2.2 设备先进性比较

国内外物探设备在技术研发和创新方面都有一定的投入，设备先进性相对较高。但与国外知名品牌相比，国内设备的性能和质量仍存在一定差距。同时，国内设备制造企业在智能化和自动化程度方面还需要进一步加强研究和创新，提高设备的操作便捷性和工作效率。

1.2.2.3 应用领域比较

国内外物探技术在应用领域上也存在差异。国内物探技术主要应用于矿产资源勘探、能源开发、城市地下管线探测、考古研究等领域。

1. 国内物探应用领域

（1）矿产资源勘探。在国内，物探技术广泛应用于矿产勘探领域。通过地震、重力、磁法等物探方法，可以确定矿体的位置、大小和埋深，为矿山设计和开采提供重要依据。

（2）能源开发。在能源开发领域，物探技术对于石油、天然气等资源的勘探和开发具有重要作用。通过地震勘探可以确定油气储藏的位置和储量，为油田开发提供决策支持。

（3）城市地下管线探测。在城市建设中，地下管线是重要的基础设施。物探技术可以用于探测地下管线的位置、埋深和走向，为城市规划和管理提供依据。

（4）考古研究。物探技术在考古研究中也有广泛应用。通过磁法、电阻率等物探方法，可以确定遗址的位置和范围，为考古发掘提供指导。

2. 国外物探应用领域

（1）军事领域。在国外，物探技术在军事领域的应用也受到重视。通过高精度的地震勘探和重力测量等手段，可以侦测敌方地下设施的位置和深度，为军事行动提供情报支持。

（2）环保领域。在环保领域,物探技术可以用于监测环境污染、评估土壤修复效果等方面。例如,通过测量土壤中的放射性物质含量,可以评估核泄漏对环境的影响。

（3）农业领域。在农业领域,物探技术可以用于土壤调查、水资源评估等方面。通过测量土壤的电导率、水分含量等参数,可以了解土壤的肥力状况和水资源分布情况,为农业生产提供决策支持。

（4）医疗领域。在医疗领域,物探技术可以用于诊断和治疗一些疾病。例如,通过核磁共振成像（MRI）技术可以无创地检查人体内部的结构和功能,为疾病的诊断和治疗提供依据。

总的来说,国内外在物探技术的应用方面都取得了很大的成果。虽然国内在技术水平和应用范围上与国外相比存在一定的差异,但随着科技的不断发展,相信这些差异会逐渐缩小。未来,随着技术的进步和应用领域的拓展,物探技术将在更多领域发挥重要作用。

1.2.2.4　发展前景比较

国内外物探技术的发展前景都非常广阔。随着科技的不断进步和应用需求的不断提高,物探技术将更加智能化、自动化和多功能化,以满足复杂地质条件下的勘探需求。同时,随着环保意识的提高和资源短缺问题的加剧,物探技术也将更加注重环保和节能方面的研究与应用。目前,国内外物探技术都得到了长足的发展,但技术水平存在一定的差异。国内物探技术经过多年的发展,已经具备了一定的技术实力,但在某些方面与国际先进水平还存在一定的差距。国外物探技术相对更加成熟,尤其在数据处理和解释方面,有着更为先进的技术和丰富的经验。

1. 技术发展趋势

随着科技的不断进步,国内外物探技术都在朝着更高、更精、更强的方向发展。国内物探技术正在加强技术创新和研发,提高数据处理和解释的精度与效率。同时,随着人工智能、大数据等技术的不断发展,物探技术也在逐步融合这些新技术,推动物探技术的智能化发展。国外物探技术则更加注重技术创新和研发,不断推出新的技术和方法,提高物探效率及精度。

2. 市场规模比较

（1）国内外市场规模现状。目前,国内外物探市场规模都在不断扩大。国内市场规模主要受到地质勘察、石油天然气勘探等领域的推动,而国外市场规模则更加广泛,涉及多个领域。

（2）市场规模增长趋势。随着国内外经济的发展和技术的不断进步,物探市场规模将继续保持增长趋势。国内市场将受到环保、农业、考古等领域的发展推动,市场规模将进一步扩大。而国外市场则将更加注重技术创新和研发,推动市场规模的持续增长。

1.2.2.5　政策环境比较

1. 国内外政策环境现状

目前,国内外政策环境对于物探技术的发展都给予了一定的支持。国内政策环境对于地质勘察、石油天然气勘探等领域的发展给予了一定的扶持和鼓励,推动了这些领域的技术进步和发展。而国外政策环境则更加注重科技创新和人才培养,为物探技术的发展提供了良好的政策环境。

　　2. 政策环境差异

　　国内外的政策环境存在一定的差异。国内政策环境主要针对特定领域进行扶持和鼓励,而国外政策环境则更加注重科技创新和人才培养。这种差异导致国内外物探技术在发展过程中面临不同的机遇和挑战。

　　综上所述,国内外物探技术在技术水平、应用领域、市场规模和政策环境等方面都存在一定的差异。但随着科技的不断进步和社会的发展,国内外物探技术都将继续保持发展势头,为人类社会的进步和发展做出更大的贡献。

1.3　应用情况

　　水利工程是国民经济的重要基础设施,其建设和运行受到地质条件的严重影响。在水利工程设计和施工过程中,准确的地质勘察资料对于确保工程安全和稳定具有重要意义。浅层地震法作为一种高效、准确的地质勘察方法,在水利工程中发挥着重要作用。通过对地层划分、地质构造识别和地层岩性识别等方面的研究,可以为水利工程的设计和施工提供重要的地质依据,确保工程的安全和稳定。

　　水利工程物探是不可或缺的手段、工序、程序(有无损、不可代替、探测深度大、快速、经济等特点,可以解决其他方法以解决的问题),水利工程物探在不同的水利工程中取得了重要成果。

　　在中国,工程物探技术于 20 世纪 50 年代开始应用,近年来有了较大发展,目前主要开展的方法有:浅层地震法(反射波法、折射波法)、面波法、地震映像法、高密度电法、地质雷达法、瞬变电磁法(TEM 法)、工程 CT(层析成像技术)、桩基无损检测技术、地下管线探测技术、工程测井技术、声波探测和常时微动测试等。

　　根据水利水电系统的生产实践经验和技术水平,按其研究及服务对象的不同,物探技术的应用基本上可分为 5 个方面:

　　(1)地质工程地质勘察。通过物探测试,可以查明一定的地质单元的空间结构、性质和状态,如工程区覆盖层探测、基岩风化层探测、地质构造探测、软弱夹层探测等。物探工作的先行,对指导合理布置勘探工程、减少勘探工作量、加速地质调查速度、降低勘探成本、提高地质勘探质量等有重要意义,已被很多工程实例所证实。

　　(2)灾害及环境地质调查。包括评价工程场区初始地震危险性的地震影响参数的测定;边坡蠕变特性的监测;滑坡体探测以及隧道、涵洞和地下洞室开挖的超前预报和监测等。

　　(3)工程质量检测。包括查明施工基础剥掘参数,确定开挖界线;隧道洞室高压喷浆质量和衬砌厚度测定;检测灌浆质量;查明混凝土浇筑和桩基质量等。

　　(4)工程运行动态监测。研究建筑物和水库在施工及运行期间岩体的动态变化及隐患,测定大坝自振频率和坝体的振动、位移以及谐振的可能;进行动力机械与冲击荷载作用下的振动测量以监视坝体和其他水工建筑物的稳定性。另外,还可以研究堤坝、库岸的各种隐患,如堤坝裂缝、集中渗漏、管涌通道等。

(5)考古研究与地下管线探测。包括古文化遗址的研究与发掘,文物表面腐蚀程度评价以及古代人文活动规律的评定等;地下管线探测应包括埋藏的通信、电力电缆,各种金属和非金属管道的走向、埋深、位置等参数的确定。

工程物探的服务对象已从过去的工程地质、水文地质发展到现今的岩土工程。如今已作为岩土工程勘察、施工、检测过程中的一种手段,为勘察、设计施工、检测提供数据。

工程物探相对于其他勘察手段来说,探测速度快,信息量大(测点连续),在成本上有较大优势,和其他勘察方法结合起来解释可以达到较高的解释精度,勘察中常用到高密度电阻率法、浅层地震法、瞬态面波法、井中电磁波法检层波速测试等,有效协助岩土工程师圈定岩溶,追溯构造,划分岩性,确定基岩埋深,查找各类不良地质体,提供岩土层物理力学参数等,且成果直观,易于非专业人员判读。

在施工中,工程物探可以帮助监理工程师控制施工质量,如基础处理效果的实时测试、基桩灌注前入岩深度、沉渣厚度以及垂直度的确定,有了物探技术的支撑,工期及施工质量将得以保证。

在施工质量检测方面,工程物探检测技术是主要手段。地基加固可以用瞬态面波法、地质雷达进行施工前后的对比分析,结合其他手段判定处理效果。桩基检测中,无损检测技术则作为主要检测手段,主要是因为其动测成本低、周期短,可以加大检测比例,更全面地了解施工质量。

1.3.1　浅层地震法在水利工程中的应用

浅层地震法是一种利用人工震源或天然地震产生的地震波在地层中传播和反射的特性,根据地下介质的波阻抗差异,利用纵波勘探的一种人工地震探测方法,可以用于研究与岩土工程有关的地质、构造、岩土体的物理力学特性,测定覆盖层厚度,确定基岩埋深起伏情况,查找构造追溯断层等。地震波在地层中的传播速度和反射系数取决于地层的岩性、密度、孔隙率等因素。通过对地震波的传播和反射特性的研究,可以推断出地层的岩性、厚度、埋深等信息。

浅层地震勘探作为工程勘探的一种物探方法,主要通过研究人工激发的地震波在岩、土介质中的传播规律,以探测浅部地层和构造的分布,进而完成覆盖层界面形态勘察、基岩风化带及起伏情况探查、场地内构造的发育状况及展布方向、场地不良地质情况调查等。该方法具有测试精度高、施工较为简便、资料解释自动化程度高等特点。特别是近年来发展起来的地震勘探仪器,其动态范围可达 120 dB 以上,这满足了浅层地震仪器信号的动态范围,同时由于施工场地限制,采用增强地震仪这一功能,可将地震震源问题大大简化,只采用一般的大锤即可完成勘探,这大大拓宽了该方法的使用条件。

地震波在地层中传播时,会受到地层的岩性、密度、孔隙率等因素的影响。地震波在不同岩性的地层中的传播速度不同,因此可以根据地震波的传播速度推断出地层的岩性。同时,地震波在地层中的衰减也会受到地层因素的影响,通过对地震波的衰减研究,可以推断出地层的孔隙率等信息。

地震波在遇到不同岩性的地层界面时,会发生反射和折射现象。通过对反射波的研究,可以推断出地层的厚度、埋深等信息。同时,反射波的振幅和相位等信息也可以用于推断地层的岩性和结构特征。

（1）地层划分。在水利工程中，地层的划分对于工程设计和施工具有重要意义。浅层地震法可以通过对地震波的传播和反射特性的研究，对地层进行划分。通过对地层的划分，可以确定工程设计和施工的地质条件，为工程的稳定性和安全性提供保障。

（2）地质构造识别。在水利工程中，地质构造对于工程设计和施工具有重要影响。浅层地震法可以通过对地震波的研究，识别出地层中的断层、褶皱等地质构造。通过对地质构造的识别，可以为工程的稳定性和安全性提供重要依据。

（3）地层岩性识别。在水利工程中，地层的岩性对于工程设计和施工具有重要影响。浅层地震法可以通过对地震波的研究，识别出地层的岩性。通过对地层岩性的识别，可以为工程的稳定性和安全性提供重要依据。同时，可以为工程的施工方案提供参考。

浅层地震法主要有浅层反射波法、浅层折射波法、水域地震映像法。

（1）浅层反射波法。其物理前提：两层介质的波阻抗不同，即 ρv（密度与速度的乘积）不同。

地震波浅层反射法，可用以解决下列问题：

①测定覆盖层的厚度，确定基岩的埋深和起伏变化。

②追溯断层破碎带、裂隙密集带以及不整合面。

③研究岩石的弹性性质，即测定岩石的动力弹性模量和动泊松比。

④划分岩体的风化带，测定风化壳厚度和新鲜基岩的起伏变化。

（2）浅层折射波法。折射波法地震勘探是利用人工震源激发的地震波在地下介质中传播，当地下介质的波速大于上部介质的波速时，波就会改变原来的传播方向而产生折射，在入射角等于临界角时，折射波就会沿界面传播，即产生所谓的滑行波，这种滑行波引起界面上各质点的振动，并以新的形式传播到地面，在地面上观测其到达的时间和接收点到震源的距离，就可以求出折射界面的埋藏深度及界面速度。浅层折射波法应用的物理前提是：目的层介质的平均波速一定要大于上层介质的平均波速。

地震波浅层折射法可以解决下列问题：

①测定覆盖层的厚度，确定基岩的埋深和起伏变化。

②追溯断层破碎带和裂隙密集带以及不整合面。

③研究岩石的弹性性质，即测定岩石的动力弹性模量和动泊松比。

④划分岩体的风化带，测定风化壳厚度和新鲜基岩的起伏变化。

（3）水域地震映像法。是一种通过地震勘探技术来研究水域地质构造、地层结构、岩土性质等的方法。在水利工程建设中，水域地震映像法可以提供重要的地质信息，为工程设计、施工和运行提供可靠的依据。水域地震映像法的基本原理是利用地震波在地层中的传播规律，通过在地表或水下设置地震波发射点和接收点，记录地震波在传播过程中的振幅、相位和时间等信息，再经过数据处理和图像解释，从而得到地层结构、岩土性质等信息。

与陆地相比较，水域中激发条件和接收条件比较好而且波的分布特征比较单一，因此可为水域地震映像法提供比较理想的地球物理条件。水域地震映像法实质上与浅剖仪相类似，只是在震源的选择方面比较灵活而且具有较深的勘探深度。

水域地震映像法在水利工程中的应用领域非常广泛，主要包括以下几个方面：

（1）工程地质勘察。通过水域地震映像法可以查明水域地质构造、地层结构、岩土性质等，为水利工程设计提供重要的地质依据。在水利工程建设中，工程地质勘察是非常重要的一环。通过水域地震映像法可以更加准确地查明水域地质构造、地层结构、岩土性质等，为水利工程设计提供更加准确可靠的地质依据。在进行工程地质勘察时，需要根据具体情况选择合适的震源和接收点位置，并采用先进的数据处理技术对地震数据进行解释和分析。

（2）水利工程设计。水域地震映像法可以为水利工程设计提供地层结构和岩土性质等信息，帮助设计人员更好地进行工程设计和优化。在水利工程设计中，需要充分考虑地质因素对工程的影响。通过水域地震映像法可以获取更加详细的地质信息，帮助设计人员更好地进行工程设计和优化。例如，在桥梁设计中，可以通过水域地震映像法了解桥墩位置的地质情况，从而更好地设计桥墩的形状和尺寸；在水电站设计中，可以通过水域地震映像法了解大坝位置的地质情况，从而更好地设计大坝的结构和材料等。

（3）施工质量控制。通过水域地震映像法可以检测施工过程中的地质变化，及时发现并处理问题，保证施工质量。在水利工程施工过程中，质量控制是非常重要的一环。通过水域地震映像法可以检测施工过程中的地质变化，及时发现并处理问题，保证施工质量。例如，在隧道施工中，可以通过水域地震映像法检测隧道的掘进速度和地质变化情况，从而及时调整施工方案和措施；在堤防施工中，可以通过水域地震映像法检测堤防的填筑质量和地基情况，从而及时发现并处理问题。

（4）工程运行安全评估。在水利工程运行过程中，可以通过水域地震映像法对工程进行长期的安全评估，及时发现并处理潜在的安全隐患。在水利工程施工过程中，质量控制是非常重要的一环。通过水域地震映像法可以检测施工过程中的地质变化，及时发现并处理问题，保证施工质量。

水域地震映像法是一种非常有效的水利工程地质勘探方法。通过该方法可以获取更加详细、准确的地质信息，为水利工程建设提供重要的依据和支持。在未来，随着技术的不断进步和应用范围的不断扩大，相信水域地震映像法将会发挥更加重要的作用，为水利工程建设做出更大的贡献。

1.3.2　瞬态瑞利波勘探在水利工程中的应用

瞬态瑞利波勘探是一种广泛应用于工程地质勘察和地球物理勘探的技术。在水利工程中，瞬态瑞利波勘探具有快速、准确、经济等优点，可以为工程设计和施工提供重要的地质信息。本书将介绍瞬态瑞利波勘探的定义、技术原理、应用领域、优势与局限性以及与其他勘探方法的比较。瑞利波是一种沿表面传播的弹性波，其传播速度与介质密度和剪切模量有关。瞬态瑞利波勘探采用瞬间激发的方式产生瑞利波，然后通过接收和分析瑞利波的反射及散射信号来获取地层结构与岩土性质等信息。在水利工程中，瞬态瑞利波勘探可用于确定土层厚度、地质构造、地下水位等参数。

瑞利面波法是根据地下介质的物性差异，利用瑞利面波勘探的一种人工地震探测方法。该方法具有能量大、衰减慢的特点，在不同介质传播进程中遇到密度变化时会出现频散现象,速度突然变化,在频散曲线上出现异常。可用于探测地下异常体及密度变化情况。

1.3.2.1　瑞利波勘探在水利岩土工程勘察中的应用

在水利工程建设过程中,需要对场地进行详细的勘察和测试,以确定场地的地质条件和特征。瑞利波勘探可以用于获取场地地质信息,包括地层的厚度、岩性、结构等特征,为水利工程设计和施工提供重要的参考依据。

通过定量解释,可以得到各地质层弹性波的速度及厚度,进而对地层进行划分,确定地基的承载力及持力层。

1. 土层勘察

在水利工程中,土层勘察是必不可少的一步。瞬态瑞利波勘探可以快速、准确地确定土层厚度、土质类型等信息,为工程设计和施工提供重要的参考依据。

2. 地下水位监测

在水利工程中,地下水位监测是保障工程安全的重要措施之一。瞬态瑞利波勘探可以用于监测地下水位的变化情况,为工程设计和施工提供重要的参考依据。

3. 地质构造分析

瞬态瑞利波勘探可以用于分析地质构造,如断层、裂隙等。通过对采集到的数据进行反演计算和分析,可以得到地质构造的分布和特征,为工程设计和施工提供重要的参考依据。

1.3.2.2　瑞利波勘探在水利工程地基加固效果评价中的应用

瑞利波勘探在地基加固效果评价中具有重要的作用,主要包括以下几个方面。

1. 提供详细的地质信息与结构特征

瑞利波勘探可以提供详细的地质信息和结构特征,包括地层的厚度、岩性、结构等特征,为地基加固效果评价提供重要的参考依据。通过对这些信息的分析和处理,可以更加准确地评估地基加固的效果和质量。

2. 验证加固方案的合理性与有效性

在水利工程中,地基加固方案的设计和实施需要经过严格的论证及评估。瑞利波勘探可以用于验证加固方案的合理性和有效性,通过对加固前后的瑞利波信号进行对比和分析,可以评估加固方案是否达到了预期的效果与质量要求。

在水利工程中,地基加固是保证建筑物安全的重要措施之一。瑞利波勘探可以用于设计和优化地基加固方案,通过对场地地质信息的分析和处理,确定合理的加固方案和技术参数,提高地基的承载能力及稳定性。

软基加固就是通过不同的方法,如强夯、置换、化学处理等,使软土地基变“硬”。瑞利波评价加固效果,是通过实测地基加固前后的波速差异,得到处理后的地基的物理力学性质的改善程序,同时可对处理后场地在水平方向的均匀性做出评价,以及确定加固所影响的深度和范围。

1.3.2.3　瑞利波勘探在滑坡体调查中的应用

物探方法在滑坡体探测中的应用非常多,滑坡体的探测特别是滑坡界面的确定将直接影响到滑坡体的稳定性评价和治理方案的设计。瑞利波勘探方法在浅层具有非常高的分辨率,特别对于下覆软弱层具有较强的探测能力,而且所需的测试场地比较小,因此对于滑坡前缘埋藏比较浅的滑坡面的探测是一种比较有效的探测方法。

滑坡体调查是预防和治理滑坡灾害的重要前提。目前常用的滑坡体调查方法包括地质勘察、地球物理勘探和其他方法。

瑞利波勘探在滑坡体调查中具有广泛的应用,主要体现在以下几个方面:

1.瑞利波在滑坡体边界探测中的应用

滑坡体的边界是滑坡灾害防治的重要参数之一。通过瑞利波勘探,可以确定滑坡体的边界位置和范围,为滑坡灾害防治提供基础数据。

2.瑞利波在滑坡体内部结构分析中的应用

滑坡体的内部结构对滑坡灾害的发生和发展具有重要影响。通过瑞利波勘探,可以分析滑坡体的内部结构特征,包括地层岩性、岩土体性质、地下水分布等,为滑坡灾害防治提供科学依据。

3.瑞利波在滑坡体稳定性评估中的应用

滑坡体的稳定性评估是滑坡灾害防治的关键环节。通过瑞利波勘探,可以获取滑坡体的地层岩性、地质构造、地下水条件等关键信息,结合其他地质资料和数值模拟方法,对滑坡体的稳定性进行评估,为滑坡灾害防治提供决策支持。

1.3.2.4　瑞利波在饱和砂土层液化判别中的应用

饱和砂层在振动作用下液化与否,与砂土层的密度有关,越松散越易发生液化,反之,则不易液化。反映在波速上,波速越低越易液化;反之,不易液化。根据一定场地内的饱和砂土层的埋深,地下水位的深浅等地质条件,可以计算出该饱和砂土层的液化临界波速值。实测波速值大于该临界值时,则为非液化层,小于该临界值时,则为液化层。

1.瑞利波速度测试

在砂土液化判别中,瑞利波速度测试是一种常用的方法。通过测量瑞利波在砂土中的传播速度,可以获得砂土的某些力学性质,如剪切模量和密度。这些参数可以用于评估砂土的液化可能性。

2.液化指数计算

液化指数是评估砂土液化风险的一种常用指标。通过计算瑞利波速度和振幅随深度变化的比例,可以确定液化指数。液化指数越高,砂土液化的风险就越大。

3.液化判别依据

根据液化指数和其他相关参数,可以确定砂土的液化状态。当液化指数超过某一阈值时,可以认为砂土存在液化风险。此外,还可以结合其他判据,如 PGA 值或 $e-p$ 曲线等,进行综合判断。

4.瑞利波在砂土液化判别中的优势

瑞利波在砂土液化判别中具有以下优势:首先,瑞利波在浅层地震勘探中具有较高的分辨率,能够准确测量砂土的力学性质;其次,瑞利波速度测试是一种无损测试方法,对砂土不会造成破坏;最后,瑞利波速度测试操作简便、成本低廉,适合大规模应用。

5.瑞利波在砂土液化判别中的局限性

虽然瑞利波在砂土液化判别中具有诸多优势,但也存在一些局限性:首先,瑞利波速度测试结果受到多种因素的影响,如测试环境、设备精度等;其次,液化指数的计算需要一定的经验和技巧,不同人员可能得出不同的结果;最后,瑞利波在深层地震勘探中的应用受到一定限制。

1.3.2.5　瑞利波勘探用于施工过程中的质量监控

在水利工程施工过程中,需要对施工质量进行严格的监控和管理。瑞利波勘探可以用于施工过程中的质量监控,通过对施工过程中的瑞利波信号进行实时监测和分析,可以及时发现和解决施工中的问题,确保施工质量及安全。

1. 施工前的准备

在进行瑞利波勘探施工前,必须进行充分的准备工作。首先,要对施工场地进行详细的勘察,了解场地地形、地质条件、地下管线等情况。其次,根据勘察结果,制订详细的施工方案,包括施工方法、设备选择、人员配置等。最后,对施工人员进行技术交底,确保施工人员了解施工要求和操作方法。

2. 施工过程中质量监控

在施工过程中,必须对瑞利波勘探的各个环节进行严格的质量监控。首先,要确保设备安装正确、稳定,避免因设备问题影响勘探结果。其次,在施工过程中,要严格控制各项参数,如瑞利波频率、振幅等,确保勘探结果的准确性和可靠性。同时,要密切关注施工过程中的异常情况,及时采取措施进行处理。

3. 施工后的质量检测

施工完成后,必须对瑞利波勘探结果进行质量检测。首先,要对勘探数据进行处理和分析,提取有用的信息。其次,要对勘探结果进行评估,判断其准确性和可靠性。对于存在问题的部分,要及时采取措施进行处理和修复。

4. 质量监控记录与报告

在进行瑞利波勘探施工的过程中,必须对各个环节的质量监控情况进行详细记录。记录内容包括施工时间、设备状态、参数设置、异常情况等。在施工完成后,要及时编制质量监控报告,对施工过程和结果进行总结与分析,提出改进意见及建议。

5. 质量监控结果的应用

通过对瑞利波勘探结果的质量监控和分析,可以获取有关场地地质条件及施工质量的重要信息。这些信息可以用于指导后续施工、优化设计方案、提高施工质量等方面。因此,质量监控结果的应用对于保证施工质量和安全具有重要意义。

6. 质量监控人员的培训与资质要求

为了确保瑞利波勘探施工质量监控的有效性,必须对质量监控人员进行专业的培训和资质要求。首先,要对质量监控人员进行技术培训,提高其对瑞利波勘探原理、设备操作、数据处理等方面的理解和掌握能力。其次,要建立完善的质量监控人员资质认证制度,确保只有具备相应资质的人员才能从事质量监控工作。此外,还要定期对质量监控人员进行考核和评估,确保其技能水平和职业道德符合要求。

7. 质量监控设备的管理与维护

为了确保瑞利波勘探施工质量监控的准确性和可靠性,必须对质量监控设备进行严格的管理与维护。首先,要建立完善的质量监控设备管理制度,明确设备的使用、保养、维修等方面的要求和流程。其次,要定期对设备进行检查和维护,确保其处于良好的工作状态。对于出现故障或损坏的设备,要及时进行维修或更换。此外,还要建立设备档案管理制度,对设备的购置、使用、维修等情况进行详细记录和管理。

总之,瑞利波勘探在施工过程中进行质量监控是确保施工质量的重要环节。通过对施工前准备、施工过程中质量监控、施工后质量检测等各个环节的有效管理和控制,可以确保瑞利波勘探结果的准确性及可靠性。同时,通过对质量监控人员的培训和资质要求以及对质量监控设备的管理与维护等方面的要求与实施细节方面的关注及应用也将会有效提升瑞利波勘探施工质量水平并保障工程的安全性和稳定性。瞬态瑞利波勘探具有轻便、快捷、高效,浅层分辨率高等特点,同时瑞利波勘探是无损勘探,能较准确地给出不同层位的岩土体纵、横波速度。进而可以计算出岩土体的力学参数,为设计施工参数。因此,瑞利波勘探在岩土工程中必将有更加广泛的用途。

1.3.3　工程测井在水利工程中的应用

工程测井是一种通过地球物理方法对地下介质进行测量和评估的技术。它利用钻孔或井孔中的测量设备,对地层岩性、物性、含水性、地应力等信息进行采集和处理。工程测井广泛应用于水利工程中,为工程建设提供了重要的地质信息和工程技术数据。在孔内放置各种传感器,接收采集孔内地球物理信息,进而分析推断孔壁的地质特征,可划分地层、地质剖面,区分岩性;确定岩石的物理参数,研究孔壁及孔内技术情况(裂隙、岩溶、孔径、孔斜等地质问题,以及混凝土离析、空洞等施工问题)。

在水利工程建设中,钻孔是获取地下信息的重要手段。工程测井通过钻孔对地层进行探测,确定地层岩性、物性、含水性等特征。钻孔探测技术包括钻孔成像、钻孔电视、钻孔雷达等,这些技术能够直观地展示钻孔内部的地质情况,为水利工程的设计和施工提供重要依据。

1.3.3.1　常用测井技术

(1)电法测井。是水利工程测井中常用的技术之一,其主要是指通过井下的测井仪器向地面发射电流,从而有效地测量出地面的电位,并最终得到地层电阻率的一种测井方式。常见的地层倾角测井、感应测井和侧向测井以及向地层发射电流对地层的自然电位进行测井等方法均属于电法测井技术。

(2)声波测井。主要是通过测量环井眼地层的声学性质对地层特性、井眼工程情况进行测量的一种水利工程测井技术,其包括声幅测井、声速测井等多种测井方法。一般情况下,运用声波测量的方式可清晰揭示出井眼的特性,此种测井技术一般用于推导原始与次生孔隙度、空隙压力以及流体类型、裂缝方位等;声成像测井技术则是在充分运用计算机图像处理技术的基础上所形成的石油测井技术,此技术可将换能器接收到的各种信号进行数字化,并可将预处理图像处理成转换成像。

(3)核测井技术。核测井技术主要是根据地层岩石以及岩石孔隙流体的物理性质进行石油测井的技术,它还被称为放射性测井技术。以放射性源、测量的放射性类型或岩石的物理性质为主要依据将核测井技术分为如下两大类:伽马测井,以研究伽马辐射为主要基础的核测井方法;中子测井,以研究中子、岩石以及其孔隙流体之间的相互作用为主要基础的核测井技术。上述两种主要的核测井技术包括密度测井、自然伽马测井、自然伽马能谱测井以及中子孔隙度测井等。

（4）成像测井。成像测井技术具有分辨率较高、采集数据量大等特点,其测量结果可通过计算机以图像的形式表现出来,较为直观。构成成像测井系统的主要设备为成像测井仪、核磁共振测井仪以及数字测井系统、计算机工作站等。成像测井技术与常规的测井技术相比具有更强的适应力,其主要仪器包括阵列感应、井周声波、阵列倾向、核磁共振以及多极子阵列声波等。

1.3.3.2　工程测井在水利工程中的应用前景

随着科技的不断进步和创新,工程测井在水利工程中的应用前景广阔。未来,工程测井技术将更加智能化、自动化,以提高测量效率和精度。同时,随着大数据、云计算等技术的应用,测井数据将得到更深入的分析和应用,为水利工程建设提供更全面、更准确的地质信息和工程技术数据。此外,随着环保意识的提高,地下水环境监测和评价将成为工程测井的重要应用领域,为保障水资源安全和生态环境做出更大贡献。

1.3.4　瞬变电磁勘探在水利工程中的应用

瞬变电磁勘探(简称 TEM)是一种基于电磁感应原理的地球物理勘探方法。它利用不接地或接地导线线圈在地下发送间歇脉冲磁场,并观测由地下良导电地质体受激励引起的涡流所产生的二次电磁场。通过分析二次场的时间和空间分布规律,可以确定地下地质体的电性分布和空间形态,从而达到寻找矿产资源、解决地质问题的目的。

瞬变电磁法是观测二次场,具有体积小、受地形影响小、纵向分辨率高、工作效率高等优点,可用于判断地质体的电性、产状、规模。

近十多年来,时间域电磁法在国内外发展较快,应用领域日趋扩大,新技术、新观测系统不断涌现。仪器方面,由于近代电子技术及计算机技术的不断发展,观测精度抗干扰能力,以及数据处理软件均得到很大的发展和提高,也取得了令人瞩目的地质效果。

目前,世界上航空电磁法系统主要有 4 种固定翼飞机时间域电磁系统:GEOTEM、MEGATEM、TEMPEST、SPECTREM 和 6 种直升飞机时间域电磁系统:HeliGEOTEM、ExplorHEM、NEWTEM、VTEM、SKYTEM、ORAGSTEM。

我国于 20 世纪 70 年代初期开始着手研制瞬变电磁系统,研制的单位主要有地矿部物化探研究所、中国有色工业公司矿产地质研究院、吉林大学、西安物化探研究所、中南工业大学以及骄鹏集团(GeoPen)等。

1.3.4.1　瞬变电磁勘探在水利工程中的应用

（1）地下水资源调查。瞬变电磁勘探可以用于调查地下水资源的分布、储量和流动规律,为水利工程设计提供依据。

（2）地质构造研究。通过瞬变电磁勘探,可以研究地下地质构造,包括断层、破碎带等,为水利工程建设提供地质保障。

（3）堤坝渗漏检测。瞬变电磁勘探可以用于检测堤坝的渗漏情况,为堤坝的维护和加固提供依据。

（4）地下管线探测。瞬变电磁勘探可以用于探测地下管线的位置和深度,为水利工程的设计和施工提供帮助。

1.3.4.2　瞬变电磁勘探在水利工程中的优势

（1）高效性。瞬变电磁勘探具有较高的勘探效率,可以在短时间内获取大量的地质信息。

（2）精度高。瞬变电磁勘探的精度较高,能够准确反映地下地质体的电性分布和空间形态。

（3）成本低。与传统的钻探方法相比,瞬变电磁勘探的成本较低,可以在一定程度上降低水利工程的建设成本。

（4）无损性。瞬变电磁勘探是一种无损探测方法,不会对地下地质体造成破坏,有利于保护地质环境和生态环境。

1.3.4.3　瞬变电磁勘探在水利工程中的具体应用案例

（1）某大型水库建设前的地质勘探。在建设大型水库之前,需要对水库区域进行详细的地质勘探。通过瞬变电磁勘探,成功探测了水库区域的地质构造、断层和破碎带等关键信息,为水库的设计和施工提供了重要依据。

（2）某堤坝渗漏检测。在对某堤坝进行维护和加固时,需要检测堤坝的渗漏情况。通过瞬变电磁勘探,成功检测了堤坝的渗漏位置和范围,为堤坝的维护和加固提供了重要依据。

（3）某地下管线探测。在对某地下管线进行维修时,需要确定管线的位置和深度。通过瞬变电磁勘探,成功探测了管线的位置和深度,为维修工作提供了重要帮助。

1.3.4.4　瞬变电磁勘探在水利工程中的未来发展

随着科技的不断进步和创新,瞬变电磁勘探技术将会更加成熟和完善。未来,瞬变电磁勘探将会在以下几个方面得到进一步发展:

（1）高分辨率成像技术。通过提高瞬变电磁勘探的分辨率,可以更加准确地反映地下地质体的电性分布和空间形态,为水利工程的设计和施工提供更加准确的地质信息。

（2）多源数据融合技术。将瞬变电磁勘探与其他地球物理勘探方法(如电阻率法、重力法等)的数据进行融合,可以提高探测精度和可靠性。

（3）智能化技术。通过引入人工智能、机器学习等技术,可以对瞬变电磁勘探数据进行自动化处理和分析,提高数据处理效率和准确性。

（4）绿色环保技术。在瞬变电磁勘探过程中,应注重环境保护和生态修复工作。未来,将更加注重环保技术的研发和应用,减少对环境的影响。

1.3.4.5　瞬变电磁勘探在水利工程中的注意事项

在进行瞬变电磁勘探前,应充分了解当地的地质条件和水文环境,选择合适的勘探方法和参数设置。

在施工过程中,应注意保护设备安全和人员安全,避免发生意外事故。

在数据处理和分析过程中,应注意数据的准确性和可靠性,避免出现误判或漏判的情况。

在应用瞬变电磁勘探结果时,应注意与其他地质资料进行综合分析和比对验证,确保结果的准确性和可靠性。

1.3.5　高密度电法在水利工程中的应用

高密度电法是一种以阵列勘探方式布置测线,通过测量不同电极排列的视电阻率,结合电阻率反演方法,得到地下介质的电阻率分布,从而推断地下地质情况的一种方法。其原理是基于地下介质的电阻率差异,通过测量电位差和电流分布,得到地下介质的电阻率分布。

高密度电法原理与普通电法相同,是利用地下介质的电性差异,人工供电测量一次场分布的探测方法,但它集中了剖面法和测深法的功能,施工效率高,信息量大。可用于管线调查,物探找水,采空区、岩溶、滑坡等灾害的物探调查。

由于地壳中岩石和土层导电性差异的普遍存在,电阻率法在工程、考古及环境地质调查等领域获得了广泛的应用。

在均质各向同性介质或者层状地电介质中,电阻率等值线的疏密均匀,近似水平状,电阻率梯度变化不大。

另外,当介质中存在电阻异常体时,等值线的疏密程度就要发生变化,在电阻异常部位出现异常阻值闭合圈。

1.3.5.1　高密度电法的主要特点

(1)阵列勘探。高密度电法采用阵列勘探方式,通过不同的电极排列方式,可以获得不同深度的地下地质信息。

(2)多种测量模式。高密度电法可以采用多种测量模式,如电阻率测深、电阻率剖面等,可以根据不同的地质条件和勘探目的选择合适的测量模式。

(3)数据处理自动化。高密度电法数据处理采用自动化软件处理,可以大大提高数据处理效率和准确性。

1.3.5.2　水利工程中的高密度电法应用

1. 地质勘察

在水利工程建设中,地质勘察是必不可少的环节。高密度电法可以通过测量不同电极排列的视电阻率,结合电阻率反演方法,得到地下介质的电阻率分布,从而推断地下地质情况,为工程设计提供准确的地质资料。在水利工程中,高密度电法可以为工程勘察提供重要的地质信息,帮助工程师更好地了解工程场地的地质条件,为工程设计、施工和运营提供可靠的依据。同时,高密度电法还可以用于检测水利工程中的渗漏、隐患等问题,为工程的安全性和稳定性提供保障。

2. 地下水探测

在水利工程中,地下水探测是至关重要的。高密度电法可以通过测量地下水的电阻率差异,确定地下水的分布和埋藏深度,为水利工程设计提供准确的水文地质资料。高密度电法可以通过测量地下水的电阻率差异,判断地下水的分布情况、流动方向和水位等信息。在水利工程中,了解地下水的分布情况对于工程防洪、排涝等方面具有重要意义。

3. 堤坝渗漏检测

堤坝渗漏是水利工程中常见的安全隐患之一。高密度电法可以通过测量堤坝内部的电阻率分布,确定堤坝的渗漏位置和范围,为堤坝维护提供重要的参考依据。在坝体渗漏检测中,高密度电法可以提供快速、准确、无损的检测方法,为工程的安全性和稳定性提供保障。

4.水利工程隐患探测

在水利工程中,往往存在一些不易察觉的隐患。高密度电法可以通过测量不同深度、不同方向的电阻率分布,确定隐患的位置和性质,为水利工程的安全运行提供保障。

5.地质构造分析

高密度电法可以通过测量地下岩土的电阻率分布情况,判断地质构造的类型、规模和分布范围。在水利工程中,了解地质构造的类型和分布情况对于工程设计和施工具有重要意义。

6.岩土性质判断

高密度电法可以通过测量地下岩土的电阻率分布情况,判断岩土的性质、结构、密度等信息。在水利工程中,了解岩土的性质对于工程设计、施工和运营具有重要意义。

7.输水隧道渗漏检测

高密度电法可以通过测量输水隧道的电阻率分布情况,判断输水隧道是否存在渗漏问题。在输水隧道渗漏检测中,高密度电法可以提供快速、准确、无损的检测方法,为工程的安全性和稳定性提供保障。

8.水利工程隐患探测

(1)隐患类型识别。高密度电法可以通过测量地下岩土的电阻率分布情况,判断是否存在隐患问题。在隐患探测中,高密度电法可以识别出不同类型的隐患问题,如空洞、裂隙、滑动面等。

(2)隐患位置确定。高密度电法可以通过测量地下岩土的电阻率分布情况,确定隐患的位置和范围。在隐患探测中,高密度电法可以提供准确的地质信息,为工程的施工和运营提供可靠的依据。

(3)隐患程度评估。高密度电法可以通过测量地下岩土的电阻率分布情况,评估隐患的程度和危害性。在隐患探测中,高密度电法可以提供准确的地质信息,为工程的安全性和稳定性提供保障。

E60D 在深埋隧道勘察中的典型应用,解决了以往集中式高密度电法接收排列短、功率小、勘探深度浅的技术难题。

三维高密度电法勘探成果,可以将电阻率值相同界面的空间展布规律清晰地突显出来,具有探测精度更高、结果直观的特点。

某坝高 48 m,蓄水水位达到 44.7 m 时,曾发现在距坝顶 3~7 m 范围有不同程度的渗漏。而检测时水位已降至 42.2 m,因此当初的渗漏点在电阻率剖面图中为高阻异常,测试结果显示这些高阻异常点与当时记录的渗漏点位置十分一致。

电法勘探进行水文工程地质、城市环境与建筑基础以及地下管线铺设情况的勘察等发挥了很大作用,取得了可喜成就。随着生产的需要,这一方法目前仍在不断发展和完善中。为了探查不同地质对象和解决不同地质问题,高密度电法可以在空间、陆地、海洋、地下等各种区间内进行高精度测试。

但是由于电阻率法提供的是地质体的电参数特性,并不代表岩土体力学特性,如果采用瑞利波测试来配合高密度电阻率法探测堤防隐患,将会得到更加详细、可靠的信息。

9. 高密度电法在水利工程中的优势

(1)高效性。高密度电法可以在短时间内完成大面积的测量工作,大大提高了工作效率。

(2)准确性。高密度电法通过多种测量模式和数据处理技术,可以得到更加准确的地质信息。

(3)安全性。高密度电法是一种非接触式的地球物理勘探方法,不会对地下介质造成破坏,保证了水利工程的安全性。

10. 高密度电法在水利工程中的挑战与前景

(1)技术挑战。虽然高密度电法在水利工程中具有很多优势,但也存在一些技术挑战,如数据采集和处理技术、反演算法等还需要进一步完善和提高。

(2)发展前景。随着科技的不断进步和创新,高密度电法在水利工程中的应用前景非常广阔。未来可以通过进一步的技术创新和应用拓展,提高高密度电法的勘探精度和效率,为水利工程建设和管理提供更加准确、高效的技术支持。

1.3.6　探地雷达法在水利工程中的应用

探地雷达是一种利用高频电磁波进行地下介质探测的技术。其基本原理是,发射器向地下发射高频电磁波,当电磁波遇到地下介质变化界面时,会反射回地面,被接收器接收。通过对反射回的电磁波进行分析,可以推断出地下介质的分布情况。探地雷达是研究高频短脉冲电磁波在地下介质中传播规律的一门学科。根据波的合成原理,任何脉冲电磁波可以分解成不同频率的正弦电磁波。因此,正弦电磁波的传播特征是探地雷达的理论基础。

探地雷达的工作原理可以分为三个主要步骤:发射、传播和接收。首先,发射器向地下发射高频电磁波,这些电磁波在地下介质中传播,当遇到地下介质变化界面时,会反射回地面。然后,接收器接收反射回的电磁波,将其转换为电信号。最后,通过对电信号进行分析和处理,可以推断出地下介质的分布情况。

探地雷达工作频率很高,在地质介质中以位移电流(电通量的时间变化率)为主。因此,高频宽频带电磁波传播,实质上很少频散,速度基本上由介质的介电性质决定。

电磁波传播理论与弹性波的传播理论有许多类似地方,两者遵循同一形式的波动方程,只是波动方程中变量代表的物理意义不同。雷达波与弹性波在运动学上的相似性,可以在资料处理中加以利用。

探地雷达的野外工作,必须根据所要研究的地质工程、岩土工程的问题和任务,采用合适的观测方式、正确选择测量参数以保证记录质量。

1.3.6.1　探地雷达具有以下技术特点

(1)高分辨率。探地雷达可以获得高分辨率的地下介质分布图像,为地质勘探和无损检测提供准确的数据。

(2)无损性。探地雷达是一种非侵入性的探测方法,不会对被探测物体造成任何损害,因此特别适合于水利工程中的无损检测。

（3）高效性。探地雷达可以快速、准确地获取地下介质分布信息，为水利工程中的地质勘探和无损检测提供高效的工作方式。

1.3.6.2　探地雷达在水利工程中的应用

1. 地质勘探

在水利工程中，地质勘探是非常重要的工作。通过探地雷达技术，可以快速、准确地获取地下介质的分布情况，为水利工程的设计和施工提供可靠的地质资料。

2. 地下水监测

在水利工程中，地下水监测是保证工程安全的重要手段。通过探地雷达技术，可以实时监测地下水的分布和流动情况，为水利工程的设计和施工提供可靠的数据支持。

3. 水利设施无损检测

在水利工程中，对水利设施进行无损检测是非常重要的工作。通过探地雷达技术，可以对水利设施进行无损检测，及时发现并处理潜在的安全隐患，保证水利工程的安全运行。

4. 探地雷达观测方式

目前常用的双天线探地雷达测量方式有两种：剖面法和宽角法。

（1）剖面法。这是发射天线和接收天线以固定间隔距离沿测线同步移动的一种测量方式。发射天线和接收天线同时移动一次以便获得一个记录。当发射天线与测量天线同步沿测线移动时，就可以得到一张由多个记录组成的探地雷达时间剖面图。雷达记录剖面上，横坐标为天线在地表测线上的位置，纵坐标为雷达脉冲从发射天线出发经地下界面反射回到接收天线的双程走时。这种记录能准确地反映测线下方地下各个反射界面的起伏变化。

（2）宽角法。一个天线固定在地面某点上不动，而另一个天线沿测线移动，记录地下各个不同层面反射波的双程走时，这种测量方法称为宽角法。它主要用来求取地下介质的电磁波传播速度。另一种宽角法是共中心点观测方式及其雷达剖面图。图中可清晰看到空气直达波、地表直达波和不同界面的反射波。

地质雷达是一种高分辨率探测技术，可以对浅层地质问题进行详细填图，也可以对地下浅部的掩埋目的体进行无损调查。20世纪80年代以来由于电子技术与数字处理技术的发展，探地雷达正在工程地质勘察、灾害地质调查、公路工程质量的无损检测、考古调查，以及工程施工质量监测等多个领域得到广泛应用。

大型工程建筑对地基质量要求很高，当地下工程地质条件横向变化较大时，常规的钻探只能获得点上的资料，无法满足基础工程的要求，而地质雷达由于能对地下剖面进行连续扫描，因而在工程地质勘察中得到了广泛应用。

（1）软土层的调查。软土是指天然含水率大、压缩性高、承载力低的一种软塑到流塑状态的黏性土。软土在我国东南沿海地区广泛分布。软土在应力作用下极易变形，因此是工程地质勘察工作中必须调查的对象。

（2）基岩面调查。高层建筑对地基的附加应力影响深、范围广，对地基土的承载力要求高。当场地的地基土层软弱，而在其下不太深处又有较密实的基岩持力层时，常常采用桩基础，在基岩起伏剧烈的地区，详细描述基岩面起伏对桩基础设计是有重要意义的。

（3）岩溶探测。岩溶探测的主要目的在于查明对建筑场地和地基有影响的岩溶的发育规律和各种岩溶形态的分布、形状、规模。

①节理裂隙岩溶探测。水对岩体的侵蚀一般自节理裂隙开始,岩溶本身往往就是裂隙扩大的结果,因此节理裂隙交叉处或密集带往往是岩溶发育带。当灰岩致密无溶蚀特征时,基本上无雷达反射波存在;当灰岩中存在溶蚀裂隙并充水时,因为电性差异较大,所以形成较强的反射波。钻孔证实该雷达图像是由地下水在裂隙发育带中形成的裂隙岩溶,而非溶洞。

②溶蚀通道探测。岩体中的断裂面构成了地下水的通道,在灰岩中这类断面会由于地下水的溶蚀形成断裂溶蚀带。由于断裂作用会在断裂面两侧产生裂隙,这些裂隙和溶蚀通道构成了水力联系,在剖面上形成反射波垂直条带。

③溶洞探测。溶洞是指可溶岩中的空洞。

④花岗岩风化带划分。一般来说岩体风化带可划分为全风化带、强风化带、弱风化带和完整岩体。全风化带岩体结构彻底被破坏,岩体已风化成均匀的细颗粒,因此雷达反射波很弱甚至消失,反射波同相轴连续。强风化带岩体结构基本被破坏,岩体破裂成大小不一的碎块。由于粒度不均一性,强风化带内反射波强度加大,同相轴连续性差。弱风化带岩体基本结构没有变,但存在风化裂隙,岩体基本完整均一,因此反射波很弱,反射波周期加大,形成稀疏的弱反射波,只有在局部风化裂隙处才可见明显反射波。

⑤地质雷达在管线探测中的应用。

a. 管道材质识别:地质雷达可以通过分析反射波的振幅、频率和相位等信息,判断管道的材质。例如,金属管道的反射波振幅较大,而塑料管道的反射波振幅较小。

b. 管道深度测量:地质雷达可以通过测量反射波的传播时间,计算出管道的深度。这种方法具有较高的精度和分辨率,可以准确地测量管道的深度。

c. 管道走向确定:地质雷达可以通过分析反射波的走向和形态等信息,确定管道的走向。这种方法可以有效地避免管道被误判或漏判。

5. 探地雷达在水利工程中的优势

（1）高效性。探地雷达可以快速、准确地获取地下介质的分布信息,为水利工程中的地质勘探和无损检测提供高效的工作方式。这大大缩短了勘探和检测的时间,提高了工作效率。

（2）精准性。探地雷达可以获得高分辨率的地下介质分布图像,为地质勘探和无损检测提供准确的数据。这大大提高了勘探和检测的准确性,为水利工程的设计和施工提供可靠的数据支持。

（3）无损性。探地雷达是一种非侵入性的探测方法,不会对被探测物体造成任何损害。这特别适合于水利工程中的无损检测,可以避免对水利设施造成损害,保证其安全运行。

6. 探地雷达在水利工程中的技术挑战与发展前景

（1）技术挑战。虽然探地雷达在水利工程中具有很多优势,但也面临着一些技术挑战。例如,对于复杂的地质条件和多变的地下介质分布,需要进一步提高探地雷达的分辨率和准确性。此外,对于大规模的水利工程,需要进一步提高探地雷达的探测效率。

（2）发展前景。随着科技的不断发展,探地雷达技术也在不断进步和完善。未来,随着人工智能、大数据等技术的应用,探地雷达技术将会更加智能化、自动化。这将进一步提高探地雷达的分辨率、准确性和探测效率,为水利工程的发展提供更加可靠的技术支持。

1.3.7　隧道超前探测系统在水利工程中的应用

隧道超前探测系统是一种用于探测隧道前方地质情况的先进技术,在水利工程中具有广泛的应用前景。本书将介绍隧道超前探测系统的基本原理、探测方法以及在水利工程中的应用效果。

隧道超前探测系统主要采用地震波反射法、声波反射法和电磁波透视法等探测方法。这些方法通过向隧道前方发射声波、地震波或电磁波,并接收反射回来的信号,根据反射信号的强度、传播时间和频率等信息,判断前方地质情况,包括岩石类型、岩石强度、地下水情况等。

超前探测是当前国内外最先进的隧道长期超前地质预报方法,也是超前地质预报重要的技术手段。TSP 设备主要用于超前预报隧道掌子面前方不良地质的性质、位置和规模。最大探测距离为掌子面前方 300～500 m,设备限定的有效预报距离为掌子面前方 100 m,最高分辨率≥1 m 的地质体。

超前探测解译的关键技术是成果图的解译。

1.3.7.1　隧道超前探测系统能够解决的技术问题

隧道超前探测系统能够探测和解译掌子面前方存在的断层、特殊软岩,煤系地层中的煤层、富水砂岩和煤系地层与其他岩层的界线,还可以探测和解译掌子面前方存在的溶洞、暗河、岩溶陷落柱和淤泥带等不良地质体。主要是查明上述不良地质的位置和规模,也可以概略地判断不良地质体的围岩级别(围岩级别的准确判断,尚需跟踪地质工作中的围岩评价才能真正做到)。

1.3.7.2　可以达到的技术指标

（1）有效预报距离可达掌子面前方 100～300 m,最高分辨率为 1 m 的地质体。

（2）对不良地质性质的判断,精度一般可达到基本正确。

（3）对不良地质位置的判断,精度一般可达 90% 以上。

（4）对不良地质规模的判断,精度一般可达 85%～90%。

1.3.7.3　在水利工程中的应用

在水利工程中,隧道超前探测系统主要用于以下几个方面:

（1）隧道施工前的地质勘探。通过超前探测,可以了解隧道施工区域的地质情况,为施工方案的设计提供依据。

（2）隧道施工过程中的地质监测。在施工过程中,通过实时监测隧道前方的地质变化,可以及时调整施工方案,确保施工安全。

（3）水利工程地质灾害预警。通过对隧道前方地质情况的探测,可以预测可能发生的地质灾害,如滑坡、泥石流等,为灾害预警提供依据。

1.3.7.4　探测效果

隧道超前探测系统在水利工程中的应用取得了显著的效果。首先,通过超前探测,可以提前了解隧道施工区域的地质情况,为施工方案的设计提供科学依据。其次,在施工过程中,实时监测隧道前方的地质变化,及时调整施工方案,可以确保施工安全。最后,通过对隧道前方地质情况的探测,可以预测可能发生的地质灾害,为灾害预警提供依据。

隧道超前探测系统是一种有效的地质勘探技术,在水利工程中具有广泛的应用前景。通过超前探测,可以提前了解隧道施工区域的地质情况,为施工方案的设计提供科学依据;在施工过程中实时监测隧道前方的地质变化,及时调整施工方案,可以确保施工安全;通过对隧道前方地质情况的探测,可以预测可能发生的地质灾害,为灾害预警提供依据。因此,隧道超前探测系统在水利工程中的应用具有重要的意义。

某隧道超前探测成果如图 1-1 所示。

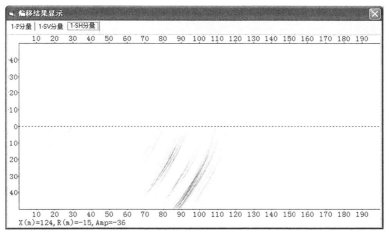

图 1-1

从图 1-1 中 P 波深度偏移图像可知,在两钻孔处有两组明显的反射界面,结合地质资料,推断有一处岩体裂隙发育,而另一处有岩性接触带。在某一范围内 S 波反射较强,而 P 波反射较弱,分析认为该段受岩性接触影响,岩溶发育,含水率大。某一范围内岩体纵波速度低,岩体完整性稍差。据施工人员反馈,此段的预测完全吻合,在这一范围内裂隙较发育,开挖时大多为线性小股水。

1.3.8　弹性波 CT 成像技术在水利工程中的应用

弹性波 CT 成像技术是一种基于地震波的成像技术,通过测量地震波在介质中的传播速度和振幅等信息,可以对介质内部的结构和性质进行准确的反演与解释。在水利工程中,弹性波 CT 成像技术被广泛应用于岩土工程勘察、堤坝和地基稳定性分析、地下水资源调查以及施工质量的检测和评估等方面。在其他方法获取大量信息的基础上,利用代数重建、联合迭代、反褶积等计算方法,重视被测体的二维图像或三维图像,可用于多种物理探测的资料处理。弹性波 CT 成像是对地震波信息进行专门的反演计算,得到被测区域内岩土体的波速分布规律,从而对岩体进行分类及评价。

弹性波 CT 技术的基本原理是利用地震波在介质中的传播速度和振幅等信息,对介质内部的结构和性质进行反演及解释。地震波在介质中传播时,会受到介质内部结构和性质的影响,导致波速和振幅发生变化。通过测量这些变化,可以推断出介质内部的结构和性质。在弹性波 CT 成像技术中,常用的方法有瑞利面波法、反射波法和折射波法等。

透射波 CT 成像多采用单点激发、多点接收的工作方式,即在一个钻孔中以一定的点距逐点激发地震波,而在另一个钻孔中以相同的点距用传感器同时接收同一震源点激发的地震波信号,并用仪器将地震波形信号记录下来,从而构成跨孔地震 CT 成像激发、接收观测系统。移动炮点及检波点,使测线达到要求的测试精度。

随着我国工程建设的发展,越来越多的大中型建筑物在不良地质区兴建,尤其是在岩溶发育地区,基岩顶面、溶洞及溶蚀裂缝发育形态非常复杂。目前,常规的工程地质钻探由于勘察钻孔数量有限,且是"一孔之见",难以反映地下不良地质体分布及其形态。而地震波层析成像具有较高的分辨率,更有利于全面细致地对岩体进行质量评价,圈出地质异常体的空间位置,弥补了钻探的不足,为设计部门提供有效的参考依据。

在水利工程中,弹性波 CT 成像技术被广泛应用于以下方面。

1.3.8.1　岩土工程勘察

通过测量和分析弹性波在岩土中的传播速度及振幅等信息,可以对岩土的物理性质、结构特征和分布规律进行准确的反演与解释,为水利工程的设计及施工提供重要的依据。

1.3.8.2　堤坝和地基稳定性分析

通过对堤坝和地基进行弹性波 CT 成像测量,可以获取其内部的结构和性质信息,为堤坝和地基的稳定性分析提供重要的数据支持。

1.3.8.3　地下水资源调查

通过弹性波 CT 成像技术,可以获取地下水资源的分布、储量和流动特征等信息,为地下水资源的管理和开发提供重要的数据支持。

1.3.8.4　施工质量的检测和评估

在水利工程施工过程中,通过弹性波 CT 成像技术可以对施工质量进行检测和评估,确保施工质量和安全。

在水利工程中,岩土工程勘察是至关重要的环节之一。通过弹性波 CT 成像技术,可以对岩土的物理性质、结构特征和分布规律进行准确的反演与解释。在进行岩土工程勘察时,常用的方法有瑞利面波法、反射波法和折射波法等。其中,瑞利面波法是一种常用的弹性波 CT 成像方法,具有分辨率高、抗干扰能力强等优点,被广泛应用于岩土工程勘察中。通过测量和分析瑞利面波在岩土中的传播速度和振幅等信息,可以获取岩土的物理性质、结构特征和分布规律等信息,为水利工程的设计和施工提供重要的依据。

在水利工程中,堤坝和地基的稳定性是至关重要的。通过弹性波 CT 成像技术,可以对堤坝和地基进行内部结构及性质的反演与解释,为堤坝和地基的稳定性分析提供重要的数据支持。在进行堤坝和地基稳定性分析时,常用的方法有反射波法和折射波法等。通过测量和分析反射波或折射波在介质中的传播速度及振幅等信息,可以获取介质内部的结构和性质信息,为堤坝及地基的稳定性分析提供重要的数据支持。同时,弹性波 CT 成像技术还可以应用于施工质量的检测和评估等方面。

在水利工程中,地下水资源调查是至关重要的环节之一。通过弹性波 CT 成像技术,可以获取地下水资源的分布、储量和流动特征等信息,为地下水资源的管理和开发提供重要的数据支持。在进行地下水资源调查时,常用的方法有瑞利面波法和反射波法等。通过测量和分析瑞利面波或反射波在介质中的传播速度及振幅等信息,可以获取地下水资源的分布、储量和流动特征等信息。同时,弹性波 CT 成像技术还可以应用于施工质量的检测和评估等方面。

在水利工程施工过程中,施工质量的检测和评估是至关重要的环节之一。通过弹性波 CT 成像技术可以对施工质量进行检测和评估,确保施工质量及安全。在进行施工质量检测和评估时常用的方法有瑞利面波法和反射波法等,通过测量和分析瑞利面波或反射波在介质中的传播速度与振幅等信息可以获取施工质量的有关信息,为施工质量的管理和控制提供重要的数据支持。同时,弹性波 CT 成像技术还可以应用于堤坝和地基稳定性分析等方面。综上所述,弹性波 CT 成像技术在水利工程中具有广泛的应用前景,可以为水利工程的设计施工和管理提供重要的数据支持和技术支持。

地震波层析可分为体波层析和面波层析两大类,而体波层析又可分为反射层析、折射层析和透射层析,主要有弹性波 CT、超声波 CT。

1. 弹性波 CT

某水库输水工程地质条件复杂段位于辽宁省桓仁县六河谷,该区域地表下 9~12 m 为第四系覆盖层,基岩为大理岩,岩溶发育。根据钻探和地面地球物理探测资料,该测区存在规模比较大的区域性构造带,断层物质主要为溶蚀大理岩及透镜体等,上部风化较严重,为强风化条带大理岩及全风化砂土状大理岩;下部风化较轻,为弱风化条带构造大理岩,岩石具明显的碎裂结构。

测区内隧道的洞轴线埋藏深度为 80 m,而且所处的地貌单元为河谷地段,构造、岩溶等不良地质体与地面水体形成良好的水力联系,这会给隧道的施工带来安全隐患。为了解决该问题,在测试区域选择试验段进行地面灌浆处理,评价灌浆后岩体质量的改善程度。

本次工作遵循《水电工程物探规范》(NB/T 10227—2019)中的相关规定,采用跨孔弹性波 CT 成像技术在试验区内两个钻孔间作弹性波 CT 剖面。采用单点激发多点接收的工作方式,即在一个钻孔中以一定的点距逐点激发地震波,而在另一个钻孔中以相同的点距用传感器同时接收同一震源点激发的地震波信号,并用仪器将地震波形信号记录下来,从而构成跨孔地震弹性波 CT 成像激发、接收观测系统。移动炮点及检波点,使测线达到要求的测试深度和精度。

测试采用井间弹性波层析成像技术,接收点距 2 m,炮距 2 m。钻孔 Ⅸ-1 与钻孔 Ⅵ-1′间距为 10.7 m,钻孔 Ⅵ-1′与钻孔 Ⅰ-2 间距为 14.4 m,钻孔 Ⅰ-2 与钻孔 Ⅵ-4 间距为 15.8 m,钻孔 Ⅸ-1 与钻孔 Ⅵ-4 间距为 12.18 m,钻孔 Ⅰ-2 与钻孔 Ⅸ-1 间距为 24.6 m,钻孔 Ⅵ-4 与钻孔 Ⅵ-1′间距为 9.05 m,钻孔深 65~80 m。

(1)工作方法及数据采集系统。

本次测试采用 SE2404EP 型综合工程检测仪。采集参数设置如下:

①采样率:0.05 ms。

②采样长度:1 024 字节。

③滤波器:50 Hz 陷波滤波器。

④检波器:测试采用由 12 个频响范围宽、灵敏度高、非线性失真小的检波器组成的检波器串。

⑤震源:由于本次弹性波 CT 测试的两个钻孔间距在 30 m 之内,所以井下震源采用脉冲型电火花震源。

在地震波 CT 层析成像测试过程中,合理地设置观测系统是整个测试工作成败的关键,本次测试所采用的观测系统设计要求选择炮点距为 2 m,道距为 2 m。

数据采集完成后,利用相关软件读取纵波初至。最后利用专门的反演软件进行计算,绘出纵波速度分布图。

灌浆前在 Ⅵ-4—Ⅰ-2 剖面中-34~-74 m 范围内岩体纵波速度分布是极不均匀的,表现为高速区域与低速区域交错分布,同时-54~-62 m 存在一个范围较大的低速区域(3 000~3 800 m/s)。灌浆后,-34 m 以下岩体的速度为 3 400~6 000 m/s,较灌浆前岩体的纵波速度有大幅度提高,且速度分布趋于均一。其中灌浆前在-54~-62 m 处存在的低速区域,其速度已提高到灌浆后的 5 400~6 000 m/s。

(2)岩体纵波速度与岩芯采取率对比分析。

通过与钻孔资料对比分析,岩体纵波速度在 4 200~6 000 m/s 所对应的岩芯采取率在 40% 以上,速度在 3 000~4 200 m/s 对应的岩芯采取率在 15%~40%,速度小于 3 000 m/s 的岩体的岩芯采取率小于 15%,岩体的纵波速度与岩芯采取率表现出比较好的相关性。但由于岩体的纵波速度受多种因素影响(如岩性、围岩应力状态、结构面等),同时在弹性波 CT 成像处理过程中,接收点和激发点及测试起止深度位置附近的单元体内射线密度不能满足测试精度要求,所求解的岩体纵波速度值在测试孔附近存在一定的误差。因此,个别位置岩芯采取率与岩体纵波速度的相关程度有一定的偏差。

(3)灌浆前后纵波速度对比分析。对比分析灌浆前后所有纵波速度剖面,纵波速度分布有如下特点:

①在-34~-50 m 处存在一速度突变面,其上岩体的速度在 1 400~3 000 m/s,其分布比较均匀,岩芯采取率比较低。

②在-34~-50 m 以下,岩体的纵波速度比较高(3 000~6 000 m/s),但是在局部地段存在速度比较低的区域,速度分布呈现不均匀的规律。

③灌浆后的纵波速度剖面在-34~-50 m 以上变化不大,但是在该界面深度以下纵波速度的变化比较大,突出表现在岩体的纵波速度有大幅度的提升,特别是在灌浆前纵波速度剖面中纵波速度较低的区域。

④灌浆处理后,岩体纵波速度呈现有规律的分布。这种速度的变化反映了灌浆对岩体的影响。

工程实践表明,弹性波 CT 成像方法效率高、操作简单、准确有效,克服了常规工程钻探的不足。通过在勘察区域布置一定数量的弹性波 CT 剖面,可查明基岩面的埋深、起伏形态、溶洞分布形态及溶蚀裂隙发育范围。在岩溶发育地区兴建的大、中型重要建筑的设计、施工阶段,采用常规工程钻探、地面物探与弹性波 CT 成像相结合的勘察方法,可避免重复勘察,消除工程安全隐患,从而降低整个工程造价。弹性波 CT 成像技术在岩土工程勘察中具有广阔的应用前景。

2. 超声波 CT

超声波具有穿透能力强、检测设备简单、操作方便等优点,特别适合于对混凝土的检测,尤其适合对大体积混凝土如大坝、桥墩、承台及混凝土灌注桩的检测。常规的超声波对测法及斜测法可检测混凝土内部的缺陷,但这需要操作人员具有一定的工作经验,且检测精度也不够高,仅能得到某些测线上而非全断面的混凝土质量信息。将计算机层析成像技术用于混凝土超声波检测,即为混凝土超声波层析成像检测方法。

该方法首先将待检测混凝土断面剖分为诸多矩形单元,然后从不同方向对每一单元进行多次超声波射线扫描,即由来自不同方向的多条射线穿过一个单元,用所测超声波走时数据进行计算成像,其成像结果可精确、直观表示出整个测试断面上混凝土的缺陷及质量信息,使检测精度大为提高。

超声波 CT 原始数据处理需要专业软件来完成,其处理步骤如下:

(1)在软件中打开原始数据,读取初至时间。

(2)根据初至时间反演出速度分布。

(3)输出速度分布图,根据速度分布对被检测体质量做出解释。

测区沿线路中线左侧 1.5 m 以外存在一个条带状的面积较大的低波速区,波速低于 3.5 km/s,强度偏低。推测该低波速区浇筑质量相对较差。

超声波 CT 成像检测技术具有分辨率高、缺陷定位准确、检测结果直观、图像清晰等特点,是一种十分有效的结构检测手段。

新型分布式超声波探测系统的研发成功,实现了一点激发多点同时接收,大大降低了工作量和成本,增加了射线的密度,在缺陷的判定上更为准确。该新型超声波仪的成功应用,将有力地推动超声波成像技术在大型混凝土构件无损检测中的广泛应用。

1.3.9 声呐技术在水利工程中的应用

1.3.9.1 水声学原理

频率在 20~20 000 Hz 范围内的声波是人耳能听见的声波,称为可闻声波,常简称为声波。声波是由于机械振动产生的,振动源即为声源。最简单的声源是均匀脉动球,该球面上各点做谐和振动,各点振速大小相同,相位一致,振速的方向指向辐射方向,即振速方向与球面垂直。介质受到声源振动的扰动,介质中各点也必然做谐和振动,各点处的介质被压缩或拉伸(稀疏)。介质受压产生超压,称为声压。振动状态在介质中的传播速度称为声速。

众所周知,在讨论光的传播现象时,有光的射线说和光的波动说两种。光的射线理论认为光的能量是沿着光线传播的,在均匀介质中光线是直线。下面简要叙述声传播的射线理论。声的射线理论认为:声能沿着声线传播,声线与波阵面相垂直,一系列的声线组成声线束管,从声源发出的声能,在无损耗介质中沿着声束管传播,其总能量保持不变,因而声强度与声束管截面面积成反比。

1.3.9.2 声呐探测技术原理

河道整治工程一般由坝、垛和护岸组成,这些工程对控制河势、保持大堤的安全起着十分重要的作用,所以说河道整治工程的稳定决定着堤防的安全,工程的稳定又受坝垛稳定的制约,而坝垛稳定与否又决定于根石基础的强弱,因此坝垛根石的稳定是防洪安全的重要保障条件之一。

根石的完整是丁坝稳定最重要的条件,及时发现根石变动的部位、数量,对采取预防和补充措施,防止出现工程破坏和防洪安全具有重要意义。采用预防或及时抢护的办法,还可节省大量的抢险费用。

1.3.9.3　声呐探测技术在某河务局非汛期根石探测

河道整治工程是黄河防洪工程的重要组成部分,工程始建于 20 世纪,后经多次改建而成现状。某河务局管辖的河道工程所处河段是典型的"宽、浅、乱"游荡性河段,即使在中小洪水情况下,也时常发生险情,这类险情的特点是出险急、发展快、坍塌猛、历时长、难于抢护。其所属的工程是本次探测的重点,为准确掌握汛前河道工程根石状况,确保工程安全,为今后的防汛工作提供决策依据,河务部门要求对河务局所属工程的靠水坝进行全面的根石探测。

1. 资料处理与解释

(1)原始资料评价。原始影像图反射界面清晰,重复测量探测深度误差小于 0.2 m,一致性较好。

(2)数据处理。数据处理主要包括:数据的图像显示与处理、轨迹图的显示、界面的追踪、追踪数据的计算与成图等。

(3)资料解释。根据行波理论,只有当声波遇到强波阻抗差异界面时,才会发生反射。河水中的含沙量是从表层到底层渐变,因此声波在河水中传播时不会有明显的反射界面出现,当遇到水与泥沙界面、水与根石界面、泥沙与根石界面时就会发生反射。

①水与泥沙界面一般比较光滑,介质比较均匀,泥沙中一般无其他介质,所以为强反射界面,在波形图上表现为:反射波起跳后延续时间短,初至形成连续光滑的界面。

②水与根石界面或泥沙与根石界面中根石一般为块状,所以其界面不平整,根石中的缝隙还填充着水或泥沙,声波可以有一部分透过,在波形图上的表现为反射波起跳后延续时间长,初至形成的界面不光滑。

2. 缺石面积、缺石量及最大深度的计算

(1)缺石面积。采用数学积分方法来实现,因为数据点是已经离散的数据,所以积分时不需要再进行离散,追踪到的根石数据每两点与固定坡度围成一个梯形小面积,按照几何图形面积的计算方法计算出每个梯形小面积,然后将所有的小面积相加即可得到需要的缺石面积。

(2)缺石量。缺石平均断面面积乘以两断面间的裹护长度,坝(垛)缺石量为该坝(垛)各断面间缺石量之和。

(3)最大深度。险工工程从根石台顶面到根石最深点的深度,控导(护滩)工程从深度起算水位到根石最深点的深度。

3. 探测成果

某险工工程根石探测成果统计与分析:某险工工程根石探测断面共 77 个,其中坡度小于 1∶1.0 的断面共 0 个,占总断面的 0.00%,与坡度 1∶1.0 相比,缺石量为 5.07 m³;坡度在 1:1.0~1:1.3 之间的断面共 0 个,占总断面的 0.00%,与坡度 1:1.3 相比,缺石量为 164.26 m³;坡度在 1:1.3~1:1.5 的断面共 14 个,占总断面的 18.18%,与坡度 1:1.5 相比,缺石量为 1 179.13 m³;坡度大于 1:1.5 的断面共 63 个,占总断面的 81.82%。

1.4　物探技术在水利工程中的优势与局限性

1.4.1　物探技术在水利工程中的优势

物探技术利用先进的仪器和设备,能够快速、准确地检测水利工程中的各种隐患和问题。相比传统的人工检测方式,物探技术能够大大提高检测效率,缩短检测时间,减小人工劳动量,提高工程建设的进度和质量。

1.4.1.1　提高勘察效率

物探技术利用先进的地球物理探测设备,通过测量和分析地球物理场的分布和变化,实现对地质构造、地下水分布、地层岩性等信息的快速、准确探测。相比传统的钻探方法,物探技术可以大大缩短勘察时间,提高勘察效率。

1.4.1.2　降低工程成本

物探技术可以在大面积范围内进行无损探测,无须进行大量开挖或钻探,从而避免了工程破坏和不必要的返工。此外,物探技术的数据采集和处理都是自动化进行,降低了人工成本。因此,物探技术可以有效降低水利工程的总体成本。

1.4.1.3　避免工程破坏

传统的勘察方法如钻探,会对地质结构造成破坏,进而可能引发工程事故。而物探技术通过非接触式的方式进行探测,避免了直接对地质结构的破坏,显著降低了工程破坏的风险。

1.4.1.4　精确探测

物探技术能够精确探测水利工程中的各种隐患和问题。通过精确的测量和分析,物探技术能够准确地确定隐患的位置、大小和性质,为后续的维护和修复工作提供准确的数据支持。

1.4.1.5　预测灾害

物探技术还可以预测水利工程可能发生的灾害。通过对工程周围的地质环境和水利条件进行综合分析,物探技术可以预测工程可能遭受的洪水、滑坡、泥石流等自然灾害的风险,为防灾减灾提供科学依据。

1.4.1.6　优化设计方案

物探技术的应用可以帮助优化水利工程的设计方案。通过对工程地质条件和水文环境的详细了解和分析,物探技术可以为设计人员提供准确的地质数据和参数,帮助设计人员更好地理解和掌握工程的地质环境,从而优化设计方案,提高工程的稳定性和安全性。

1.4.1.7　适应复杂地形

水利工程往往需要在复杂的地形条件下进行。物探技术具有较高的适应性和灵活性,可以适应各种复杂的地形条件,如山地、河流、沼泽等。通过调整物探技术和数据处理方法,可以实现对复杂地形条件的准确探测。

1.4.1.8　提升工程质量

物探技术可以为水利工程提供详细的地质信息,帮助工程师更好地理解和评估地质条件,从而制订出更合理的设计方案和施工方案。此外,物探技术还可以对施工过程进行实时监测,确保施工符合设计要求,从而提高工程质量。

物探技术在水利工程中具有提高勘察效率、降低工程成本、避免工程破坏、适应复杂地形和提升工程质量等5大优势。因此,在水利工程建设过程中,应充分利用物探技术,以提高勘察效率、降低成本、保障工程质量。同时,我们也应不断研发和应用新的物探技术,以满足水利工程建设日益增长的需求。物探技术在水利工程中具有显著的优势,包括提高检测效率、降低成本、精确探测、预测灾害和优化设计方案等方面。这些优势使得物探技术成为水利工程建设和管理中的重要手段,为保障水利工程的安全和稳定运行做出了重要贡献。随着科技的不断进步和发展,我们有理由相信物探技术将在未来发挥更大的作用,为水利工程建设和管理提供更加准确、高效的技术支持。

1.4.2　物探技术在水利工程中的局限性

1.4.2.1　受环境干扰影响

物探技术通常是通过测量地球物理场的分布和变化来探测地下结构及物体的。然而,在水利工程中,由于地形、水文等因素的影响,地球物理场可能会受到干扰,物探结果的准确性和可靠性降低。例如,在水域进行物探时,水体的导电性可能会干扰电磁场的变化,影响探测结果的解释。

1.4.2.2　探测深度有限

物探技术受到探测深度的限制。在水利工程中,有时候需要探测的地下结构和物体可能位于较深的地下,而物探技术的探测深度通常有限。这可能导致物探结果无法完全揭示地下结构和物体的特征,从而影响工程设计和施工的准确性。

1.4.2.3　对目标物的分辨率较低

物探技术对目标物的分辨率通常较低。在水利工程中,有时候需要探测的地下结构和物体的尺寸可能较小,而物探技术的分辨率可能无法满足工程要求。这可能导致物探结果无法准确识别地下结构和物体的位置和形状,从而影响工程的施工质量和安全性。物探技术的精度对于水利工程至关重要。然而,在实际应用中,由于各种因素的影响,如地形起伏、地表覆盖物、地下介质的不均匀性等,物探结果往往存在一定的误差。此外,不同的物探方法和技术也会产生不同的精度差异。因此,在水利工程中应用物探技术时,需要综合考虑各种因素,选择合适的物探方法和设备,以确保结果的准确性和可靠性。

1.4.2.4　成本较高

物探技术的成本通常较高。在水利工程中,由于需要使用专业的物探设备和仪器,以及需要雇用专业的物探技术人员进行操作和分析,因此应用物探技术的成本可能会较高,这可能会对工程的预算和成本控制产生一定的影响。一方面,物探设备购置和维护需要大量的资金投入;另一方面,物探工作需要专业的技术人员进行操作和解释,这也需要一定的成本。因此,在水利工程中应用物探技术时,需要考虑成本效益比,选择合适的物探方案和技术路线。

1.4.2.5　探测速度较慢

物探技术的探测速度通常较慢。在水利工程中,有时候需要尽快完成探测任务以便进行后续的工程设计和施工。然而,物探技术的探测速度通常较慢,可能需要花费较长的时间来完成一个区域的探测任务。这可能会对工程的进度产生一定的影响。

1.4.2.6　场地限制

物探技术对于场地的要求较高。在水利工程中,地形、地势、水文条件等因素都会对物探结果产生影响。例如,在山区、峡谷等复杂地形中,物探信号可能会受到干扰,导致结果不准确。此外,在水利工程中,有时需要探测的区域可能受到施工场地、设备布局等因素的限制,使得物探设备的布置和数据采集受到限制。

1.4.2.7　时间要求

水利工程往往需要在短时间内完成大量的工作,因此对时间的要求较高。而物探工作通常需要一定的时间和周期来完成,如野外勘察、数据处理和解释等。这可能会影响水利工程的整体进度和效率。因此,在水利工程中应用物探技术时,需要合理安排工作时间和进度,确保物探工作的及时性和有效性。

物探技术在水利工程中存在场地限制、精度要求、成本较高和时间要求等方面的局限性。为了克服这些局限性,需要综合考虑各种因素,选择合适的物探方法和设备,合理安排工作时间和进度,以确保物探工作的准确性和可靠性。同时,也需要不断改进和完善物探技术,提高其应用效果和效率。在应用物探技术时,需要根据实际情况,选择合适的物探方法和设备,并充分考虑环境干扰、探测深度、目标物分辨率、成本和探测速度等因素的影响。同时,还需要结合其他勘探方法和技术手段,提高探测结果的准确性和可靠性,为水利工程的施工和质量提供有力的技术支持。

第 2 章　水利工程前期探测

　　水利工程前期勘察物探是工程地质勘察中的一种重要技术手段,主要用于了解工程区域内的地质构造、地层岩性、水文地质条件等。

　　在水利工程前期勘察中,物探工作可以帮助工程师更好地了解工程场地的地质情况,为后续的工程设计和施工提供重要的地质依据及技术支持。

　　具体来说,水利工程前期勘察物探主要包括以下内容:

　　(1)地质构造勘察。通过物探方法,可以了解工程场地内的地质构造情况,包括断层、褶皱等,为地基稳定性评价提供依据。

　　(2)地层岩性勘察。通过物探方法,可以了解地层的分布、厚度、岩性等特征,为地基基础设计提供依据。

　　(3)水文地质条件勘察。通过物探方法,可以了解地下水的分布、埋藏条件、运动规律等,为水利工程的设计和施工提供重要的水文地质资料。

　　在水利工程前期勘察物探中,常用的物探方法包括电法、地震法、磁法、重力法等。工程师需要根据不同的工程需求和勘察目的,选择合适的物探方法和测量参数,并进行数据处理和解释,以获得准确的地下信息。

　　总之,水利工程前期勘察物探是水利水电工程建设中不可或缺的一环,它能够为工程设计和施工提供重要的地质依据和技术支持,保障工程的安全性和稳定性。

2.1　前期勘察常用的物探方法

2.1.1　直流电法

　　电法勘察的作用原理是在待测区域构建电场,将电极插入地质结构中,以大地为通电介质,在设备释放出电能之后,电能会在地质结构中传输,根据地质中不同的金属介质分布情况产生不同的反馈电场,从而确定地质结构的基本情况。常用的电法勘察有高密度电法、电测探法、自然电场法、充电分析法等。

2.1.2　瞬变电磁法

　　瞬变电磁法的主要原理是利用地壳中岩石和矿石的导电性差异,以接地导线或不接地回线通以脉冲电流作为场源,以激励探测目的物感生二次电流,在脉冲间隙测量二次场随时间变化的响应,从而了解地下介质的电性变化情况。这种方法中,早期瞬变电磁场反映浅部电性分布特征,晚期瞬变电磁场反映深部的电性分布特征。瞬变电磁法探测深度高,垂向分辨率高,但浅层识别较差,纵向分辨率差。该方法易受低阻层的影响,当低阻层过厚时,响应时间会大幅增加,当信号到达深层时几乎衰减殆尽。

2.1.3　可控源音频大地电磁法

可控源音频大地电磁法(CSAMT)工作时通过人工可控制的激励场源,向大地发送不同频率的交变电磁场,观测位置处于距场源较远地段,一般大于勘探深度的3~5倍(依据目标勘探深度和采用的观测装置而定),通过观测不同频率的正交电、磁场分量及其阻抗相位差,计算出不同频率的视电阻率。由于不同频率的电磁场具有不同的趋肤深度,频率越高趋肤深度越浅,反之则趋肤深度越深。趋肤深度与地下地质体的导电性有很大关系,导电性越好趋肤深度越浅,反之则趋肤深度越深。因而不同频率的视电阻率、相位就反映了不同深度的地电信息。经过数据预处理、反演计算,最终得到勘察地段的地电模型,通过研究电性空间分布特征做出地质上的分析,进而为工程设计提供深部地质资料。

CSAMT方法具有如下特点:

(1)勘探深度范围大。一般勘探深度可达2~3 km,根据不同的勘探目的及当地的地电条件,合理选择收、发距离及观测频率范围,可以达到勘探的目的。

(2)分辨力较强。CSAMT方法横向分辨能力受接收电极间距离(MN)影响,且与地质体的规模及电性特征有关,一般横向分辨率为接收偶极距的1/2;纵向分辨率(电性层或目标体的厚度与埋深之比)可达到10%,但受地形及地质情况不同影响,实际纵向可识别能力可能较低。

(3)低阻敏感。由于CSAMT方法使用的是交变电磁场,可以穿过高阻盖层,对高阻背景中的深部低阻反映效果较好。

(4)抗干扰能力强。与其他频率域电磁法相比,由于CSAMT方法采用了人工可控发射源,发射功率达到30 kW,能获得较强的信号,对压制干扰有较好效果。

(5)效率高。在实际工作中,一般采用几个电道对应一个共用磁道的方式,因此工作起来更显快捷、灵活。

2.1.4　EH4电磁成像系统

EH4电磁成像系统属于部分可控源与天然源相结合的一种大地电磁测深系统。深部构造通过天然背景场源成像(MT),其信息源为10~100 kHz。浅部构造则通过一个新型的便携式低功率发射器发射1~100 kHz人工电磁信号,补偿天然信号的不足,从而获得高分辨率的成像。

使用人工源时要注意近区,特别是在高阻地区,使用小功率发射源时很容易进入近区。EH4连续电导率成像系统是由美国Geometrics公司和EMI公司于20世纪90年代联合生产的一种混合源频率域电磁测深系统。结合了CSAMT和MT的部分优点,利用人工发射信号补偿天然信号某些频段的不足,以获得高分辨率的电阻率成像。其核心仍是被动源电磁法,主动发射的人工信号源探测深度很浅,用来探测浅部构造;深部构造通过天然背景场源成像(MT)。伍岳等在砂岩型铀矿床上应用研究指出:EH4在高阻覆盖区具独到的优越性,可以穿透高阻盖层;而当基底为高阻,且基底与上覆砂岩有明显电性差异时,EH4能准确而清晰地探测出基底的埋深和起伏。申萍、沈远超等采用EH4对横跨中国东西的9种不同成因类型的25个矿床进行了研究,结果表明:EH4连续电导率成像结果能够直观地反映矿化异常在剖面的形态、规模、矿化强度等,是隐伏矿定位预测的方法之一。

2.1.5　探地雷达法

探地雷达法的勘察速度非常快,同时勘察结果的准确性非常高。该方法的作用原理在于借助电磁波发出设备,在待测区域释放出电磁波,同时在区域内设置电磁波接收设备,电磁波对于不同地质介质,其传输速度与反馈信号强度存在不同,对接收器采集的反馈波长进行分析,剔除一些干扰项,从而得出目前区域的地质组成情况。常用的探地雷达法包括透射法、单孔法、多剖面法等。

雷达仪产生的高频窄脉冲电磁波通过天线定向往大地发射,其在大地中的传播速度和衰减率取决于岩石的介电性及导电性,且对岩石类型的变化和裂隙含水情况非常敏感,在传播过程中,一旦遇到岩石导电特性变化,就可能使部分透射波反射。接收机检测反射信号或直接透射信号,将其放大并数字化,存储在数字磁带记录器上,备份数据处理和显示。

地质雷达系统一般在 10~1 000 MHz 频率范围内工作。当传导介质的电导率小于 100 S/m 时,传播速度基本上保持常数,信号不会弥散。

地质雷达具有足够的穿透力和分辨能力。电磁波穿透深度主要取决于电磁波的频率、能量大小以及传导介质的导电特性。随着岩石含水量的增大,电导率增高,雷达波的衰减率会增大。湿煤中的衰减率就比干煤的大。随着电磁波频率的增高,其穿透深度将减小,但降低频率或增大波长 λ,分辨率又会随之降低。为了能将探测目标与背景区分开,目标的大小应与波长成正比,最好为 $\lambda/4$。分辨能力还取决于岩体内隐藏目标的种类和大小及其导电特性。岩体与目标之间的导电特性差异越大,则越易发现目标。在许多地质环境中使用的经验表明,中心频率约为 100 MHz 的雷达系统兼顾了测距、分辨率和系统轻便性这三个因素,效果较好。

2.1.6　地震勘探

地震折射波法是水工勘察中常用的地震类方法,主要用于探测覆盖层厚度。折射波勘探原理主要是利用地震波在不同介质中传播的速度差异。当地震波从一种介质进入另一种介质时,由于介质的密度、弹性模量等物理性质的差异,地震波的传播速度会发生变化,从而引起地震波的折射现象。根据不同介质对地震波的折射程度,可以推断出地下地质结构的变化,进而了解地下的物质性质。

2.1.7　微动勘探

微动是指地球上随时随地存在的微弱振动信号,是一种以体波和面波混合的复杂信号,其中面波能量占 70% 以上,而微动方法是以这种复杂的微弱振动信号作为震源,利用地震仪采集野外原始微动数据,并通过算法提取面波的频散曲线,进而基于面波的频散特性获得地下介质的速度结构,达到对地下空间探测的目的。扩展空间自相关法(ESPAC)是提取面波频散曲线的常用方法,它是保持频率不变,改变圆周半径,计算自相关系数与贝塞尔函数拟合,得到空间自相关系数随距离的变化关系,进而计算相速度。ESPAC 相对于空间自相关法(SPAC)具备更灵活的台站布设方式,例如十字形、内嵌等边三角形、L形、直线形等。

高山峡谷地形、高海拔区域、强电磁干扰、隧洞埋深大等条件的限制,给电磁、反射地震、主动源面波等常规物探方法带来了极大困难,微动方法作为一种新兴技术,具备探测深度大、成本低、高效、抗干扰能力强、施工便捷等优势,使得其在深埋长隧道的地质探测中极具应用前景。

2.1.8　综合测井

地球物理测井,简称测井,是应用地球物理方法研究解决某些地下地质问题的一门技术学科。它是在钻井完成以后,借助电缆及其他专门的仪器和设备把探测器下到井内而进行一系列的物探方法测量,所以又被称为井中物探或地下物探。合理运用测井方法可以解决钻探取芯率不足的问题,还能够提供更完善更充足的地质资料。

在工程勘察和检测中,为了进一步研究钻井剖面中岩性的变化情况,了解破碎带分布、含水层的性质以及解决其他一系列问题,广泛地应用着综合地球物理测井方法。

传统意义上的地球物理测井主要分为电测井、声测井和核测井等三大类方法,随着现代科学技术的飞速发展,新技术不断被引入,使工程地球物理测井方法的内容越来越丰富,所解决的地质问题也越来越多。

目前常用的测井方法有:视电阻率测井(包括普通电极系、微电极系、井液电阻率)、自然电位测井、声波测井(包括声波速度测井、声幅测井、全波列声波测井)、放射性测井(包括 Y 测井、Y-Y 测井、中子测井、同位素测井)、钻孔全孔壁数字成像以及其他测井方法,如超声成像、温度测井、井径测量、井斜测量、地震测井等。

目前,在水利水电工程中综合测井有着广泛而有效的应用范围,归纳起来有如下几个方面:

(1)划分钻井地质剖面、区分岩性,探测软弱夹层。

(2)确定含水层的位置、厚度,划分咸淡水分界面。

(3)测试和研究含水层的有关水文地质参数,如孔隙度、渗透系数、地下水矿化度、流速、流向、涌水量以及相互补给关系等。

(4)确定岩层的物理参数,如电阻率、弹性波速度、密度等。

(5)探测和研究井壁以及钻井技术情况,包括探测裂隙、溶洞,测量井径、井斜、井温,套管接箍等钻井工艺问题。

为解决上述问题,一般采取多种测井方法综合运用和研究,以获得较好的效果。

2.2　库区勘察

物探是水利水电工程中的一种重要技术手段,主要用于对工程区域内的地下情况进行详细了解。根据不同的工程需求和勘察目的,可以采用不同的物探方法。

比如,在确定水电站的地基稳定性时,可以采用重力法和地震法。这些方法能够帮助工程师了解地下的岩层分布、地质构造以及是否存在不良地质现象,从而为水电站的设计和施工提供重要的地质依据。

在勘察河道淤积情况时,可以采用电法和磁法。这些方法能够揭示河道的沉积特征、水流速度和方向等信息,帮助工程师了解河道淤积情况,为水电站的运行和防洪提供重要的数据支持。

在进行水电站勘察物探时,需要合理选择物探仪器和测量参数,并进行数据处理和解释,以获得准确的地下信息。同时,还需要结合其他勘察方法和技术手段,如钻探、地质测绘等,以提高勘察的精度与可靠性。

总之,水电站勘察物探是水利水电工程建设中不可或缺的一环,它能够为工程设计和施工提供重要的地质依据和技术支持,保障工程的安全性和稳定性。

2.3　引调水工程勘察

在引调水工程中,物探技术是通过利用地球物理原理和仪器,对地下水储层进行探测和分析的一种方法。具体来说,物探技术可以包括电阻率法、激发极化法、地震波法等多种方法。

其中,电阻率法是利用地下水储层中的电导率差异,通过测量不同位置的电位差来推算电阻率,从而确定地下水储层的分布和厚度。激发极化法则是利用地下水储层中的极化率差异,通过测量不同位置的电位差来推算激发极化系数,从而确定地下水的含水性。

此外,地震波法可以通过测量地震波在地下水储层中的传播速度和反射情况,来推算储层的深度、厚度和地质构造等信息。这些信息对于引调水工程的设计和施工非常重要,可以帮助设计者更加准确地确定引调水工程的方案及施工路线,提高工程效益与节约水资源。

除了以上提到的物探方法,还可以利用其他地球物理方法,如重力法、磁法等,来探测地下水储层的位置和特征。这些方法可以相互补充,提高探测的准确性和可靠性。

水利工程物探存在的问题主要包括以下几个方面:

(1)探测深度问题。物探方法在探测深度方面存在一定的局限性。对于较深的地下结构,物探方法可能无法准确探测到,或者探测结果不够准确。

(2)探测精度问题。物探方法的精度受到多种因素的影响,如探测设备、探测技术、环境条件等。在某些情况下,物探方法的精度可能无法满足水利工程的要求。

(3)干扰因素问题。在水利工程中,存在许多干扰因素,如地形、地物、地质条件等,这些因素可能会对物探结果产生影响,导致探测结果不准确。

(4)数据分析问题。物探方法产生大量的数据,如何对这些数据进行准确、有效的分析是水利工程物探面临的一个重要问题。如果数据分析不准确、不全面,可能会导致错误的结论和决策。

为了解决这些问题,可以采取以下措施:

(1)改进探测设备和技术。采用先进的探测设备和技术,提高探测深度和精度。

(2)加强干扰因素的研究。对干扰因素进行深入研究,了解其对物探结果的影响,采取相应的措施进行修正。

（3）提高数据分析能力。加强对数据分析人员的培训,提高其分析能力和水平,确保数据分析的准确性和有效性。

总之,水利工程物探存在的问题需要认真对待和解决,通过不断改进和提高技术水平,为水利工程建设提供更加准确、可靠的数据支持。

2.4　南水北调西线

2.4.1　工程概况

《南水北调工程总体规划》明确南水北调工程由东、中、西三条线路组成,其中西线工程是从长江上游调水入黄河上游,补充黄河水资源的不足,缓解西北地区干旱缺水的重大战略工程。实施该工程可有效缓解黄河流域水资源供需矛盾,遏制流域生态环境恶化状况,对促进黄河流域生态保护和高质量发展具有重要作用。

2002 年 12 月,国务院以国函〔2002〕117 号文批复的《南水北调工程总体规划》,包含《南水北调西线工程规划纲要及第一期工程规划》。西线工程拟从长江上游通天河、雅砻江和大渡河调水,经隧洞穿越巴颜喀拉山进入黄河上游,年调水量 170 亿 m^3,规划分三期实施,一期从雅砻江、大渡河支流调水 40 亿 m^3,二期从雅砻江干流调水 50 亿 m^3,三期从金沙江干流调水 80 亿 m^3。一期工程从雅砻江支流达曲、泥曲和大渡河支流杜柯河、玛柯河、阿柯河联合调水,自流输水入贾曲河口,河口高程 3 442 m,这条调水线路简称达曲—贾曲联合自流线路。供水范围为甘肃、宁夏、内蒙古、陕西、山西 5 省(区)工业生活用水 23 亿 m^3,生态环境用水 7 亿 m^3,黄河干流补水 10 亿 m^3。工程由"五坝七洞一渠"串联而成,调水线路全长 260 km。"五坝"指 5 条支流上的 5 座水源水库;"七洞"是 7 段隧洞,总长 244 km;"一渠"是隧洞出口后贾曲—黄河段 16 km 明渠。按 2000 年第一季度价格水平,第一期工程静态总投资 469 亿元。

2002 年水利部布置开展西线一期工程项目建议书阶段的工作,2005 年安排将西线第一、二期工程水源合并作为一期工程开展项目建议书编制工作,2009 年 12 月《南水北调西线第一期工程项目建议书》(初稿)通过黄河水利委员会预审,建议一期工程调水规模为 80 亿 m^3,其中城乡生产生活用水 60 亿 m^3,河道内生态用水 20 亿 m^3,供水范围主要为黄河上中游地区的青、甘、宁、蒙、陕、晋等 6 省(区)。调水方案由雅砻江、雅砻江支流达曲、泥曲和大渡河支流色曲、杜柯河、玛柯河、阿柯河联合自流调水,在贾曲河口直接入黄河。工程主要由 7 座水源水库和 9 段输水隧洞组成,线路长 325.6 km,估算总投资 1 726 亿元。

2018 年国家发展和改革委员会安排开展南水北调西线工程规划方案比选论证工作,2020 年 10 月,《南水北调西线工程规划方案比选论证报告》通过水利部水规总院审查,报告建议西线一期工程总调水量 80 亿 m^3,由上线、下线两条调水线路组成。上线为雅砻江、大渡河联合调水线路,由雅砻江干流,支流达曲、泥曲和大渡河支流杜柯河、玛柯河、阿柯河联合调水 40 亿 m^3 自流入贾曲河口。工程由 6 座水源水库和 9 段输水隧洞组成,输水线路全长 325.7 km。下线从在建的大渡河双江口水库调水 40 亿 m^3,在甘肃省岷县自流入洮河后进入黄河刘家峡水库。工程由双江口水库和 5 段输水隧洞组成,输水线路全长 413.5 km。供水范围主要为黄河上中游地区的青、甘、宁、蒙、陕、晋等 6 省(区)和黄河干流河道。工程静态总投资 2 567 亿元。

从 2002 年国家批复《南水北调西线工程规划纲要及第一期工程规划》,到 2009 年完成《南水北调西线第一期工程项目建议书》(初稿),再到 2020 年提出《南水北调西线工程规划方案比选论证》成果报告,历时长达近 20 年。20 年来,国家经济社会持续发展,生态环境保护力度和成效显著,调水区、工程区和受水区也发生了明显变化。特别是近年来,随着国家"一带一路"、西部大开发、长江经济带、黄河流域生态保护和高质量发展等战略的实施,提出了"四个全面"战略布局和创新、协调、绿色、开放、共享的新发展理念,提出"节水优先、空间均衡、系统治理、两手发力"的治水思路以及"确有需要、生态安全、可以持续"的重大工程论证原则,对南水北调西线工程建设的论证提出了新时代要求。因此,需要在已有研究成果基础上,综合考虑分析社会各界意见,对南水北调西线第一期工程进行重新规划。

针对南水北调西线一期工程,《南水北调西线工程规划方案比选论证报告》拟订了上线方案(方案 1)、上下线组合方案(方案 2)和下线方案(方案 3)。

方案 1:通过金沙江岗托、雅砻江和大渡河干支流的热巴、阿安、仁达、珠安达、霍纳、克柯等 7 个水源点联合调水入贾曲。调水断面多年平均径流总量约为 279 亿 m^3,各调水断面调水量占来水的比例为 25%~37%。金沙江调水 40 亿 m^3,雅砻江和大渡河联合调水 40 亿 m^3。需新建 7 座水源水库,岗托泵站提水扬程超过 500 m。

方案 2:利用两条输水线路向黄河流域调水,一条为雅砻江、大渡河联合调水线路,由雅砻江干流热巴—达曲阿安—泥曲仁达—阿柯河克柯调水入贾曲;另一条从在建的大渡河双江口水库取水,在甘肃省岷县入洮河后进入黄河刘家峡水库。调水断面多年平均径流总量为 242 亿 m^3,各调水断面调水量占来水量的比例为 25%~37%。雅砻江和大渡河调水 40 亿 m^3,大渡河双江口水库调水 40 亿 m^3。需新建 6 座水源水库。

方案 3:拟从在建的雅砻江两河口水库和大渡河双江口水库取水,通过隧洞自流输水至甘肃省岷县入洮河后进入黄河刘家峡水库,调水断面多年平均径流总量为 376 亿 m^3,各调水断面调水量占来水量的比例为 18%~25%。雅砻江两河口水库调水 40 亿 m^3,大渡河双江口水库调水 40 亿 m^3。

西线一期工程规划针对以上三个方案开展工作。

2.4.2　物探要解决的地质问题

针对不同地质问题,在隧洞进出口、浅埋段、深埋段及断层发育部位、富水带等进行地球物理勘探。其中,输水隧洞进出口部位进行电法、地震等浅层物探,探测岩体的覆盖层及风化层厚度。在深埋洞段,为了解断层走向与延伸、富水情况、岩体质量情况,采用 EH4、CSAMT 和微动勘探方法进行地下深部地球物理探测。

2.4.3　工作参数

2.4.3.1　方法原理

大地电磁法的工作原理是基于麦克斯韦方程组完整统一的电磁场理论基础。利用天然场源,在探测目标体的地表同时测量相互正交的电场分量和磁场分量,然后用卡尼亚电阻率计算公式得出视电阻率。根据大地电磁场理论可知,电磁波在大地介质中穿透深度与其频率成反比,当地下电性结构一定时,电磁波频率越低穿透深度越大,能反映深部的地电特征;电磁波频率越高,穿透深度越小,则能反映浅部地电特征。利用不同的频率,可得到不同深度的地电信息,以达到频率测深的目的。

不同岩性的地层具有不同的电阻率。影响电阻率高低的因素有岩性、孔隙度、孔隙充填物的性质、含水性和断裂、破碎等引起的地层结构变化等。根据反演电阻率断面中所反映的电性层分布规律可以划分岩性,确定岩层破碎带位置和规模。

根据工作目的及要求,采用十字形布极方式进行张量测量。探测时两对电极及两根磁探头,以测点为中心对称布设,其中 E_x、H_x 与测线方向一致,E_y、H_y 与测线方向垂直。

电场采用带有电传感器的不锈钢电极接收,点距 25 m,电极距 $E_{x0}E_{x1}$ 和 $E_{y0}E_{y1}$ 均为 25 m,磁场采用 BF-6 高灵敏度磁探头进行接收。

2.4.3.2　技术措施

(1)工作前对仪器进行平行试验,确保仪器稳定、一致。

(2)电极方位、磁探头方位使用罗盘现场实时定位,保证其方位角偏差不大于 3°,采用水平尺确保磁棒水平放置。

(3)采用电极浇水等措施,确保电极接地电阻尽可能小。

(4)数据采集中,及时从窗口观察数据和曲线,以设置合适的增益和叠加次数,确保数据采集质量。

2.4.4　数据处理

(1)预处理。检查野外原始记录与数据头记录是否一致,如果不一致,查找原因并更正;根据原始记录及测深曲线形态、数据离差,对原始数据进行人机交互处理,删除明显的人文干扰数据;根据野外数据采集点 GPS 实时测量高程生成地形文件,进行静态和地形改正。

(2)反演成图。采用随机携带的 IMAGEM 处理软件对预处理后的数据进行卡尼亚电阻率与阻抗相位的迭代计算,反演过程中加入地形文件进行地形改正,最终计算反演出视电阻率断面图。

2.4.5　资料解释

不同岩性的地层具有不同的电阻率。影响电阻率高低的因素有岩性、孔隙度、孔隙充填物的性质、含水性和断裂、破碎等引起的地层结构变化等。根据反演电阻率断面中所反映的电性层分布规律可以划分地层,确定断层破碎带位置和规模,以及探测岩溶发育情况等。

根据物性参数 200 Ω·m 划分基岩与覆盖层;在基岩中以电阻率等值线错动或条带状低阻区作为推测断层的标准。

2.4.6　成果分析

2.4.6.1　测线

测线长 500 m,从电阻率剖面图分析,水平位置 200~400 m 剖面上出现明显的条带状低阻区,低阻区两侧电阻率等值线明显错动,低阻区推测为断层及影响带,断层倾向大桩号一侧,断层在测线上的倾角约 75°,断层位置连续 3 条测深曲线深部电阻率小于 200 Ω·m,远低于两侧较完整基岩电阻率,推测断层影响带宽度超过 50 m。

沟底及山顶基岩出露,整条剖面覆盖层厚度 0~12 m,覆盖层电阻率 50~200 Ω·m,断层两侧较完整基岩电阻率 200~1 000 Ω·m,破碎带电阻率 100~200 Ω·m。

2.4.6.2　测线

测线长 2 000 m,从电阻率剖面图分析,水平位置 150~250 m,出现漏斗状低阻区,延伸至剖面底部,低阻区推测为断层及影响带,断层倾向大桩号一侧,断层在测线上的倾角约为 65°。

水平位置 1 000~1 100 m,剖面深部出现明显的条带状低阻区,低阻区两侧电阻率等值线明显错动,延伸至剖面底部,低阻区推测为断层及影响带,断层倾向大桩号一侧,断层在测线上的倾角约 65°,断层位置连续 2 条测深曲线深部电阻率小于 200 Ω·m,远低于两侧较完整基岩电阻率,推测断层影响带宽度超过 25 m。

河底基岩出露,整条剖面覆盖层厚度 0~50 m,覆盖层电阻率 50~200 Ω·m,断层两侧较完整基岩电阻率 200~1 500 Ω·m,破碎带电阻率 100~200 Ω·m。

2.4.6.3　测线

测线长 500 m,从电阻率剖面图分析,剖面电阻率分为上下两个大层,高程 1 950 m 以上,电阻率整体小于 200 Ω·m,高程 1 950 m 以下,电阻率整体大于 300 Ω·m,说明覆盖层深厚。

水平位置 350~500 m,下部出现明显的倾斜条带状低阻区,低阻区两侧电阻率等值线明显错动,低阻区推测为断层及影响带,断层倾向大桩号一侧,断层在测线上的倾角约50°,断层位置连续 3 条测深曲线深部电阻率小于 200 Ω·m,远低于两侧较完整基岩电阻率,推测断层影响带宽度超过 50 m。

覆盖层厚度 120~150 m,覆盖层电阻率 50~200 Ω·m,断层两侧较完整基岩电阻率 200~1 000 Ω·m,破碎带电阻率 100~200 Ω·m。

2.5　滇中引水

2.5.1　工程概况

云南省水资源总量丰富,但地处金沙江流域、澜沧江流域、红河流域、南盘江流域等 4 大水系分水岭地带的滇中高原地区,水资源时空分布极为不均,因耕地多处河源部位,水资源相对不足。随着滇中地区人口的增长、城市化水平的提高和经济的快速发展,水资源短缺与水污染引起的水环境日益恶化等问题日趋突出。水资源短缺已经成为滇中经济社会发展的重大制约因素,亟须通过全面的水资源规划,提出与经济社会发展、生态环境建设和保护相协调的滇中调水工程规划。长江水利委员会联合云南省水利水电勘测设计研究院,研究提出的引水方案为:从金沙江石鼓镇望城坡取水,利用隧洞、渡槽、渠道等引水至大理(洱海),然后由西向东经楚雄输水至昆明。虎跳峡至昆明输水线路长约 473 km,其中隧洞 24 座,总长 255 km,渠道长 151 km,渡槽 15 座,长 18 km;渠首设计流量 81.6 m³/s,年均调水量 13.8 亿 m³,匡算投资约 489 亿元。

滇中地区可供选择的调水水源点较多。本次勘察是虎跳峡水源,虎跳峡水源位于丽江市玉龙县境内,水源坝址位于著名的虎跳峡上峡口,下距虎跳石约 4 km,其综合利用效益、输水距离、提水扬程均较为有利,取水泵站位于长江第一湾的石鼓镇望城坡,输水线路途经大理州鹤庆县、大理市、弥渡县、祥云县、楚雄州姚安县、南华县、楚雄市、牟定县、禄丰县,昆明市富民县、安宁市、西山区、盘龙区、官渡区、呈贡区、晋宁县,玉溪市澄江市、江川区、红塔区,红河州建水县,终点到达蒙自地区。线路在楚雄市有 Ⅱ 号比较线(南绕楚雄市)、昆明市滇池有 Ⅲ 号比较线(滇池西线)。

滇中规划调水区地处云南中北部,涉及昆明、曲靖、玉溪、楚雄、红河、大理、丽江等 7 个地(州、市)的 49 个市(区、县)。地理纬度为东经 99°30′~104°14′,北纬 23°12′~26°41′,横跨亚热带、温带等多个气候带。

工作的任务是:使用可控源音频大地电磁法勘察香炉山(桩号 0~56+250)深埋长隧洞,测线布置在洞轴线正上方,探测深度达到洞线高程以下 30~50 m(高程 1 950 m),最大探测深度 1 400 m。

探测目的为:

(1)探测隧洞轴线附近地层结构和物性特征,并根据物性特征进行地质分层。

(2)基本查明隧洞轴线附近断层构造。

(3)对断层构造的赋水性进行评价。

(4)在灰岩地区,查明隧洞轴线附近是否存在较大规模的岩溶系统。

2.5.2　地形地貌、地质简况

2.5.2.1　地形地貌

香炉山隧洞经过地区,山顶高程一般为 2 760~3 715 m,相对高差 930~1 660 m。最高点为金沙江边的玉龙雪山,海拔 5 596 m。以高-中山地貌为主。其间发育有怒江、澜沧江与金沙江等三条走向近南北的河流,是著名的三江并流保护区。

2.5.2.2　地质概况

1. 区域构造

香炉山隧洞处于滇中-滇西北复杂的构造环境,新构造运动主要表现为大面积快速掀升、断块差异升降及断裂新活动等特征。自上新世末期以来,伴随着青藏高原的强烈隆升,输水线路区及其外围地区也大幅度地抬升为高原面,抬升幅度达 1 500~3 500 m,平均抬升速率 1~2.4 mm/a。区域夷平面和断陷盆地高程有自北往南递减的趋势,夷平面高程由德钦、中甸的 4 000~4 800 m—丽江、宁蒗的 3 000~4 200 m—剑川、永胜、鹤庆的 2 800~3 200 m—大理的 2 800~3 200 m,这种差异明显反映了新构造期本区在上隆过程中,由北西向南东掀升的运动特点;此外,现今区内多数湖盆的北部发育大片湖滨平原,而水域靠近湖盆的南缘,也表明这种掀升运动的继承性。这种掀升活动不仅具有区域性,而且有明显的间歇性,具体表现在沿河流分布的阶地上,如金沙江河谷发育了 5 级阶地,分别高出现代河床 15 m、50 m、90 m、150 m 和 230 m,反映了 5 次短暂的停歇。

线路区褶皱发育,按构造特征,自北向南分为中甸褶皱带、石鼓褶皱带东部的布伦—石鼓褶皱束与塔城—巨甸褶皱束、维西褶皱束,丽江幅北东向构造带的山江北东向构造与丽江—金棉区北东向构造、经向构造带的玉龙雪山隆起区与滇藏“歹”字形构造体系中的金沙江区金沙江复背斜,鹤庆幅西部构造区的黑泥哨褶断区与松桂褶皱区。

2. 断层

伴随着中甸褶皱带、石鼓褶皱带、北东向构造带、经向构造带、滇藏“歹”字形构造体系、鹤庆西部东西向构造区、大理中东部构造大区,沿线发育了一系列的大规模断裂,其中 NNE-NE 向断裂最发育,主要有丽江—剑川断裂(F5)、金棉大断裂、鹤庆—洱源断裂、马鞍山断裂(F11、F12)与程海—宾川断裂(F54);NW 组次之,主要有西侧的洱海深大断裂;东西向断裂主要有分布于鹤庆县黑泥哨一带的高美逆断层(F6)、打板箐逆断层(F7)、石灰窑断层(F8)、亚六巴断层(F9)、汝南哨断层(F2)。其中丽江—剑川断裂、鹤庆—洱源断裂、马鞍山断裂与程海—宾川断裂至今仍有地震活动,其中马鞍山断裂还为北衙、马头湾一带多金属含矿热液活动的导矿断层,程海—宾川断裂西侧古生界与东侧滇中中生界形成一明显的分界线,且后期活动性强烈。

3. 地层

区内地层从元古界至新生界均有出露,包括沉积岩、岩浆岩及变质岩。现将地层岩性按沉积的新老顺序分述如下:

三叠系(T)

上统(T_3)

松桂组(T_{3sn}):为灰绿色砾岩、砂岩、页岩夹炭质页岩及煤,堆积厚度 520~1 069.1 m。

中窝组(T_{3z}):为深灰色灰岩、泥质灰岩、泥灰岩、鲕状灰岩、灰色泥岩、粉砂岩等,厚 65~292 m。

中统(T_2)

北衙组(T_{2b}):分为三段,第三段(T_{2b}^3)以灰岩为主;第二段(T_{2b}^2)为白云质灰岩、浅灰色灰岩、白云岩、灰岩;第一段(T_{2b}^1)为灰岩、泥质灰岩、杂色砂岩、页岩、灰绿色细砂岩、泥质灰岩、深灰色泥质灰岩、灰岩夹页岩、粉砂岩、泥灰岩、泥岩。堆积厚度 303~2 413 m。

下统(T_1)

腊美组(T_{1L}):为紫红、灰绿色砂岩、泥岩,底部有砾岩,堆积厚度 104~349 m。

二叠系(P)

峨嵋山玄武岩组:灰绿、黄绿色杏仁状、气孔状、块状玄武岩夹紫色凝灰质角砾岩、凝灰岩。

4. 地质隐患

（1）岩溶。滇中输水线路区碳酸盐岩分布较广,其出露面积约占线路区面积的 1/4。沿线一般地段,碳酸盐岩与非碳酸盐岩呈相间分布,仅靠近金沙江水源点的石鼓至北衙长约 80 km 一段,碳酸盐岩的分布较为集中。由于地处滇西北青藏高原东南部和滇中云贵高原的西部,属高原温湿气候区,四季温差不大,年降水量 600~900 mm。气候条件适宜岩溶发育,因此该区构造极为发育,新构造和地震活动强烈,地形地貌复杂,类型多样,这些都给该区岩溶的发育带来随机影响,并控制岩溶的空间分布,形态、规模和发育强度。区内岩溶的形态类型较为齐全,其中主要有溶蚀洼地、溶沟、溶槽、漏斗和槽谷等裸露型岩溶和落水洞、溶洞、地下岩溶管道系统以及暗河、岩溶大泉等埋藏型岩溶。

（2）滑坡。工区内主要有基岩滑坡和第四系松散堆积型滑坡,香炉山隧洞附近的滑坡体有 5 处,具体情况见表 2-1。

表 2-1　香炉山隧洞进口附近滑坡统计

编号	名称	桩号	类型	主要特征	稳定性评价
1	来远桥滑坡	K0-800	松散堆积型	崩滑体位于来远桥的西南侧,在泵站右侧约 160 m 处。崩滑体的两侧发育小冲沟,后缘部位地形相对较平缓,前缘稍陡,总体上的自然坡度约为 30°。滑坡前缘抵冲江河河床,中部微凸出,平均厚度约 30 m;崩滑体 NW 侧部位基岩产状 NW280°∠48°。滑体表层为碎块石夹土,局部见大块石,成分为灰岩、板岩等。崩滑体内植被覆盖一般,地表水排泄条件较好,目前未见变形迹象	基本稳定
2	望城坡 1# 滑坡	K0+200	崩塌堆积型	滑体后缘为 D_{2L} 深灰色灰岩形成的陡坎。坎高为 6~10 m,后缘山坡地形坡角为 10°~20°,前缘地形坡度稍缓,为 5°~15°,前缘坎高 2~4 m,位于打萝箐冲沟左岸。 物质成分为大块石、碎块石夹土,见一长约 8 m、高约 2 m 的崩积板岩块石,块石物质成分多为板岩、灰岩、少量片岩。崩塌体厚度为 6~15 m	稳定
3	望城坡 2# 滑坡	K0-350	崩塌堆积型	该变形体位于望城坡打萝箐冲沟右侧,地表坡度为 20°~30°。物质成分为块石、碎块石夹土。后缘坎高 2~4 m,前缘坎高 2~3 m。 目前已趋于稳定	稳定

续表 2-1

编号	名称	桩号	类型	主要特征	稳定性评价
4	望城坡 3#滑坡	K0-250	崩塌堆积型	总体坡度为25°~30°,前缘坎高为2~3 m,崩塌体物质成分为碎块石夹土。块石直径一般为1 m左右,碎块石的大小一般为5 cm×8 cm~20 cm×30 cm,物质成分为板岩、灰岩、石英砂岩等。厚度估计为10~25 m	基本稳定
5	望城坡 4#滑坡	K0-350	崩塌堆积型	位于望城坡打萝箐冲沟左岸,总体坡度为25°~30°,前缘坎高为2~3 m,崩塌体物质成分为块石、碎块石夹土。块石直径一般为1 m左右,碎块石大小一般为5 cm×8 cm~20 cm×30 cm,物质成分为板岩、灰岩,次为石英砂岩。厚度估计为15~40 m	稳定

2.5.3　地球物理特征

探测深度内主要有二叠系和三叠系地层,三叠系有多个组段,二叠系只有峨嵋山玄武岩组。三叠系地层的主要岩性为灰岩、白云岩、页岩、砂岩和砾岩互层。本区地层产状变化较大,地形起伏较大,划分地层较为困难。根据相关资料、结合本次实测结果,本区地球物理参数见表2-2。

表 2-2　工区地球物理参数统计

岩性	砂岩	板岩	页岩	泥岩	灰岩	玄武岩
电阻率（Ω·m）	10~1 000	10~100	60~1 000	10~100	1 300~2 400	1 600~6 000

2.5.4　工作方法与技术

2.5.4.1　方法原理

可控源音频大地电磁法(CSAMT)是在大地电磁法(MT)和音频大地电磁法(AMT)的基础上发展起来的人工源频率域测深方法。其原理是根据不同频率的电磁波在地下传播有不同的趋肤深度,通过对不同频率电磁场强度的测量就可以得到该频率所对应深度的地电参数,从而达到测量深度的目的。

$$h = 356\sqrt{\frac{\rho}{f}} \tag{2-1}$$

式中:h为趋肤深度;ρ为卡尼亚电阻率;f为频率。

它通过沿一定方向(设为X方向)布置的供电电极A、B向地下供入某一音频的谐变电流$I = I_0 e^{-i\omega t}(\omega = 2\pi f)$,在一侧60°张角的扇形区域内,沿$X$方向布置测线,沿测线逐点观测相应频率的电场分量 E_x 和与之正交的磁场分量 H_y，进而计算卡尼亚视电阻率：

$$\rho_a = \frac{|E_x|^2}{\omega\mu |H_y|^2} \tag{2-2}$$

μ 是大地的磁导率，通常取 $\mu = 4\pi \times 10^{-7}\,\mathrm{Hz}$。在音频段(1~9 600 Hz)逐次改变供电电流和测量频率，便可测出卡尼亚视电阻率随频率的变化，从而得到卡尼亚视电阻率随频率的变化曲线，完成频率测深。CSAMT 法工作原理见图 2-1。

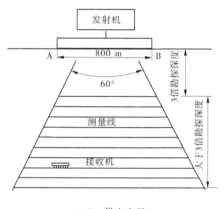

A、B—供电电极。

图 2-1　CSAMT 法工作原理

2.5.4.2　仪器设备

为了保证按时完成野外工作，采用单发双收的工作模式，两台接收机均为 V6A 大地电磁仪，在开始工作前进行了 2 台仪器的一致性对比试验，两台仪器测试数据均方差小于 5%，满足工作要求。V6A 大地电磁仪野外工作温度为 −20 ~ +50 ℃，采集频率系统包括 8F、4F、2F 三个系列，即同时在两个 2^n 整数频率之间分别内插 8 个、4 个、2 个频点。同时，该系统使用 GPS 同步时钟控制发射和接收信号，使得信号同步性增强、信号质量增加、勘察的精度更高。

接收主机 V6A 共有 8 个通道，其中，1 个磁场通道，7 个电场通道，野外采集的数据直接存储在计算机里，计算机通过处理软件，对所测数据进行近场改正、静态改正、正反演计算，绘制原始测深曲线和各种彩色(黑白)断面图及切片图，供推断解释使用，工作效率较高。

发射机为凤凰公司生产的 T30 发射机，MG 发电机采用美国欧南公司生产的 30 kW 汽油发电机。该仪器系统具有较高的观测精度并具有较好的自检功能。低频发射电流不小于 16 A，高频发射电流不小于 3 A，接收与发射时间都由卫星同步时钟控制。

2.5.4.3　现场工作布置

(1)发射部分。按照发射场布置的原则，结合实际地形考虑，整条测线共分 5 个发射场。

(2)接收部分。采用 2F20 频率系统，共 27 个频点，频率范围为 1~8 192 Hz。

本次工作布置 1 条测线(分两段)，全长 56 250 m，起点和终点坐标由甲方提供，每个测点坐标由给定起点和终点坐标按 25 m 平距等分计算得出。

2.5.4.4 质量评价

1. 仪器稳定性检查

在工作开始之前,对 V6A 多功能大地电磁仪接收主机进行标定,并对标定数据进行核对,确认仪器运行正常、采集系统稳定可靠。同时,对发射机和发电机也经过了多次严格的测试,以保证其发射电流稳定可靠。通过以上过程,确保该系统稳定。

2. 技术措施

(1)选择发射场,测量剖面和发射偶极连线之间的夹角小于 3°,发射极距 900 m,测线布置在以发射偶极 A、B 连线为底边,底角为 60°的等腰梯形范围内,收发距大于 5 000 m,大于 4 倍的勘探深度,保证在远场接收信号,避免近场影响,并保证勘探深度。

(2)测深点的布置根据地形的自然条件,测点尽量布置在地形相对平坦地段,减少表层电阻率不均匀所产生的电场畸变,尽量远离电站、电台和大型用电单位,避免地下形成很强的游散电流。在认可采集结果之前先严格检查数据的可靠性。最大限度地减小干扰的影响,以改进数据质量,缩短测量时间。

(3)接收电极(MN)根据观测信号强弱和噪声水平来确定,如测点周围地表起伏不平,按实测水平距离布极,极距误差不超过±2%,极距大小由试验而定。本次工作的极距根据试验目的和要求设定为 25 m;要求测量人员现场测量计算,以保证水平极距在 25±0.5 m 范围内。

(4)为了接收到可靠的信号,电场测量采用不极化电极,电极埋入土中 10 cm,浇灌盐水,保持与土壤接触良好并减小接地电阻。两电极埋置条件基本相同,尽量避开一切可能的人工干扰,避免埋设在沟、坝边。观测时检查电极埋设和接地条件,然后进行观测记录。

在每次采集之前,都测量接地电阻,保证接地电阻小于 2 kΩ,在困难条件下不大于 5 kΩ,不极化电极的极差小于 2 mV,以获得较好的电场信号和较高的信噪比。对于磁探头的埋设,尽量使其与发射偶极方向垂直,并保证其水平放置。

(5)对数据离差较大、相位不稳的曲线以及异常地段全部进行了复测,确保获得的原始资料真实可靠。

3. 数据质量检查

本次共完成检查点 76 个,占总工作量 2 252 个点的 3.37%,规范要求不少于 3%。检查结果与第一次采集结果相比,其均方差小于 5%,数据质量符合规范要求。具体检查结果见表 2-3。

表 2-3　检查数据统计

检查点	均方差/%	检查点	均方差/%	检查点	均方差/%	检查点	均方差/%	检查点	均方差/%
21050	3.96	21100	3.45	21150	3.72	21200	4.09	21250	3.81
21300	3.70	21350	3.54	30250	2.99	30300	2.77	30350	2.91
30400	2.90	30450	2.64	30500	2.86	30550	3.42	13962.5	2.78

续表 2-3

检查点	均方差/%	检查点	均方差/%	检查点	均方差/%	检查点	均方差/%	检查点	均方差/%
13987.5	3.01	14012.5	2.69	14037.5	2.68	14062.5	2.76	14087.5	3.02
14112.5	3.43	21275	3.05	21325	2.86	21375	3.14	21425	2.77
21475	2.30	21525	2.77	21575	2.68	20575	2.86	20625	3.08
20675	2.75	20725	2.95	20775	2.79	20825	2.70	20875	2.88
19875	2.71	19925	3.05	19975	2.91	20025	2.63	20075	2.36
20125	3.01	20175	2.76	27612.5	3.43	27637.5	2.94	27662.5	3.00
27687.5	3.17	27712.5	2.53	27737.5	3.09	27762.5	3.00	27262.5	2.64
27287.5	3.33	27312.5	3.07	27337.5	2.86	27362.5	2.72	27387.5	2.85
27412.5	2.88	27087.5	2.64	27112.5	3.34	27137.5	2.85	27162.5	2.32
27187.5	2.90	27212.5	2.30	27237.5	2.76	3832.5	2.65	38375	3.10
38425	2.75	38475	2.86	38525	2.65	38575	2.52	38625	2.78
37625	3.26	37675	3.12	37725	3.40	37775	2.64	37825	3.06
37875	2.90	37925	2.62						

2.5.5　资料解释与成果分析

2.5.5.1　数据处理

对于 CSAMT 原始数据,在处理过程中尽可能保存有用信号,力求能够最真实地反映地层参数。数据处理流程见图 2-2。

首先,对原始数据进行编辑,绘制频率-视电阻率等值线图,综合地质资料及现场调查的情况,在等值线图上画出异常区,做出初步的地质推断;然后,根据原始的电阻率单支曲线的类型并结合已知地质资料确定地层划分标准;最后进行 Bostick 反演,确定测深点的深度,绘制视电阻率等值线图,结合相关地质资料和现场调查结果进行综合解释和推断。

2.5.5.2　资料的解释方法

1. 地层的划分

图 2-3 为调查区典型的测深曲线。该曲线表明,随着频率降低、探测深度的增加,电阻率逐渐增大,地层由新到老电阻率值逐渐增大。按照电阻率增加的趋势,结合地球物理参数综合分析,把探测深度内的地层划分为 3 个电性层,第一层主要岩性为粉砂、页岩、泥岩、灰岩夹粉砂,电阻率为 10~1 300 Ω·m;第二层灰岩,电阻率为 1 300~2 400 Ω·m;第三层玄武岩,电阻率为 1 600~6 000 Ω·m。

2. 断层及富水性特征

经过实地调查和对地质、物探资料的分析,工区断层的特征为:本区降水充足,断层裂隙充水后形成低阻条带,与周围岩层电阻率差异明显,断层两侧地层明显错动。

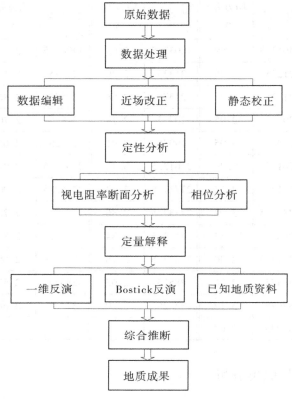

图 2-2　数据处理流程

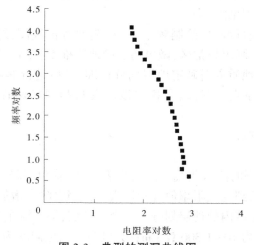

图 2-3　典型的测深曲线图

　　本区地下水又以断层裂隙水为主,所以参考其他单位的成功经验,按断层处与围岩电阻率差异大小,对富水性进行粗略评价。断层处与围岩电阻率比值小于 0.5,且电阻率小于 600 Ω·m 时,说明富水性强;断层处与围岩电阻率比值大于 0.5,且电阻率大于 800 Ω·m 时,说明富水性弱。

2.5.6　成果分析

2.5.6.1　异常分析

有 15 条明显的低阻带和电阻率等值线错动带,符合工区的断层特征,判断为断层,现对 15 条断层分析如下:

(1)3 050 m 位置,有 1 条明显的低阻带,电阻率等值线明显下凹,成漏斗状,深度超过隧洞,推断为断层,新编号 XF1。低阻带电阻率 50~450 Ω·m,两侧地层电阻率大于 900 Ω·m,依据断层富水性特征,判断断层富水性较强。

(2)4 950 m 位置,有 1 条明显的垂直低阻带,深度超过隧洞,两侧电阻率等值线被低阻带隔断,推断为断层,新编号 XF2。低阻带电阻率 150~350 Ω·m,两侧地层电阻率大于 700 Ω·m,依据断层富水性特征,判断断层富水性较强。

(3)7 950 m 位置,有 1 条明显的低阻带,深度超过隧洞,两侧电阻率等值线明显错动,大桩号一侧电阻率值明显高于另一侧,说明大桩号一侧地层抬升,推断为断层,新编号 XF3。低阻带电阻率 150~350 Ω·m,两侧地层电阻率大于 900 Ω·m,依据断层富水性特征,判断断层富水性较强。

(4)11 860 m 位置,有 1 条明显的低阻带,深度超过隧洞,两侧电阻率等值线被低阻带隔断,推断为断层,位置与已知断层重合,判断为已知的 F3-1 断层。低阻带电阻率 100~450 Ω·m,两侧地层电阻率大于 1 000 Ω·m,依据断层富水性特征,判断断层富水性较强。

(5)13 420 m 位置,有 1 条明显的低阻带,深度超过隧洞,两侧电阻率等值线被低阻带隔断,推断为断层,位置与已知断层重合,判断为已知的 F3-2 断层。低阻带电阻率 100~450 Ω·m,两侧地层电阻率大于 1 000 Ω·m,依据断层富水性特征,判断断层富水性较强。

(6)21 220 m 位置,有 1 处明显的低阻区,低阻区中央,电阻率等值线明显错动,错动深度超过隧洞,推断为断层,位置与已知断层重合,判断为已知的 F4 断层。低阻带电阻率 100~1 300 Ω·m,两侧地层电阻率大于 1 000 Ω·m,依据断层富水性特征,判断断层富水性较弱。

(7)24 780 m 位置,有 1 条明显的漏斗形低阻区,两侧电阻率等值线被低阻带隔断,深度超过隧洞,推断为断层,位置与已知断层重合,判断为已知的 F5 断层。低阻带电阻率 100~1 200 Ω·m,两侧地层电阻率大于 1 000 Ω·m,依据断层富水性特征,判断断层富水性较弱。

(8)29 100 m 位置,电阻率等值线明显错动,深度超过隧洞,等值线垂直,两侧电阻率值差异明显,推断为断层,位置与已知断层重合,判断为已知的 F7 断层。低阻带电阻率 400~1 200 Ω·m,两侧地层电阻率大于 1 000 Ω·m,依据断层富水性特征,判断断层富水性较弱。

(9)31 600 m 位置,有 1 条明显的锥形低阻带,两侧电阻率等值线被低阻带隔断,深度超过隧洞,推断为断层,位置与已知断层重合,判断为已知的 F8 断层。低阻带电阻率 700~1 200 Ω·m,两侧地层电阻率大于 1 000 Ω·m,依据断层富水性特征,判断断层富水性较弱。

(10)40 900 m 位置,有 1 条明显的漏斗形低阻带,两侧电阻率等值线被低阻带隔断,深度超过隧洞,推断为断层,新编号 XF5。低阻带电阻率 100~700 Ω·m,两侧地层电阻率大于 1 000 Ω·m,依据断层富水性特征,判断断层富水性较弱。

(11)42 500 m 位置,相对低阻带电阻率值明显低于两侧电阻率,两侧电阻率等值线明显错动,深度超过隧洞,推断为断层,新编号 XF6。相对低阻带电阻率 600 ~ 1 500 Ω·m,两侧地层电阻率大于 1 700 Ω·m,依据断层富水性特征,判断断层富水性较弱。

(12)44 400 m 位置,有 1 条明显的漏斗状低阻带,两侧电阻率等值线明显错动,深度超过隧洞,推断为断层,新编号 XF7。低阻带电阻率 100~800 Ω·m,两侧地层电阻率大于 1 000 Ω·m,依据断层富水性特征,判断断层富水性较弱。

(13)46 300 m 位置,有 1 条明显的漏斗状低阻带,两侧电阻率等值线明显错动,深度超过隧洞,推断为断层,新编号 XF8。低阻带电阻率 100~500 Ω·m,两侧地层电阻率大于 1 000 Ω·m,依据断层富水性特征,判断断层富水性较强。

(14)50 410 m 位置,相对低阻带电阻率值明显低于两侧电阻率,两侧电阻率等值线明显错动,深度超过隧洞,推断为断层,位置与已知断层重合,判断为已知的 F10 断层。低阻带电阻率 100~1 200 Ω·m,两侧地层电阻率大于 1 400 Ω·m,依据断层富水性特征,判断断层富水性较弱。

(15)在 14 200 ~ 14 300 m,2 400 m 高程处,有 1 处封闭的低阻体,下部有明显的低阻通道,推测该低阻体为溶洞,并且下部有渗漏通道;在 19 000 ~ 19 100 m,2 350 m 高程处,有 1 处封闭的低阻体,推测该低阻体为溶洞。

在引水洞入口位置,地表有一层明显的低阻层,应进一步确定性质。

异常统计结果见表 2-4。

表 2-4　香炉山隧道异常情况统计

水平距离/m	异常类型及编号	推测断层富水性
200~600	低阻层	
3 050	XF1	较强
4 950	XF2	较强
7 950	XF3	较强
11 860	F3−1	较强
13 420	F3−2	较强
14 200 ~ 14 300	溶洞	
19 000 ~ 19 100	溶洞	

续表 2-4

水平距离/m	异常类型及编号	推测断层富水性
21 220	F4	较弱
24 780	F5	较弱
29 100	F7	较弱
31 600	F8	较弱
40 900	XF5	较弱
42 500	XF6	较弱
44 400	XF7	较弱
46 300	XF8	较强
50 410	F10	较弱

2.5.6.2　岩性分析

0~7 800 m,电阻率小于 1 100 Ω·m,依据本区地层的典型特征,划分为粉砂、页岩、泥岩、灰岩夹粉砂段。

7 800~13 400 m,电阻率值差异较大,推测地层较为破碎。中下部地层电阻率较高,最高值达到 6 000 Ω·m,依据本区地层典型特征,划分为玄武岩地层;浅部地层电阻率小于 1 100 Ω·m,划分为粉砂、页岩、泥岩、灰岩夹粉砂地层。

13 400~40 900 m,电阻率值差异较小,相对连续,推测地层较为完整,中下部地层电阻率较高,最高值达到 6 000 Ω·m,依据本区地层典型特征,划分为玄武岩地层;浅部地层电阻率小于 1 100 Ω·m,划分为粉砂、页岩、泥岩、灰岩夹粉砂地层。

40 900~56 250 m,电阻率值差异较小,相对连续,推测地层较为完整,中下部地层电阻率较高,最高值小于 2 400 Ω·m,依据本区地层典型特征,划分为灰岩地层;浅部地层电阻率小于 1 100 Ω·m,划分为粉砂、页岩、泥岩、灰岩夹粉砂地层。

2.6　榆林引水

2.6.1　工程概况

榆林黄河东线引水工程是榆林市委、市政府落实"五新战略"任务,实现"三大目标"确定的阶段性重大基础设施项目之一,且列入《陕西省"十三五"水利发展规划》。东线大泉引黄工程已纳入"十二五"规划,结合榆林经济社会发展、产业布局调整、用水格局变化,坚持受水范围不变、取水规模不变的原则,提出"马镇+府谷"的榆林东线大泉引黄工程新方案,推进工作分阶段实施。

榆林黄河东线引水工程马镇线路总体规模年引水量 2.9 亿 m³,供水对象主要为窟野河河谷区、榆神工业园区(含锦界)、榆林城区周边各园区。工程从神木境内的马镇乡葛富村黄河干流取水,经水源一级泵站及二级泵站两级加压、隧洞输水后,进入黄石沟沉沙调蓄库,经沉沙、调蓄出库后,由多级泵站提水,输水线路穿越窟野河、秃尾河等一直向西向南方向行进,将黄河水输送到神木、榆林的各用水户,工程末点为榆阳石峁水库。

工程线路长约 120 km,主要建(构)筑物包括黄石沟中型沉沙调蓄水库、多级提水泵站,约 120 km 线路,以及数十座渡槽、暗涵、倒虹吸等跨河(沟)建筑物。

2.6.1.1　物探任务和目的

(1)地面物探。采用天然源面波法确定覆盖层厚,7 条测线总长度 3 948 m。

(2)钻孔测试。评价岩石完整性,提供地层波速、抗压参数。测试方法有综合测井(声波、电阻率)、土层旁压测试、岩体弹模测试、孔内 PS 检测和钻孔光学成像。

2.6.1.2　仪器设备

(1)综合测井使用 RS-ST01C 非金属声波仪、E60M 电法仪。

(2)钻孔剪切波测试和面波采用 SWS-6 工程地震仪。

(3)钻孔弹性模量测试采用 HHWT-TMO1 钻孔弹模测试仪。

(4)钻孔成像采用固德 GD3Q-GA 孔内成像仪。

(5)旁压测试采用 PM-2B 旁压仪。

2.6.2　地形、地质简况及地球物理特征

2.6.2.1　地形、地质简况

场区位于陕北黄土高原,属侵蚀-剥蚀中低山地貌,黄土梁、黄土峁发育。受风化剥蚀作用,引水隧洞工程沿线沟谷密集、冲沟发育,地形破碎,沟谷岸坡多陡峻,基岩裸露,上覆黄土,半山坡上植被较茂盛。拟建线路沿线地面高程为 790.0~1 186.4 m,最大高差约 396.4 m,地形总体呈中间高两头低。

场区内无明显构造断裂带和活动断层,引水隧洞沿线地质构造不发育,构造活动对工程影响较小。沿线地层产状近水平,地层倾向、倾角在小范围内变化,岩层单斜,倾向西或北西。

引水隧洞沿线第四系松散覆盖层分布较广,物理地质现象主要以崩塌、黄土覆盖层滑坡等为主。

本段工程引水隧洞全长约 36.97 km,根据现场踏勘,洞室围岩岩性以三叠系上统胡家村组(T_3h)砂岩、三叠系上统铜川组上部(T_3t_2)泥质砂岩、三叠系上统铜川组下部(T_3t_1)砂岩及三叠系中统纸坊组(T_2z)泥岩和砂岩为主,砂岩、泥岩和砂质泥岩互层。其中,砂岩岩性坚硬,多呈中厚-巨厚层状,抗风化能力强,为较硬岩-硬岩,围岩整体完整性较好,多属Ⅲ类围岩;泥岩、砂质泥岩岩性相对软弱,抗风化能力较差,围岩整体完整性相对较差,为较软岩和软岩,多属Ⅳ类或Ⅴ类围岩。

2.6.2.2　地球物理特征

覆盖层为黄土、粉质黏土层,下部基岩为近水平层状的砂岩、泥质岩互层。坝址区黄土覆盖层表现为较低阻特征,基岩相对于覆盖层表现为较高电阻,两者之间存在一定的电性差异,为电阻率分层提供了地球物理前提。根据测井曲线整理出的地层的有关物性参数见表 2-5。

表 2-5　根据测井曲线整理出的地层的有关物性参数

岩性	电阻率/(Ω·m)	波速/(m/s)
黄土	—	—
泥质粉砂岩	79~188	2 800~3 580
中细砂岩	90~267	2 760~3 820
砂质泥岩	50~80	2 900~3 120

2.6.3　物探方法与技术

2.6.3.1　连续源面波

1.方法原理

连续源面波法结合了人工源瞬态面波法和天然源面波法的优点,利用连续的中高频人工震源代替天然源,在测线方向一定偏移距处激振,采用和人工源瞬态面波同样简单的线形观测系统采集面波数据,再采用天然源的数据处理方法进行处理。在简化观测系统,获得和人工源瞬态面波类似的浅层高分辨特征的同时,可获得和天然源面波类似的探测深度。野外工作布置如图 2-4 所示。

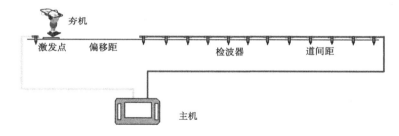

图 2-4　连续源面波勘探野外工作布置

采用人工源方法,用建筑夯机作为震源进行激振,连续叠加。观测方式为线性,12 道检波点,道间距 2.0 m,偏移距 8~10 m,根据信号强弱进行调整。工作时沿测线进行连续测量。

2.技术措施

(1)根据目标特征进行试验,确定观测系统,选定道间距与偏移距。

(2)为了压制干扰,获得有效的面波信号,采用在同一激发点连续观测的方式提高信噪比。

(3)选择环境噪声较小时进行数据采集。

2.6.3.2　钻孔弹性模量测试

1.方法原理

钻孔弹性模量、变形模量测试采用钻孔千斤顶法,测点间隔一般为 1 m 左右,具体根据现场钻孔岩芯等情况确定。外业工作装置如图 2-5 所示。通过测试岩体在不同压力下的变形,计算岩体弹性模量和变形模量。测试分 7~10 级加压,加压方式为逐级一次循环法。

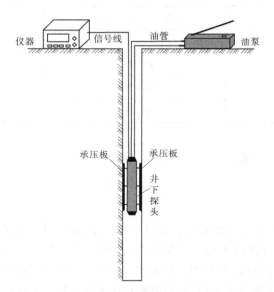

图 2-5 钻孔弹性模量、变形模量测试工作装置示意图

2. 技术措施

每次工作之前都进行试验。测试步骤严格按照《水利水电工程岩石试验规程》(SL/T 264—2020)进行,具体测试步骤如下:

(1)按照要求连接好仪器各个部位,并检查仪器的完好性。

(2)选定好测试部位后,将仪器送到预定位置。

(3)进行预压,将仪器固定并使承压板与岩壁充分接触。

(4)当二次仪表读数稳定后,读取初始读数,开始施加荷载,采用逐级加载方式,待二次仪表读数稳定后读取相应荷载级下的变形值。

(5)荷载加到预定值后,逐级卸载,每卸一级读一次数,直到初始荷载。

(6)重复步骤(2)~(5)。

2.6.3.3 钻孔旁压测试

1. 工作原理

旁压试验采用预钻式旁压试验。通过旁压器在预先打好的钻孔中对孔壁施加横向压力,由加压装置通过增压缸的面积变换,将较低的气压转换为较高压力的水压,并通过高压导管传至旁压器,使弹性膜膨胀,导致地基孔壁受压而产生径向变形,其变形量由增压缸的活塞位移值 S 确定,压力 P 由与增压缸相连的压力传感器测得。根据所测结果,得到压力和位移值的关系曲线,即旁压曲线。从而确定地基的承载力、变形模量等参数。

2. 技术措施

旁压试验钻孔要保证成孔质量,钻孔要直,孔壁要光滑,防止孔壁坍塌。钻孔直径宜比旁压器略大(一般大 2~6 mm),孔深应比预定最终试验深度略深(一般深 0.5 m 左右),钻孔成孔后宜立即进行试验,以免缩孔和塌孔。对易坍塌的钻孔,宜采用泥浆护壁。

试验压力增量易取预估临塑压力的 1/5 或极限压力的 1/10;考虑确定 $P-v$ 曲线上直

线段起点对应的压力的需要,开始的 1~2 级压力增量宜再减小一半。

2.6.3.4　钻孔声波测试

1. 方法原理

钻孔波速测试是以研究声波在孔壁附近地层中传播时的速度变化为基础的方法,它可以用来获取钻孔附近地层的纵波速度。

测试采用单发双收装置,两接收换能器间隔 20 cm。由发射换能器发射的超声波,经水耦合沿孔壁最佳路径传播,先后到达两接收换能器,通过仪器分别读取两接收换能器接收到的超声波到达时间 T_1、T_2,计算出声波时差 Δt 及岩体的波速 v_p。工作中,测点间距为 20 cm。

2. 技术措施

(1)为了避免井液的浮力和井壁的摩擦阻碍,井下电缆不能保证拉直所造成的测井深度的误差,以提升电缆时所测量的记录为正式记录。下放电缆时所测量的记录作为提升正式记录的检验。

(2)每测试 10 个点进行一次深度校正。

(3)对测试孔部分测段进行重复观测,检查工作量不小于总工作量的 5%。

2.6.3.5　钻孔纵横波测试

1. 方法原理

钻孔剪切波测试是利用放置到钻孔中的传感器接收到震源传来的纵波(P 波)或横波(S 波)信号到达时间(初至),来确定钻孔所在处地层波速的一种方法。利用电磁震源在被测钻孔中产生振动形成的压缩波和剪切波振动信号,通过传感器把振动信号转换成电信号,输入测试电路中把振动波形信号显示、储存,自动计算出波速,特别适合岩土勘察钻孔中岩土剪切波的测量。

钻孔中以井液作为耦合剂,用电磁震源垂直于井壁作用一瞬时冲击力,就在井壁地层中产生质点振动方向垂直于井壁,沿井壁方向传播,称为 S 波(剪切波、横波)。检波器接收 S 波的振动信号并转换成电信号,然后传输到计算机,计算机对信号进行数据处理后采用两道互相关分析法,自动计算 S 波在两道检波器之间传播的时间差,从而计算出两道间的 S 波传播速度。

2. 技术措施

(1)在测试过程中,确保测试段内充水作为耦合剂。

(2)测试过程中,按照刻度收放电缆,每间隔 5 m 要做深度校正,确保测试的深度对应。

(3)在提升稳定后开始采集,采集的记录有明显的起跳或在振幅稳定没有漂移时保存记录。

2.6.3.6　钻孔电阻率测试

1. 工作原理

利用电阻率法测试孔壁岩体视电阻率。测量装置为底部梯度电极系,$MN = 0.5$ m,$AO = 1.25$ m,$K = 37.7$。

将微电极探管放入孔中,自下而上逐点测试,点距 1.0 m。用直流电法仪采集数据。

2. 技术措施

(1)为避免深度误差,采用自下而上的方式进行测试,且每一米进行 1 次深度校正。

(2)提升到位稳定后再开始采集,采集过程中发现有异常值应当进行重复性测量。

(3)检测期间如更换探头,应对探头进行归一化处理。

2.6.4　资料解释与成果分析

2.6.4.1　原始资料评价

面波点完成 229 个,检查点 12 个,占总点数的 5.24%,均方误差 4.25%。

钻孔声波波速测试完成 639 m,检查 32 m,占总数的 5.01%,单孔均方误差 4.23%;钻孔电阻率测试完成 1 110 点,检查 56 点,占总数的 5.05%,单孔均方误差 4.78%;钻孔纵横波测试完成 150 点,检查 8 点,占总点数的 5.33%,单孔均方误差 3.42%。

钻孔弹性模量测试完成 10 点,检查 1 点,占总点数的 10.0%,均方误差 3.62%。

钻孔旁压波测试完成 5 点,检查 1 点,占总点数的 20.0%,单孔均方误差 4.45%。

以上 6 种方法的数据质量均满足规范要求的探测精度。

2.6.4.2　资料解释

1. 连续源面波

采用空间自相关法(SPAC 法),从接收到的连续源信号中提取面波,求出面波频散曲线,进而得到地层的面波速度。典型面波原始记录和频谱图如图 2-6 所示。

覆盖层的面波波速一般比基岩低,相同的岩性,随着深度的增加波速会有所增加;基岩的风化程度不同对应的面波速度也会有所不同,据此原则进行连续源面波资料解释。

2. 钻孔弹性模量测试

岩体变形参数按式(2-3)计算

$$E = K \cdot \frac{(1 + \mu)pd}{\Delta d} \tag{2-3}$$

式中:E 为变形模量或弹性模量,MPa,当以径向全变形 Δd_0 代入式中计算时为变形模量 E_0;当以径向弹性变形 Δd_e 代入式中计算时为弹性模量 E_e;μ 为泊松比;p 为计算压力,为试验压力与初始压力之差,MPa;d 为钻孔直径,mm;Δd 为钻孔岩体径向变形,mm;K 为包括三维效应系数以及与传感器灵敏度、承压板的接触角度及弯曲效应等有关的系数,根据率定确定。

3. 钻孔旁压测试

首先对压力表读数 P_m 及位移值读数 S,根据弹性模量约束力曲线和仪器综合变形校准曲线进行压力和水位下降值校正,并绘制 P-S 曲线。

从 P-S 曲线上确定三个压力特征值 P_0、P_f、P_L,即可计算出旁压模量等参数。

(1)计算地基土承载力。根据旁压试验特征值计算地基土承载力:

$$f_{ak} = P_f - P_0 \tag{2-4}$$

式中:f_{ak} 为地基承载力基本值,kPa;P_f 为临塑压力;P_0 为原位水平土压力。

(2)计算旁压模量。

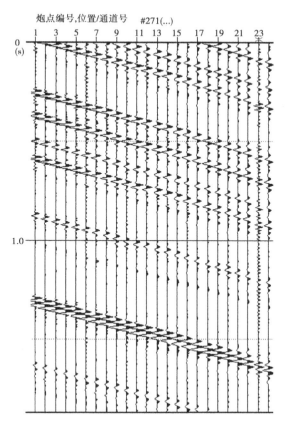

图 2-6　典型面波记录和频谱图

$$E_M = 2(1 + \nu)(V_c + V_m)\frac{\Delta P}{\Delta V} \qquad (2\text{-}5)$$

式中：E_M 为旁压模量，MPa；ν 为泊松比；ΔP 为旁压试验曲线上直线段的压力增量，MPa；ΔV 为相应于 ΔP 的体积增量（由量管水位下降值 S 乘以量管水柱截面面积 A 得到），cm³；V_c 为旁压器中腔固有体积，cm³；V_m 为平均体积，cm³，$V_m = (V_0 + V_f)/2$；V_0 为对应于 P_0 值的体积，cm³；V_f 为对应于 P_f 值的体积，cm³。

（3）计算变形模量

$$E_0 = KE_M \qquad (2\text{-}6)$$

式中：K 为变形模量与旁压模量的比值。对于黏性土、粉土和砂土：

$$K = 1 + 61.1\, m^{-1.5} + 0.006\,5(V_0 - 167.6)$$

式中，$m = E_M/(P_L - P_0)$

4. 钻孔波速测试

RS-ST01C 波速测试仪在信噪比较高时自动完成读数（T_1、T_2），计算时差 Δt 和波速 v_p；在信噪比较低时，采用人工判读 T_1 及 T_2，计算时差 Δt 和波速 v_p。根据《水电工程物探规范》（NB/T 10227—2019），按照岩体完整性系数和风化系数公式分别计算每段岩体的完整性系数和风化系数，并按照表 2-6 划分岩体的完整性。根据现场岩块波速测试确定新鲜完整岩块的纵波速度。

完整性系数：

$$K_v = (v_p/v_{pr})^2 \tag{2-7}$$

式中：v_p 为实测纵波速度；v_{pr} 为工区新鲜完整岩块纵波速度。

表 2-6　岩体完整性分类表

完整性评价	完整	较完整	完整性差	较破碎	破碎
完整性系数	$K_v>0.75$	$0.75{\geqslant}K_v>0.55$	$0.55{\geqslant}K_v>0.35$	$0.35{\geqslant}K_v>0.15$	$K_v{\leqslant}0.15$

工区主要岩层为砂岩、板岩，新鲜完整岩块的声波波速值为 4 500 m/s。

5. 钻孔纵横波测试

利用纵横波测试记录两个检波器的时差求取钻孔岩体的剪切波速度，调入采集的数据波形，调整波形到合适的幅值，人工读取数据或使用设备自动判读的数据进行波速分层。

波速按下式计算：

$$v = 1\,000/(t_2 - t_1) \tag{2-8}$$

式中：v 为波速，m/s；t_2 为第二道波形的初至时间，ms；t_1 为第一道波形的初至时间，ms。

纵横波测试采用地震波，与声波波速略有差别。

6. 钻孔电阻率测试

调入要处理的数据文件，依据下面算式计算各测点的电阻率值。根据计算后各深度对应的电阻率绘出深度-电阻率曲线，结合钻孔地质情况进行电阻率分层，得到电阻率测试成果。

孔壁岩体电阻率按式(2-9)计算：

$$R = 4\pi \frac{AM \cdot AN}{MN} \frac{\Delta V_{MN}}{I} \tag{2-9}$$

式中：R 为电阻率；AM、AN、MN 为电极距；ΔV_{MN} 为测量电压，mV；I 为测量电流，mA。

2.6.4.3　成果分析

1. 连续源面波

面波勘探共完成 14 条测线，根据钻孔揭示覆盖层厚度，结合波速测孔资料，以面波速度 350 m/s 等值线划分基岩顶面。各测线具体分析如下：

(1)1 测线。长度为 110 m，剖面中波速等值线连续，无错动迹象，该剖面未发现破碎带；探测深度内面波速度为 200~600 m/s，以 350 m/s 波速度等值线划分基岩与覆盖层。水平距离 0~50 m 基岩出露，50~110 m 覆盖层厚度 0~5 m(垂直地表厚度，下同)。

(2)2 测线。长度为 110 m，剖面中波速等值线连续，无错动迹象，该剖面未发现破碎带；探测深度内面波速度为 200~600 m/s，以 350 m/s 波速度等值线划分基岩与覆盖层。测线两端基岩出露，30~80 m 覆盖层厚度 0~4 m。

(3)3 测线。长度为 160 m，剖面中波速等值线连续，无错动迹象，该剖面未发现破碎带；探测深度内面波速度为 200~600 m/s，以 350 m/s 波速度等值线划分基岩与覆盖层。

(4)4 测线。长度为 550 m，剖面中波速等值线连续，无错动迹象，该剖面未发现破碎带;探测深度内面波速度为 200~600 m/s,以 350 m/s 波速度等值线划分基岩与覆盖层。水平距离 120~190 m、460~550 m 基岩出露,测线其他位置覆盖层厚度 0~15 m。

（5）5 测线。长度为 130 m,剖面中波速等值线连续,无错动迹象,该剖面未发现破碎带;探测深度内面波速度为 200~500 m/s,以 350 m/s 波速度等值线划分基岩与覆盖层。水平距离 0~90 m 基岩出露,90~130 m 覆盖层厚度 0~3 m。

（6）6 测线。长度为 135 m,剖面中波速等值线连续,无错动迹象,该剖面未发现破碎带;探测深度内面波速度为 200~600 m/s,以 350 m/s 波速度等值线划分基岩与覆盖层。覆盖层厚度 1~15 m。

（7）7 测线。长度为 280 m,剖面中波速等值线连续,无错动迹象,该剖面未发现破碎带;探测深度内面波速度为 200~700 m/s,以 350 m/s 波速度等值线划分基岩与覆盖层。覆盖层厚度 1~74 m。

（8）8 测线。长度为 280 m,剖面中波速等值线连续,无错动迹象,该剖面未发现破碎带;探测深度内面波速度为 200~600 m/s,以 350 m/s 波速度等值线划分基岩与覆盖层。覆盖层厚度 0~40 m。

（9）9 测线。长度为 70 m,剖面中波速等值线连续,无错动迹象,该剖面未发现破碎带;探测深度内面波速度为 200~500 m/s,以 350 m/s 波速度等值线划分基岩与覆盖层。覆盖层厚度 0~10 m。

（10）10 测线。长度为 170 m,剖面中波速等值线连续,无错动迹象,该剖面未发现破碎带;探测深度内面波速度为 200~600 m/s,以 350 m/s 波速度等值线划分基岩与覆盖层。覆盖层厚度 0~8 m。

（11）11 测线。长度为 202 m,剖面中波速等值线连续,无错动迹象,该剖面未发现破碎带;探测深度内面波速度为 200~600 m/s,以 350 m/s 波速度等值线划分基岩与覆盖层。覆盖层厚度 10~40 m。

（12）12 测线。长度为 474 m,有 3 个折点,剖面中波速等值线连续,无错动迹象,该剖面未发现破碎带;探测深度内面波速度为 200~600 m/s,以 350 m/s 波速度等值线划分基岩与覆盖层。覆盖层厚度 3~22 m。

（13）12-1 测线。长度为 300 m,有 2 个折点,剖面中波速等值线连续,无错动迹象,该剖面未发现破碎带;探测深度内面波速度为 200~600 m/s,以 350 m/s 波速度等值线划分基岩与覆盖层。覆盖层厚度 0~2 m。

（14）13 测线。长度为 290 m,剖面中波速等值线连续,无错动迹象,该剖面未发现破碎带;探测深度内面波速度为 200~600 m/s,以 350 m/s 波速度等值线划分基岩与覆盖层。覆盖层厚度 0~2 m。

（15）14 测线。长度为 420 m,剖面中波速等值线连续,无错动迹象,该剖面未发现破碎带;探测深度内面波速度为 200~600 m/s,以 350 m/s 波速度等值线划分基岩与覆盖层。覆盖层厚度 1~16 m。

（16）14-1 测线。长度为 460 m,剖面中波速等值线连续,无错动迹象,该剖面未发现破碎带;探测深度内面波速度为 200~600 m/s,以 350 m/s 波速度等值线划分基岩与覆盖层。覆盖层厚度 1~8 m。

2. 钻孔弹模测试

在 6 个钻孔中共完成弹性模量测试点 10 个,测试岩性均为砂岩,其中粉砂岩弹性模量 16.32 GPa,变形模量 7.63 GPa;中砂岩弹性模量 17.23~21.36 GPa,变形模量 6.48~10.69 GPa;细砂岩弹性模量 20.21~22.67 GPa,变形模量 8.62~9.72 GPa;各测试点具体数据见表 2-7。

表 2-7　钻孔弹模试验成果

试验孔号	试验深/m	岩性	弹性模量/GPa	变形模量/GPa
CXZK07	5	中砂岩	16.32	7.63
	11	粉砂岩	14.26	6.41
CXZK12	8	中砂岩	17.80	8.05
	12	中砂岩	19.52	8.67
CXZK17	7	中砂岩	18.75	6.48
	10	中砂岩	19.21	9.23
CXZK19	11	中砂岩	17.23	7.52
	18	中砂岩	21.36	10.69
CBZK04	21	细砂岩	22.67	9.72
CBZK06	18	细砂岩	20.21	8.62

3. 钻孔旁压测试

在 5 个钻孔中共完成旁压测试点 5 个,其中粉土旁压模量 6.58~9.55 MPa,地基承载力 203~295 kPa,变形模量 10.36~15.92 MPa;粉质黏土旁压模量 8.33 MPa,地基承载力 257 kPa,变形模量 12.85 MPa;各测试点具体数据见表 2-8。

表 2-8　钻孔旁压试验成果

试验孔号	试验深度/m	岩性	旁压模量 E_m/MPa	地基承载力基本值/kPa	变形模量 E_0/MPa
CXZK03	3	粉土	6.58	203	10.36
CXZK10	4	粉土	7.74	239	12.78
CXZK32	2	粉土	8.21	246	12.15
CXZK35	2	粉质黏土	8.33	257	12.85
CXZK38	4	粉土	9.55	295	15.92

4. 综合测井(声波+电阻率+纵、横波)

共完成 22 个钻孔的综合测试,砂岩声波波速 2 830~3 550 m/s,电阻率 80~180 Ω·m,纵波波速 2 350~3 280 m/s,横波波速 1 010~1 610 m/s;泥岩声波波速 2 970~3 100 m/s,电阻率 110~120 Ω·m,纵波波速 2 880 m/s,横波波速 1 240 m/s;粉土纵波波

速 2 480 m/s,横波波速 920 m/s;具体测试数据见表 2-9。

表 2-9　CXZK04 综合测井成果

深度/m	层底高程/m	岩性	声波波速/（m/s）	电阻率/（Ω·m）	纵波波速/（m/s）	横波波速/（m/s）	岩石完整性
0~31.2	999.8	砂岩	3 550	150	3 150	1 440	较完整
31.2~32.0	999.0	泥岩	3 080	120	2 880	1 240	较完整
32.0~45.0	986.0	砂岩	3 320	140	3 010	1 290	较完整

2.7　引汉济渭工程

2.7.1　工程概况

引汉济渭工程是陕西省重点工程,黄三段隧洞是引汉济渭工程的第 V 标段。该段隧洞的作用是将黄金峡泵站扬高的汉江干流水输送至子午河的三河口水库坝后,位于陕西省关中地区洋县和佛坪县境内。

黄三段隧洞为明流输水隧洞,总长 14.519 km,设计流量 70 m³/s,隧洞进口高程 549.26 m,末端控制闸闸底板高程 542.65 m,平均纵比降 1/2 500,隧洞直径 7.26~7.76 m。其主要建筑物包括洞身段、出口控制闸、退水洞和施工支洞,工程投资估算 8 亿元。工程等别为 I 等,主要建筑物隧洞、控制闸级别为 1 级,次要建筑物退水洞为 3 级,施工临时建筑物为 4 级。

2.7.2　地形地貌、地质简况及地球物理特征

2.7.2.1　地形地貌、地质简况

工程位于南秦岭中段、汉江以北的中低山区,山高林密,地势北高南低,黄金峡—三河口最高山峰高程 1 490 m,最低切割高程 660 m,相对高差 800 余米。汉江由西向东穿行于秦岭与巴山之间,秦岭总体呈东西向,层峦叠嶂,蜿蜒曲折,河谷狭窄,两岸山高坡陡,沿线冲沟发育,沟内多有溪流,阶地不甚发育。

工程区分布地层岩性有古生代的变质岩及沉积岩,元古代及古生代的侵入岩。黄三段隧洞沿线穿越地质岩性复杂,主要有片麻岩类、花岗岩类、辉长岩类和变质砂岩、硅质岩、片岩类、灰岩类等。在可行性研究阶段初选了三条输水洞线进行比选,分别为东线和东 1 线方案,其中东线又分为低抽和高抽两种方案,经综合比较推荐东线低抽方案。

东线低抽方案线路总长 16.52 km,其中 II 类围岩段长 7.07 km(占 42.8%),III 类围岩段长 7.48 km(占 45.3%),IV~V 类围岩段长 1.97 m(占 11.9%);岩层走向与洞轴线交角不小于 45°,与 9 条规模较大的断层大角度相交。隧洞出口坡面倾角 35°,边坡岩体较破碎,自然边坡基本稳定。

东线低抽方案隧洞无浅埋段,埋深为 80~575 m,其中 80~300 m 埋深段长 11.19 km

(占 67.7%),300～500 m 埋深段长 4.31 km(占 26.1%),大于 500 m 埋深段长 1.02 km
(占 6.2%)。

2.7.2.2　地球物理特征

黄三段隧洞沿线穿越地质岩性复杂,主要有片麻岩类、花岗岩类、辉长岩类和变质砂
岩、硅质岩、片岩类、灰岩类等。据以往物探资料,地层岩性物性参数见表 2-10。

表 2-10　岩性物性参数

岩性	视电阻率/Ω·m	纵波速度/(m/s)
片麻岩	600～10 000	6 000～6 700
花岗岩	600～10 000	4 500～6 500
辉长岩	100～10 000	5 300～6 500
变质砂岩	200～6 000	4 500～5 800
硅质岩	100～3 000	3 000～6 500
片岩	100～10 000	5 800～6 100
灰岩	600～6 000	2 000～6 250

2.7.3　工作方法与技术

2.7.3.1　测量工作

本次测量工作采用 1∶20 000 地形图,仪器为麦哲伦 GPS72 型手持 GPS。在开始测量
工作之前,手持 GPS 已在已知点上校对,水平误差小于 2 m,满足使用要求。

大地电磁法测量工作是根据给定的测线起止点,按照 20 m 间距等分计算出每个测深
点的坐标后,使用手持 GPS 放点,测点高程由地形图图解得出。断层带坐标点由手持
GPS 实地测得。

2.7.3.2　大地电磁法

1.工作方法

大地电磁法探测使用 EH4 连续电导率剖面仪,采用十字形布极方式进行张量测量。
探测时两对电极及两根磁探头,以测点为中心对称布设,其中 E_x、H_x 与测线方向一致,E_y、
H_y 与测线方向垂直。点距 20 m,电极距 20 m。

电场采用带有电传感器的不锈钢电极接收,磁场采用 BF-6 高灵敏度磁探头进行
接收。

2.技术措施

(1)工作前对仪器进行平行试验,确保仪器稳定、一致。

(2)电极方位、磁探头方位使用罗盘现场实时定位,保证其方位角偏差不大于 3°,采
用水平尺确保磁棒水平放置。

(3)采用电极浇水等措施,确保电极接地电阻尽可能小。

(4)数据采集中,及时从窗口观察数据和曲线,以设置合适的叠加次数,确保数据采
集质量。

2.7.3.3　钻孔波速测试

1. 工作方法

现场工作采用单孔声波法。采用一发双收声波探头进行测试。

现场工作布置,在钻孔内进行,由下向上逐点测试,测试点距 0.2 m。

2. 技术措施

(1)钻孔波速测试时,采用声波探头加扶正器使探头位于钻孔中央。

(2)井下电缆受井液的浮力和井壁的摩擦阻碍,不能保证拉直,所以探头深度在提升电缆时测量。

2.7.3.4　全孔壁光学成像

1. 工作方法

全孔壁光学成像采用 HX-JD-01 型智能钻孔电视成像仪,主要由控制系统、卷扬系统、数据采集处理系统组成。下井探头装配有成像设备和电子罗盘,摄像头通过 360°广角镜头摄取孔壁四周图像,利用计算机控制图像采集和图像处理系统,同时控制电机提升、下放探头,自动采集图像,并进行展开、拼接处理,形成钻孔全孔壁柱状剖面连续图像实时显示,连续采集记录全孔壁图像。电子罗盘实时采集方位角,上传给计算机实时显示,孔壁图像从罗盘指示的正北方向展开,视频帧与帧之间无缝拼接、百叶窗等现象。

2. 技术措施

(1)采用探管加扶正装置,避免探管贴壁,造成成像效果一边明一边暗的现象。

(2)采取有效措施解决水面浮油、冬季孔内外温差造成的雾气等影响因素。

(3)钻孔结束后进行洗孔,并给予一定的澄清时间,力争孔壁干净。

2.7.3.5　钻孔弹性模量、变形模量测试

1. 工作方法

钻孔弹性模量、变形模量测试采用钻孔千斤顶法,测点间隔一般为 1 m 左右,具体根据现场钻孔岩芯等情况确定。通过测试岩体在不同压力下的变形,计算岩体弹性模量和变形模量。测试分 7~10 级加压,加压方式为逐级一次循环法。

2. 技术措施

每次工作之前都进行试验。测试步骤严格按照《水利水电工程岩石试验规程》(SL/T 264—2020)进行,具体测试步骤如下:

(1)按照要求连接好仪器各个部位,并检查仪器的完好性。

(2)选定好测试部位后,将仪器送到预定位置。

(3)进行预压,将仪器固定并使得承压板与岩壁充分接触。

(4)当二次仪表读数稳定后,读取初始读数,开始施加荷载,采用逐级加载方式,待二次仪表读数稳定后读取相应荷载级下的变形值。

(5)荷载加到预定值后,逐级卸载,每卸一级读一次数,直到初始荷载。

(6)重复步骤(2)~(5)。

2.7.3.6　平洞及断层带弹性波测试

1. 工作方法

平洞及断层带弹性波测试采用时距曲线法。测线布置在距洞底或路面 1.0 m 左右位

置。以锤击作震源,固定激发点,移动接收点,点距为1.0 m。

2.技术措施

(1)合理选择仪器参数。

(2)检波器与岩壁保持良好接触。

(3)对时距曲线剧变或跳跃剧烈的测点,进行重复观测或重新分段。

2.7.4　资料解释与成果分析

2.7.4.1　原始数据评价

大地电磁法共完成测深点506个,检查点26个,占总点数的5.14%;钻孔波速测试共完成745 m,完成检查工作量38 m,占总长度的5.10%,均方差相对误差<4.22%。钻孔弹性模量、变形模量测试共完成测试点373个,检查点19个,占总点数的5.09%,均方差相对误差<3.01%;平洞及断层带波速测试共完成672 m,检查段34 m,占总长度的5.06%,均方差相对误差<4.81%。平洞及断层带孔弹性模量、变形模量测试共完成测试点14个,检查点1个,占总点数的7.14%,均方差相对误差<2.93%;各种方法完成的检查工作量均不小于总工作量的5.0%,均方差相对误差<5.0%,满足规范要求。

2.7.4.2　资料解释

1.大地电磁法

大地电磁法的工作原理是基于麦克斯韦方程组完整统一的电磁场理论基础。利用天然场源,在探测目标体的地表同时测量相互正交的电场分量和磁场分量,然后用卡尼亚电阻率计算公式得出视电阻率。根据大地电磁场理论可知,电磁波在大地介质中穿透深度与其频率成反比,当地下电性结构一定时,电磁波频率越低穿透深度越大,能反映出深部的地电特征;电磁波频率越高,穿透深度越小,则能反映浅部地电特征。利用不同的频率,可得到不同深度上的地电信息,以达到频率测深的目的。

不同岩性的地层具有不同的电阻率。影响电阻率高低的因素有岩性、孔隙度、孔隙充填物的性质、含水性和断裂、破碎等引起的地层结构变化等。根据反演电阻率断面中所反映的电性层分布规律可以划分岩性,确定岩层破碎带位置和规模,并推测断层富水性。

2.钻孔波速测试

声波仪自动读取声波到达时间(T_1、T_2),计算时差和波速。按照完整性公式:$K_v = (v_p/v_{pr})^2$计算完整性系数(v_{pr}为新鲜完整岩块纵波波速,v_p为实测纵波波速),根据岩体完整性分类表判断完整性。工区主要岩层新鲜完整岩块的波速值分别为:闪长岩6 500 m/s、花岗岩5 500 m/s、二长花岗岩5 800 m/s、角闪辉长岩6 800 m/s、花岗闪长岩5 600 m/s、辉长岩6 700 m/s、黑云石英片岩6 400 m/s、二云片岩6 000 m/s、斜长角闪岩6 600 m/s、硅质岩6 300 m/s、变质砂岩5 300 m/s、大理岩6 500 m/s、二云石英片岩6 500 m/s、角闪石英片麻岩5 940 m/s。

3.钻孔全孔壁光学成像

HX-JD-01型智能钻孔电视成像仪采集到原始数据后,用井下成像分析系统处理,先导入图像数据,然后进行数据查看与分析,并进行数据报表的输出。

4.钻孔弹性模量、变形模量测试

岩体变形参数按式(2-10)计算

$$E = K \cdot \frac{(1+\mu)pd}{\Delta d} \qquad (2\text{-}10)$$

式中:E 为变形模量或弹性模量,MPa,当以径向全变形 Δd_0 代入式(2-10)中计算时为变形模量 E_0;当以径向弹性变形 Δd_e 代入式中计算时为弹性模量 E_e;μ 为泊松比;p 为计算压力,为试验压力与初始压力之差,MPa;d 为钻孔直径,mm;Δd 为钻孔岩体径向变形,mm;K 为包括三维效应系数以及与传感器灵敏度、承压板的接触角度及弯曲效应等有关的系数,根据率定确定。

5.平洞及断层带弹性波测试

v_p(实测纵波波速)$= \Delta t/s$,完整性评价方法与钻孔波速测试一致。

2.7.5　成果分析

2.7.5.1　大地电磁法

1.1-1 测线、1-2 测线、1-3 测线

3 条测线长度均为 500 m,3 条测线与洞轴线平行对应。

1)1-1 测线

水平距离 0~200 m,电阻率 350~1 900 Ω·m,岩性以二长花岗岩为主。

水平距离 200~350 m,电阻率 150~1 800 Ω·m,岩性以中粒二长花岗岩、角闪辉长岩为主。

水平距离 350~500 m,电阻率 300~1 600 Ω·m,岩性以角闪辉长岩为主,夹闪长岩,局部夹花岗岩脉。

在地表水平位置 230 m 左右,两侧电阻率等值线明显上下错动,结合 1-2 测线、1-3 测线分析,3 条测线都有相同的电阻率形态,推测是 2 条逆推断层穿越了 3 条测线引起的,分别是地表水平位置 200 m 处的 F24 和 350 m 处的 F24′,2 条断层平行,倾向 30°左右、倾角 75°左右。

2)1-2 测线

桩号 2 540~2 730 m,电阻率 350~3 600 Ω·m,岩性以二长花岗岩为主。

桩号 2 730~2 820 m,电阻率 150~2 100 Ω·m,岩性以中粒二长花岗岩、角闪辉长岩为主。

桩号 2 820~3 040 m,电阻率 300~1 800 Ω·m,岩性以角闪辉长岩为主,夹闪长岩,局部夹花岗岩脉。

在桩号 2 760 m 左右,两侧电阻率等值线明显上下错动,在 600~700 m 高程,水平位置 120 m 和 330 m 处电阻率等值线各有 2 处凸起,形似驼峰,推测是 2 条逆推断层引起的,在洞轴线深度,分别是桩号 2 760 m 处的 F24 和 2 860 m 处的 F24′,断层深度超过洞轴线。

3)1-3 测线

水平距离 0~210 m,电阻率 800~3 800 Ω·m,岩性以二长花岗岩为主。

水平距离 210~290 m,电阻率 700~2 600 Ω·m,岩性以为中粒二长花岗岩、角闪辉长岩为主。

水平距离 290~500 m,电阻率 700~2 200 Ω·m,岩性以角闪辉长岩为主,夹闪长岩,局部夹花岗岩脉电阻率。

在水平位置 260 m 左右,两侧电阻率等值线明显上下错动,在 750~900 m 深度,水平位置 120~330 m,电阻率等值线有 1 处明显的凹陷,结合 1-2 测线分析,推测是 2 条逆推断层引起的,分别是地表水平位置 210 m 处的 F24 和 290 m 处的 F24′。

2.2 测线、2-1 测线、2-2 测线、2-3 测线

2 测线基本布置在洞轴线正上方,2-1 测线、2-2 测线、2-3 测线均与 2 测线平行。

1)2 测线

测线全长 5 255 m。

桩号 9+360~9+510 m,电阻率 600~3 800 Ω·m,以角闪斜长片麻岩为主、局部为帘石化闪长岩。

桩号 9+510~9+940 m,电阻率 1 000~4 800 Ω·m,以青绿色绢云母钠长片岩、钠长绿泥片岩为主。

高程 1 000~500 m 范围内,桩号 9+510 m 左右,两侧电阻率等值线明显上下错动,结合 2-1 测线分析,与 2-1 测线水平距离 110 m 处的形态一致,应为同一条断层,推测是 2 测线地表桩号 9+510 m 的逆推断层 IF11-3,在桩号 9+400 m 与洞轴线相交,倾向 200° 左右、倾角 75° 左右。

桩号 9+940~10+210 m,电阻率 500~2 000 Ω·m,岩性以灰色、灰黑色含炭(炭质)片岩为主,夹炭质板岩、灰岩、泥灰岩等。

地表桩号 10+210~11+510 m,电阻率 500~1 900 Ω·m,岩性以灰色、灰黑色含炭(炭质)片岩为主,夹炭质板岩、灰岩、泥灰岩等。

桩号 10+000~10+500 m,存在大块低阻区,电阻率 75~300 Ω·m,从地表延伸至剖面底部,两侧电阻率等值线明显上下错动,在低阻区上部存在 3 处面积较大的椭圆形高阻区,结合 2-1 测线分析,2-1 测线水平距离 700~1 200 m 处也存在大块低阻区,推测存在 3 条逆推断层,分别是地表桩号 9+950 m 处的 F4、10 100 m 处的 IF11-2 和 10+280 m 处的 IF11-1,其中 F4 断层规模较小,只穿过了 2 测线,深度不超过 300 m,未到达隧洞深度,IF11-2 和 IF11-1 规模较大,穿越了 2 条测线,深度超过洞轴线,在洞轴线深度,桩号 9+900~10+170 m 之间的低阻区是 IF11-2 和 IF11-1 的断层影响带,该断层带电阻率明显低于周围岩层,且范围较大,推测断层带富水性较强,两条断层平行,倾向 210° 左右,倾角 70° 左右。

桩号 10+210~12+300 m,电阻率 600~2 800 Ω·m,岩性以二云石英片岩及灰褐色云母斜长片岩互层为主,夹灰绿色变质砂岩、云母片岩及少量硅质岩、大理岩透镜体,局部具片麻构造,电阻率剖面图呈大块连续状,电阻率较高,未发现明显裂隙。

桩号 12+300~12+520 m,电阻率 300~1 400 Ω·m,岩性以细粒灰绿色变质砂岩为主。

桩号 12+520~13+490 m,电阻率 600~2 200 Ω·m,岩性以二云石英片岩及灰褐色云

母斜长片岩互层为主,夹灰绿色变质砂岩、云母片岩及少量硅质岩、大理岩透镜体,局部具片麻构造。

桩号 12+400~13+000 m,电阻率 750~300 Ω·m,存在大块低阻区,从地表延伸至剖面底部,两侧电阻率等值线明显上下错动,在低阻区上部存在 1 处面积较大的椭圆形高阻区,推测存在 2 条逆推断层,分别是地表桩号 12+500 m 处的 Fi9-3,倾向北,12+990 m 处的 Fi9-2,倾向南,2 条断层形成了大块低阻区,在洞轴线深度,桩号 12+630~12+840 m 是 Fi9-3 和 Fi9-2 的断层影响带,该断层带电阻率明显低于周围岩层,且范围较大,推测断层带富水性较强。

桩号 13+490~13+510 m,电阻率 600~2 200 Ω·m,花岗岩。

桩号 13+510~13+665 m,电阻率 125~2 000 Ω·m,以(变)硅质岩为主,主要岩性含炭硅质岩(硅质板岩)、含石墨石英岩及硅质糜棱岩。

桩号 13+665~13+750 m,电阻率 500~1 400 Ω·m,巨厚层硅质岩。

桩号 13+750~14+220 m,电阻率 600~3 000 Ω·m,以(变)硅质岩为主,主要岩性含炭硅质岩(硅质板岩)、含石墨石英岩及硅质糜棱岩,夹少量条带状灰岩、石英片岩。在桩号 13+700 m 左右,电阻率等值向下凹陷,形成低阻条带,直达剖面底部,推测存在 1 条逆推断层,是地表桩号 13+980 m 的 Fi9-1 的断层,倾向南,断层带在桩号 13+820 m 与洞轴线相交。

桩号 14+220~14+270 m,电阻率 600~2 200 Ω·m,花岗岩。

桩号 14+270~14+610 m,电阻率 300~2 600 Ω·m,中粒灰绿色变质砂岩、灰褐色云母斜长片岩为主,云母斜长片岩块状-似层状结构,夹少量白色、灰白色大理岩及石英岩等。

在桩号 14+300 mm 左右,两侧电阻率等值线明显上下错动,结合 2-3 测线分析,2-3 测线在水平位置 200~400 m,有一条明显的低阻带,推测 1 条逆推断层穿越了 2 条测线,该断层是地表桩号 14+280 m 的 F44 的断层,断层带在桩号 14+160 m 与洞轴线相交,倾向 185°左右,倾角 65°左右。

2)2-1 测线

在隧洞轴线正上方偏南东 545 m,测线全长 1 670 m。

水平距离 0~120 m,电阻率 200~4 800 Ω·m,以角闪斜长片麻岩为主,局部为帘石化闪长岩。

水平距离 120~500 m,电阻率 100~3 400 Ω·m,以青绿色绢云母钠长片岩、钠长绿泥片岩为主。在水平位置 120 m 左右,两侧电阻率等值线明显上下错动,结合 2 测线分析,推测是 IF11-3 断层。

水平距离 500~800 m,电阻率 200~600 Ω·m,岩性以灰色、灰黑色含炭(炭质)片岩为主,夹炭质板岩、灰岩、泥灰岩等。

水平距离 800~1 700 m,电阻率 200~640 Ω·m,岩性以灰色、灰黑色含炭(炭质)片岩为主,夹炭质板岩、灰岩、泥灰岩等。

水平距离 700~1 200 m,存在大块低阻区,从地表延伸至剖面底部,两侧电阻率等值线明显上下错动,推测存在 2 条逆推断层,倾向南西,分别是地表水平位置 680 m 处的

IF11-2 和 1 050 m 处的 IF11-1,2 条断层形成了大块低阻区,推测断层带富水性较强。

3)2-2 测线

在隧洞轴线正上方偏南东 1 470 m,测线全长 350 m。

在水平位置 0～100 m,电阻率明显高于 100～350 m,电阻率等值线南西高、北东低,与 2 测线桩号 12+100～12+400 m 段形态类似,推测水平位置 100 m 处为岩性分界线,0～100 m,电阻率 600～2 800 Ω·m,岩性以二云石英片岩及灰褐色云母斜长片岩互层为主,夹灰绿色变质砂岩、云母片岩及少量硅质岩、大理岩透镜体,局部具片麻构造。100～350 m,电阻率 300～1 400 Ω·m,岩性以细粒灰绿色变质砂岩为主。

4)2-3 测线

在隧洞轴线正上方偏南东 440 m,测线全长 500 m。

水平距离 0～300 m,电阻率 180～300 Ω·m,以(变)硅质岩为主,主要岩性含炭硅质岩(硅质板岩)、含石墨石英岩及硅质糜棱岩,夹少量条带状灰岩、石英片岩。水平距离 300～500 m,电阻率 200～400 Ω·m,主要岩性中粒灰绿色变质砂岩、灰褐色云母斜长片岩,云母斜长片岩块状-似层状结构,夹少量白色、灰白色大理岩及石英岩等,在水平位置 200～400 m,有一条明显的低阻带,电阻率 50～140 Ω·m,推测是地表水平位置 310 m 处的 F44 逆推断层引起的。

3.3 测线

3 测线基本布置在洞轴线正上方,测线全长 800 m。

电阻率 500～2 600 Ω·m,岩性以中粒灰绿色变质砂岩、灰褐色云母斜长片岩为主,云母斜长片岩块状-似层状结构,夹少量白色、灰白色大理岩及石英岩等。在桩号 15+900 m 左右,两侧电阻率等值线明显上下错动,桩号 15+900～16+085 m,出现大面积低阻区,电阻率 25～150 Ω·m,推测为断层带,断层是地表桩号 15+900 m 处的 F41,在桩号 15+840 m 与洞轴线相交,断层形成了大块低阻区,推测断层带富水性较强,倾向南西。

2.7.5.2 钻孔波速测试

钻孔波速测试 9 孔,分别为 HZK02、HZK04、HZK06、HZK07、HZK08、HZK10、HZK13、HZK16 和 HZK18。钻孔波速测试成果见表 2-11～表 2-19。

表 2-11 钻孔 HZK02 波速成果

测段/m	层厚/m	层底高程/m	测井解释	平均波速/(m/s)	完整性系数
20～27.7	7.7	663.65	闪长岩,较完整	5 110	0.62
27.7～36	8.3	655.35	闪长岩,完整性差	4 060	0.39
36～38.8	2.8	652.55	闪长岩,完整性差	4 760	0.54
38.8～53.4	14.6	637.95	闪长岩,完整性差	4 410	0.46
53.4～57.7	4.3	633.65	花岗岩,较完整	4 330	0.62
57.7～61.8	4.1	629.55	闪长岩,完整性差	4 360	0.45

续表 2-11

测段/m	层厚/m	层底高程/m	测井解释	平均波速/(m/s)	完整性系数
61.8~63.9	2.1	627.45	闪长岩，完整性差	4 200	0.42
63.9~81.9	18	609.45	闪长岩，完整性差	4 740	0.53
81.9~83.1	1.2	608.25	花岗岩，较完整	4 745	0.74
83.1~87.9	4.8	603.45	闪长岩，完整性差	4 690	0.52
87.9~99.8	11.9	591.55	闪长岩夹花岗岩，完整性差	4 650	0.51
99.8~103.3	3.5	588.05	闪长岩，完整性差	4 385	0.46
103.3~107.3	4	584.05	闪长岩，完整性差	4 660	0.51
107.3~109.5	2.2	581.85	花岗岩，完整	5 030	0.84
109.5~137.6	28.1	553.75	闪长岩，较完整	5 370	0.68
137.6~141.0	3.4	550.35	闪长岩，完整性差	4 780	0.54
141.0~160	19	531.35	闪长岩，较完整	5 340	0.67

表 2-12　钻孔 HZK04 波速成果

测段/m	层厚/m	层底高程/m	测井解释	平均波速/(m/s)	完整性系数
4.2~54.9	50.7	513.71	闪长岩，较完整	4 700	0.52
54.9~57	2.1	511.61	二长花岗岩，较完整	4 600	0.63
57~66.3	9.3	502.31	闪长岩，完整性差	4 400	0.46

表 2-13　钻孔 HZK06 波速成果

测段/m	层厚/m	层底高程/m	测井解释	平均波速/(m/s)	完整性系数
34.1~56.2	23.1	707.98	角闪辉长岩，完整性差	4 320	0.40
56.2~75	18.8	689.2	花岗闪长岩，完整	5 100	0.83
75~90.85	16.85	673.3	角闪辉长岩，较完整	5 210	0.59
90.85~94	3.15	670.2	花岗闪长岩，完整	5 490	0.96
94~104	10.0	660.2	角闪辉长岩，较完整	5 070	0.56
104~121.4	17.4	642.8	花岗闪长岩，完整	5 400	0.93
121.4~127.5	6.1	636.7	角闪辉长岩，完整性差	4 980	0.54
127.5~148.5	21.0	615.7	花岗闪长岩，完整	5 300	0.90

续表 2-13

测段/m	层厚/m	层底高程/m	测井解释	平均波速/(m/s)	完整性系数
148.5~151.3	2.8	612.9	角闪辉长岩,完整性差	4 880	0.52
151.3~152.7	1.4	611.5	花岗闪长岩,完整	5 510	0.97
152.7~161.0	8.3	603.2	角闪辉长岩,较完整	5 210	0.59
161.0~171.3	10.3	592.8	花岗闪长岩,完整	5 150	0.85
171.3~186.5	15.2	577.7	辉长岩,较完整	5 290	0.62
186.5~190	3.5	574.2	花岗闪长岩,完整	5 530	0.98

表 2-14 钻孔 HZK07 波速成果

测段/m	层厚/m	层底高程/m	测井解释	平均波速/(m/s)	完整性系数
26.3~43.7	17.4	606.7	黑云石英片岩,完整性差	4 250	0.44
43.7~49.1	5.4	601.3	黑云石英片岩,较完整	4 900	0.65
49.1~68	18.9	582.4	二云片岩,较破碎	3 400	0.32

表 2-15 钻孔 HZK08 波速成果

测段/m	层厚/m	层底高程/m	测井解释	平均波速/(m/s)	完整性系数
24.5~33.8	9.3	777.57	斜长角闪岩,完整性差	4 500	0.46
33.8~35.4	1.6	775.97	花岗岩,较完整	4 420	0.65
35.4~74.5	39.1	736.87	斜长角闪岩,完整性差	4 300	0.42
74.5~81.8	7.3	729.52	花岗岩,较完整	4 180	0.58
81.8~96.6	14.8	714.72	斜长角闪岩,较破碎	3 890	0.35
96.6~97.1	0.5	714.22	花岗岩,完整性差	3 880	0.50
97.1~101.6	4.5	709.72	斜长角闪岩,完整性差	4 560	0.48
101.6~102.4	0.8	708.92	花岗岩,较完整	4 300	0.61
102.4~112.6	10.2	698.72	斜长角闪岩,完整性差	4 390	0.44
112.6~113.3	0.7	698.02	花岗岩,完整性差	3 930	0.51
113.3~131.7	18.4	679.62	斜长角闪岩,完整性差	4 550	0.48

表 2-16　钻孔 HZK10 波速成果

测段/m	层厚/m	层底高程/m	测井解释	平均波速/(m/s)	完整性系数
22.5~28.9	6.4	617	石英片岩,完整性差	4 300	0.45
28.9~37.4	8.5	608.5	二云石英片岩,完整性差	4 700	0.52
37.4~78.4	41.0	567.5	硅质岩,完整	5 600	0.79
78.4~79.2	0.8	566.75	黑云母石英岩,完整	5 800	0.82
79.2~92.1	12.9	553.78	黑云片岩,完整性差	4 300	0.45

表 2-17　钻孔 HZK13 波速成果

测段/m	层厚/m	层底高程/m	测井解释	平均波速/(m/s)	完整性系数
13.25~46.45	33.2	599.63	变质砂岩,较完整	4 860	0.70
46.45~52.5	6.05	593.58	灰色大理岩,较完整	5 530	0.72
52.5~70.3	17.8	575.78	云母片岩,较整性	4 870	0.58
70.3~74.2	3.9	571.88	云母片岩,较破碎	3 620	0.32
74.2~91.2	17	554.88	大理岩,较完整	5 420	0.65
91.2~97.8	6.6	548.28	变质砂岩,完整	5 340	0.85
97.8~100.7	2.9	545.38	变质砂岩,完整	5 620	0.94
100.7~105.8	5.1	540.28	云母石英片岩,较完整	5 320	0.63
105.8~108.7	2.9	537.38	石英岩,完整性差	4 600	0.47
108.7~116.06	7.9	529.48	变质砂岩,较完整	4 850	0.70

表 2-18　钻孔 HZK16 波速成果

测段/m	层厚/m	层底高程/m	测井解释	平均波速/(m/s)	完整性系数
8.3~37.0	28.7	655.24	花岗片麻岩,完整性差	4 610	0.46
37.0~63.2	26.2	626.54	花岗片麻岩,较破碎	3 560	0.27
63.2~80.0	16.8	583.54	角闪岩,完整	6 050	0.79

表2-19　钻孔 HZK18 波速成果

测段/m	层厚/m	层底高程/m	测井解释	平均波速/（m/s）	完整性系数
2.1~27.1	25	641.62	二云石英片岩,完整	5 910	0.83
27.1~39.91	12.81	628.81	二云石英片岩,完整性差	4 760	0.54
39.91~48.7	8.79	620.02	二云石英片岩,完整	6 300	0.94
48.7~77.4	28.7	591.32	二云石英片岩,完整	5 720	0.77
77.4~90	12.6	578.72	二云石英片岩,完整	6 400	0.97

2.7.5.3　钻孔全孔壁光学成像

钻孔全孔壁光学成像4孔,分别为 HZK02、HZK04、HZK10 和 HZK16。钻孔全孔壁光学成像成果见表2-20~表2-23。

表2-20　HZK02 孔钻孔光学成像异常描述

孔深/m	高程/m	段长/m	异常描述	说明
26.01	665.34		水平裂隙,宽 1 cm	
30.1	661.25		水平裂隙,宽 3 cm	
37.30~37.70	654.05~654.45	0.40	岩石破碎	
52.40~52.53	638.95		裂隙	
107.30~107.40	584.05		裂隙	
121.4	569.95		水平裂隙,宽 1.5 cm	

表2-21　HZK04 孔钻孔光学成像异常描述

孔深/m	高程/m	段长/m	异常描述	说明
31.20~31.90	537.41~505.51	0.70	岩石破碎	
46.70~47.70	521.91~474.21	1.00	岩石破碎	
56.07	512.54		水平裂隙,宽 4 cm	
56.90~57.10	511.71~454.61		岩石破碎	
58.00~61.50	510.61~449.11	3.50	岩石破碎	
65.60~66.40	503.01~436.61	0.80	岩石破碎	

表 2-22　HZK10 孔钻孔光学成像异常描述

孔深/m	高程/m	段长/m	异常描述	说明
31.40	614.5		裂隙,宽 3 cm	
34.6	611.3		裂隙,宽 5 cm	
36.4~36.6	609.5~609.7	0.20	岩石破碎	
38.66	607.24		裂隙,宽 3 cm	
52.13	593.77		裂隙,宽 2 cm	
65.60~66.40	580.3~581.1	0.80	岩石破碎	

表 2-23　HZK16 孔钻孔光学成像异常描述

孔深/m	高程/m	段长/m	异常描述	说明
10.00~18.70	653.54~662.24	8.70	岩石破碎	
18.90	645.64		裂隙,宽 1 cm	
19.20	646.34		裂隙,宽 1 cm	
19.6	646.94		裂隙,宽 1 cm	
20.20~20.50	647.34~647.67	0.30	岩石破碎	
21.70~22.30	646.84~647.44	0.60	岩石破碎	
25.5	644.04		裂隙,宽 4 cm	
32.6~36.00	637.94~641.34	3.40	岩石破碎	

2.7.5.4　钻孔弹性模量、变形模量测试

钻孔弹性模量、变形模量测试 8 孔,分别为 HZK02、HZK04、HZK06、HZK07、HZK08、HZK10、HZK13 和 HZK16。成果见表 2-24~表 2-31。

表 2-24　钻孔 HZK02 弹性模型、变形模量测试成果

测段/m	层厚/m	层底高程/m	测井解释	弹性模量/GPa	变形模量/GPa
107.3~109.5	2.2	581.85	花岗岩,完整	42.3	30.8
109.5~137.6	28.1	553.75	闪长岩,完整	51.3	40.5
137.6~141.0	3.4	550.35	闪长岩,较完整	52.7	42.2
141.0~160	19	531.35	闪长岩,完整	53.9	38.9

表 2-25　钻孔 HZK04 弹性模型、变形模量测试成果

测段/m	层厚/m	层底高程/m	测井解释	弹性模量/GPa	变形模量/GPa
4.2~54.9	50.7	513.71	闪长岩,较完整	34.3	24.4
54.9~57	2.1	511.61	二长花岗岩,完整	23.7	17.3
57~66.3	9.3	502.31	闪长岩,较完整	30.1	22.8

表 2-26　钻孔 HZK06 弹性模型、变形模量测试成果

测段/m	层厚/m	层底高程/m	测井解释	弹性模量/GPa	变形模量/GPa
148.5~151.3	2.8	612.9	角闪辉长岩,破碎	39.4	24.0
151.3~152.7	1.4	611.5	花岗闪长岩,完整	43.5	27.4
152.7~161.0	8.3	603.2	角闪辉长岩,较完整	41.1	25.8
161.0~171.3	10.3	592.8	花岗闪长岩,完整	42.3	25.2
171.3~186.5	15.2	577.7	辉长岩,较完整	45.4	26.7
186.5~190	3.5	574.2	花岗闪长岩,完整	46.8	29.8

表 2-27　钻孔 HZK07 弹性模型、变形模量测试成果

测段/m	层厚/m	层底高程/m	测井解释	弹性模量/GPa	变形模量/GPa
84.7~110.2	25.5	540.2	二云片岩	22.1	15.6
110.2~112.1	1.9	538.3	云母片岩	20	14.8
112.1~118.3	6.2	532.1	云母片岩	21.6	17.8
118.3~130.3	12	520.1	云母片岩	19.8	15.1

表 2-28　钻孔 HZK08 弹性模型、变形模量测试成果

测段/m	层厚/m	层底高程/m	测井解释	弹性模量/GPa	变形模量/GPa
74.5~81.8	7.3	729.52	花岗岩,完整性差	31.8	23.2
81.8~96.6	14.8	714.72	斜长角闪岩,较破碎	29.8	23.6
96.6~97.1	0.5	714.22	花岗岩,较破碎	31.9	24.5
97.1~101.6	4.5	709.72	斜长角闪岩,较破碎	34.1	23.9
101.6~102.4	0.8	708.92	花岗岩,完整	31.2	20.6
102.4~112.6	10.2	698.72	斜长角闪岩,较完整	43	32.1
112.6~113.3	0.7	698.02	花岗岩,较完整	48.5	39.6

表 2-29　钻孔 HZK10 弹性模型、变形模量测试成果

测段/m	层厚/m	层底高程/m	测井解释	弹性模量/GPa	变形模量/GPa
22.5～28.9	6.4	617	石英片岩,较破碎		
28.9～69.9	41	567.5	硅质岩,完整		
69.9～70.65	0.75	566.75	黑云母石英岩,完整	50.3	35.8
70.65～83.62	12.97	553.78	泥质黑云片岩,破碎	51.4	37.5

表 2-30　钻孔 HZK13 弹性模型、变形模量测试成果

测段/m	层厚/m	层底高程/m	测井解释	弹性模量/GPa	变形模量/GPa
52.5～70.3	17.8	571.88	云母片岩,破碎	26.7	21.2
70.3～74.2	3.9	554.88	大理岩,完整	34.3	27.4
74.2～91.2	17.0	548.28	变质砂岩,完整	38.2	31.1
91.2～97.8	6.6	545.38	变质砂岩,完整	38.8	33.1
97.8～100.7	2.9	540.28	云母石英片岩,完整	22.1	15.3
100.7～105.8	5.1	537.38	石英岩,完整	17.4	12.5

表 2-31　钻孔 HZK16 弹性模型、变形模量测试成果

测段/m	层厚/m	层底高程/m	测井解释	弹性模量/GPa	变形模量/GPa
37.0～63.2	36.2	626.54	花岗片麻岩,较破碎	31.5	27.2
63.2～80.0	16.8	583.54	角闪岩,完整	41.2	30.5

2.7.5.5　平洞测试

平洞测试成果见表 2-32～表 2-37。

表 2-32　平洞 HZPD01 成果

位置	测段/m	岩性及完整性评价	平均波速/(m/s)	弹性模量/GPa	变形模量/GPa
左壁	1.5～6.0	花岗岩,完整性差	3 268	30.2	22.1
	6.0～20.0	角闪石英片麻岩,完整性差	3 950	36.0	23.7
	20.0～28.0	角闪石英片麻岩,较完整	4 800	42.3	27.2
	28.0～40.0	角闪石英片麻岩,完整性差	4 120	37.4	22.1

续表 2-32

位置	测段/m	岩性及完整性评价	平均波速/(m/s)	弹性模量/GPa	变形模量/GPa
右壁	1.5~6.0	花岗岩,完整性差	3 260		
	6.0~19.0	角闪石英片麻岩,完整性差	3 780		
	19.0~30.0	角闪石英片麻岩,较完整	5 150		
	30.0~40.0	角闪石英片麻岩,完整性差	4 140		

表 2-33　平洞 HZPD02 成果

位置	测段/m	岩性及完整性评价	平均波速/(m/s)
左壁	5.0~18.0	云母石英片岩和云母片岩互层,破碎	2 110
	18.0~32.0	云母石英片岩和云母片岩互层,破碎	1 580
	32.0~48.0	云母石英片岩和云母片岩互层,破碎	2 110
	48.0~60.0	云母石英片岩和云母片岩互层,破碎	1 270
右壁	5.0~20.0	云母石英片岩和云母片岩互层,破碎	2 080
	20.0~35.0	云母石英片岩和云母片岩互层,破碎	1 680
	35.0~51.0	云母石英片岩和云母片岩互层,破碎	2 040
	51.0~60.0	云母石英片岩和云母片岩互层,破碎	1 300

表 2-34　平洞 DC01 成果

测段/m	岩性及完整性评价	平均波速/(m/s)	弹性模量/GPa	变形模量/GPa
0~4.0	石英闪长岩,破碎	1 110		
4.0~8.0	石英闪长岩,破碎	1 500		
8.0~22.0	石英闪长岩,破碎	1 230		
22.0~25.0	石英闪长岩,破碎	1 650		
25.0~30.0	石英闪长岩,破碎	1 170		
30.0~36.0	破碎带,破碎	800	1.1	0.8
36.0~50.0	石英闪长岩,破碎	1 530	5.2	3.7

表 2-35　平洞 DC02 成果

测段/m	岩性及完整性评价	平均波速/(m/s)	弹性模量/GPa	变形模量/GPa
0~2.0	云母斜长片岩,破碎	1 760		
2.0~13.5	云母斜长片岩,破碎	940	1.7	1.1
13.5~14.5	断层糜棱岩,破碎	520		

续表 2-35

测段/m	岩性及完整性评价	平均波速/(m/s)	弹性模量/GPa	变形模量/GPa
14.5~22.5	云母斜长片岩,破碎	1 070		
22.5~23.5	断层糜棱岩,破碎	550	1.8	1.1
23.5~40.0	云母斜长片岩,破碎	980		
40.0~44.0	断层糜棱岩,破碎	690	1.7	1.0
44.0~50.0	云母斜长片岩,破碎	1 150		

表 2-36 平洞 DC03 成果

测段/m	岩性及完整性评价	平均波速/(m/s)	弹性模量/GPa	变形模量/GPa
0~28.5	云母斜长片岩,破碎	610		
28.5~35.0	断层糜棱岩,破碎	730	1.9	1.2
35.0~37.0	断层糜棱岩,破碎	430	1.6	0.9
37.0~40.0	断层糜棱岩,破碎	620	1.1	0.7

表 2-37 平洞 DC04 成果

测段/m	岩性及完整性评价	平均波速/(m/s)
0~48.0	云母斜长片岩,破碎	1 700
48.0~72.0	云母斜长片岩,破碎	1 195
72.0~198.0	云母斜长片岩,破碎	1 900
198.0~246.0	云母斜长片岩,破碎	1 200
246.0~276.0	云母斜长片岩,较破碎	1 940
276.0~284.0	推测断层带,破碎	850
284.0~345.0	断层糜棱岩,破碎	1 430

2.7.6 结论与问题

2.7.6.1 结论

(1)采用大地电磁法在可能富水洞段选择了 3 段进行探测研究。经探测共发现 11 条断层,其中 10 条断层深度超过洞轴线。对断层构造的富水性进行评价,查明 6 条断层的产状。具体情况见表 2-38。

表 2-38　断层情况统计

断层代号	地表桩号/m	洞轴线处桩号/m	倾向、倾角	富水性
F24	2+720	2+760	30°、∠75°	较弱
F24′	2+820	2+860	30°、∠75°	较弱
IF11−3	9+510	9+400	200°、∠75°	较弱
F4	9+950	—	倾向南	较强
IF11−2	10+100	9+900	210°、∠70°	较强
IF11−1	10+280	10+080	210°、∠70°	较强
Fi9−3	12+500	12+650	倾向北	较强
Fi9−2	12+990	12+850	倾向南	较强
Fi9−1	13+980	13+820	倾向南	较弱
F44	14+280	14+160	185°、∠65°	较弱
F41	15+900	15+840	倾向南西	较强

（2）通过本次勘察，初步了解隧洞附近岩性的物理力学参数，为岩体评价提供了依据，见表 2-39。

表 2-39　工区主要岩性物理力学统计

岩性	纵波波速/(m/s)	电阻率/(Ω·m)	弹性模量/GPa	变形模量/GPa
二长花岗岩	4 400~4 700	300~3 800	23.7	17.3
花岗闪长岩	5 100~5 500	600~2 200	43.5~46.8	27.4~29.8
角闪辉长岩	4 300~5 200	300~2 200	39.4~45.4	24.0~26.7
花岗岩	2 650~5 500	50~1 800	31.8~42.3	23.2~30.8
角闪斜长片麻岩	3 700~5 100	200~4 800	30.6~37.4	22.1~27.2
二云石英片岩	4 700~5 900	600~2 800	—	—
云母片岩	1 500~3 600	100~3 400	19.8~26.7	14.8~21.2
硅质岩	4 700~5 100	600~2 000	—	—
变质砂岩	4 800~5 300	300~2 600	38.2~38.8	31.1~33.1
闪长岩	4 000~5 330	—	30.1~53.9	38.5~40.5
石英闪长岩	800~1 700	—	—	—
断层糜棱岩	520~730	—	1.1~1.9	0.7~1.2

（3）通过波速测试，确定了工区内主要岩性的波速范围，并且结合光学成像、弹性（变形）模量测试，对岩体进行完整性评价。

2.7.6.2　问题

（1）大地电磁法评价断层富水性存在一定的误差，建议采用其他方法进一步验证。

（2）2 测线测出的 Fi9-3、Fi9-2、Fi9-1 和 3 测线 F41 断层，为推测断层产状，应增加辅助测线。

（3）为保证光学成像质量，建议成孔后对全孔进行冲洗，并在工期允许的情况下尽量保证井液澄清时间。

2.8　将军庙水库引水工程

2.8.1　工程概况

将军庙水库位于奎屯河中上游中山峡谷地段，奎屯河发源于天山北部的依连哈比尔尕山北坡，全长 140 km，多年平均径流量 6.65 亿 m³，将军庙水库是奎屯河引水改建工程的水源工程，具有灌溉、供水结合引水发电兼有防洪减灾、拦砂减淤等多项综合利用功能。测区位于奎屯市南部，北与独山子相接，工程区地理位置为：北纬 44°01′~44°07′，东经 84°39′~84°45′，工程区北距奎屯市直线距离 40 km，从奎屯市经独山子至工程区有 G217 国道相连，交通条件非常便利。

将军庙水库拟选上、下两个坝址，两坝址相距约 7 km。主要建筑物有拦河大坝、导流泄洪洞、溢洪道、引水发电隧洞、调压井、压力管坡及发电厂房等。考虑采用两级发电，第一级引水发电系统由 12.5 km 引水隧洞、发电厂房等两部分组成，第二级引水发电系统接一级电站尾水，由 15 km 埋管、3.7 km 引水隧洞、发电厂房组成。其中，上坝址坝高 121.91 m，库容 4 974 万 m³，正常蓄水位 1 422 m，坝顶高程 1 426.91 m，坝顶宽度 12 m，坝长 535.71 m；下坝址坝高 180 m，库容 5 125 万 m³，正常蓄水位 1 296 m。

工程等别为Ⅲ等中型工程，拟选坝型有混凝土重力坝和混凝土面板堆石坝两种。规划水库坝高 130 m，坝长 630 m，蓄水位 1 445 m，库容 1.08 亿 m³，水库向上游回水 7 km 左右。

2.8.2　地形、地质简况及地球物理特征

2.8.2.1　地形、地貌

山区引水隧洞位于以清水河子断裂为界的南部山区，属断褶隆起中山、高山区。山体雄厚，山势陡峻，高程 1 500~4 800 m，相对高差 500~1 000 m，区内基岩裸露，主要为古生代滨海相的火山碎屑岩、碎屑岩沉积。发源于该区的奎屯河支流呈树枝状汇集干流，河谷呈 V 字形，切割深度 500 m 以上，现代河床宽 50~80 m，河谷两岸零星断续分布Ⅱ~Ⅴ级侵蚀堆积阶地，冲沟发育。在将军庙水文站至出山口河段左右岸Ⅳ级阶地不对称发育，其上发育有古河槽，综合治理工程山区隧洞段均位于奎屯河右岸。

山区冲沟发育，冲沟内坡积物、崩积物发育，为泥石流主要物质组成，多数冲沟在暴雨期均会形成泥石流汇入奎屯河中或对道路形成灾害。

2.8.2.2　地质简况

1. 地质构造

隧洞沿线主要构造形迹为低序次断层、裂隙和节理,根据隧洞沿线地质测绘,主要发育断裂构造有 NWW、NEE 向两组,隧洞沿线发育的主要断层以 NWW 向断裂为主,断裂延伸长度一般在 $0.1 \sim 20$ km,为Ⅱ~Ⅲ级断裂,断裂宽度多大于 10 m,部分断层伴生在超基性岩脉两侧。

2. 地层

山区引水隧洞沿线出露地层由老到新分别为:

(1)石炭系中统巴音沟组第一亚组(C_2b^a)。岩性为灰色、灰绿色凝灰岩、凝灰质砂岩,岩层产状 $285° \sim 305°NE \angle 60° \sim 65°$,该层主要出露于沙大王河北岸,中厚层结构,岩体完整性好。

(2)石炭系中统巴音沟组第二亚组(C_2b^b)。岩性为灰色、灰黑色凝灰质砂岩、凝灰质砾岩,构成沙大王背斜两翼,南翼岩层产状在 $71° \sim 85°SE \angle 62° \sim 77°$,北翼岩层产状 $285°NE \angle 60°$,在查干萨依沟以北受断裂影响,岩层产状扭转为 $285° \sim 310°SE \angle 50° \sim 52°$,为中厚层、夹薄层状结构,岩体完整性变化较大。

(3)石炭系中统巴音沟第三亚组(C_2b^c)。岩性为灰色、灰绿色凝灰质砂岩,岩层产状 $320° \sim 340°NE \angle 75° \sim 80°$,为块状、厚层状,在隧洞沿线主要表现为夹杂大量的方解石脉,厚度 $5 \sim 20$ cm,呈近直立状,对隧洞围岩稳定性影响较大,主要分布在桩号 $1+362 \sim 3+800$ 段。

(4)石炭系上统沙大王组(C_3sh)。岩性为灰色、杂色玄武岩,构成兰能果尔向斜核地层,岩层产状向斜南翼 $85°NW \angle 31°$,向斜北翼产状 $78°SE \angle 44°$,分布在隧洞沿线桩号 $0+000 \sim 1+362$ 段,为中厚层状,岩体较完整。

(5)第四系上更新统洪积物(Q_4^{pl})。岩性为洪积卵砾石,青灰色、灰黄色,分布在部分冲沟沟口和河道两侧,具泥质胶结。

(6)第四系全新统坡积物(Q_4^{dl})。主要分布在山坡坡脚,岩性为灰色、灰绿色、灰黑色块石、碎石或角砾,为上部山体基岩风化崩塌所形成,结构松散,具架空结构,具斜层理。

(7)第四系全新统冲积物(Q_4^{al})。主要分布在沙大王河河谷现代河床内,岩性为青灰色砂卵砾石,结构稍密–中密,磨圆度好。

3. 滑坡

隧洞沿线发育 1#、2# 两个滑坡,根据现场调查,两个滑坡均处于滑动状态,使近期修建好的沥青路面发生变形。经过现场钻孔揭露,1# 滑坡隧洞段滑坡底界距隧洞顶约 80 m,滑坡对隧洞围岩影响较小。2# 滑坡隧洞段滑坡底界距隧洞顶约 40 m,滑坡对隧洞围岩影响稍大。总体来说滑坡不影响隧洞安全。

2.8.2.3　地球物理特征

根据以往资料,结合本次探测结果,探测范围内主要有以下 4 组地层:第一组石炭系中统巴音沟第一亚组(C_2b^a),岩性为凝灰岩、凝灰质砂岩,电阻率为 $150 \sim 2~500$ Ω·m;第二组石炭系中统巴音沟第二亚组(C_2b^b),岩性为凝灰质砂岩,电阻率为 $1~200 \sim 2~500$ Ω·m;第三组石炭系中统巴音沟第三亚组(C_2b^c),岩性为凝灰质砂岩,电阻率为 $650 \sim$

1 250 Ω·m;第四组石炭系上统沙大王组(C_3sh)玄武岩,电阻率为350~800 Ω·m。

滑坡体探测范围内为两层结构:覆盖层和基岩。覆盖层主要为碎石土,纵波速度为 930~960 m/s;基岩主要为凝灰质砂岩,纵波波速为 4 400 m/s。

2.8.3　工作方法与技术

2.8.3.1　大地电磁法

1.方法原理

大地电磁法(AMT)的工作原理是基于麦克斯韦方程组完整统一的电磁场理论基础。利用天然场源,在探测目标体的地表同时测量相互正交的电场分量和磁场分量,然后用卡尼亚电阻率计算公式得出视电阻率。根据大地电磁场理论可知,电磁波在大地介质中的穿透深度与其频率成反比,当地下电性结构一定时,电磁波频率越低穿透深度越大,能反映出深部的地电特征;电磁波频率越高,穿透深度越小,则能反映浅部地电特征。利用不同的频率,可得到不同深度上的地电信息,以达到频率测深的目的。

2.工作参数及现场工作布置

工作参数:采用 50 m 点距,40 m 极距张量测量,根据天然场实时强度,中、低、高频段采用 5~15 次叠加。

张量测量方式为十字形布极。探测时两对电极及两根磁探头,以测点为中心对称布设,其中 E_x、H_x 与测线方向一致(洞轴线在地表的投影线),E_y、H_y 与测线方向垂直。

电场采用带有传感器的纯钛不极化电极接收,磁场采用 BF-6 高灵敏度磁探头进行接收,探测数据使用 EH-4 连续电导率仪进行采集。

3.技术措施

(1)工作前对仪器进行平行试验,确保仪器稳定、一致。

(2)电极方位、磁探头方位使用罗盘现场实时定位,保证其方位角偏差不大于 3°,采用水平尺确保磁棒水平放置。

(3)采用电极浇水等措施,确保电极接地电阻尽可能小。

(4)数据采集中,及时从窗口观察数据和曲线,以设置合适的叠加次数,确保数据采集质量。

4.仪器设备

采用 Stratagem EH-4(Ⅱ)连续电导率成像仪 1 套(编号:77311)。仪器主要性能如下:

(1)频率范围:10 Hz~100 kHz。

(2)发射机:代垂直天线线圈的 TxIM2 型发射机。

(3)电极:4 个 BE-26 型带缓冲器的有效高频偶极子以及 4 个 SSE 不锈钢电极。

(4)磁棒探头:2 个 BF-IM 磁感应棒(10~100 Hz)。

(5)工作温度:0~50 ℃。

(6)数据采集单元 4 道(2 电,2 磁)。

2.8.3.2 地震折射

1. 方法原理

当人工激发的地震波穿过不同介质的分界面(弹性分界面)时,在下层介质的波速大于上层的波速,且波的入射角大于或等于临界角的情况下,将会产生沿界面传播的"滑行波"——折射波。折射波的能量不断向上传至地面,通过地震仪获得折射波到达地面接收点的时间,再根据激发点和接收点的距离及上层介质的波速,通过分析计算就可求出接收各点处折射界面的深度。

2. 工作参数及现场工作布置

地震勘探采用初至折射波法,辅以低速带点调查,观测系统采用追逐相遇观测系统(见图 2-7)。观测道一般为 24 道,检波点距 10 m,采样率 0.25 ms,记录长度一般采用 512 ms,以炸药为震源,追炮距离视覆盖层厚度和场地条件而定。

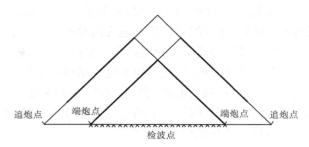

图 2-7 地震折射相遇观测系统

3. 技术措施

(1)首先进行一致性试验,检查仪器工作是否正常,检波器性能是否一致。

(2)在已知条件下,进行方法有效性试验,选定仪器参数,确定排列长度和追逐距离,以保证目的层连续追踪。

(3)为了提高信噪比,野外工作时尽量改善激发和接收条件,炮坑尽量挖深,检波器垂直地平面埋置牢固,铲除周围杂草,风大时用土将检波器埋住。

(4)追逐时距曲线段至少有 4 道折射波记录点,被追逐段至少有 4 个正常检波点重复接收同一界面的折射波。

(5)低速带记录至少有 3 个检波点接收同一界面的折射波。

4. 仪器设备

地震折射法采用 NZ24 地震仪(编号 W5-380102-182154),地震记录系统-3,6,12,16~120 道可选(以 8 道递增),TM 视窗操作系统,仪器主要性能如下:

(1)动态范围。在 2 ms 采样,24 位时,达到 144 dB(系统)、110 dB(瞬态测量)。

(2)叠加开关精度。采样率的 1/32。

(3)最大输入信号:2.8 V 峰—峰值。

(4)陷波:50 Hz,60 Hz,150 Hz,180 Hz,压制 50 dB 以上,中心频率 2%宽度。

(5)样间隔:0.02 ms,0.031 25 ms,0.062 5 ms,0.125 ms,0.5 ms,1.0 ms,2.0 ms,4.0 ms,8.0 ms,16.0 ms。

(6)记录长度:标准 16 384 样点,也可选 65 536 样点。

(7)延时触发:最大 4 096 样点。

(8)CDP 滚动:全部工作道可通过软件实现滚动覆盖。

(9)本机检测:内置或外带检测系统,根据用户需要设计检测结果显示方式。

2.8.3.3　测线布置及测量工作

1. 测线布置

大地电磁法共布置两条测线,分别为 1 测线和 1-1 测线,其中 1 测线位于洞轴线上方,1-1 测线位于隧洞出口端,平行于洞轴线,平距约为 300 m。地震折射法共布置 7 条测线,其中 1# 滑坡体 5 条,分别为 1~5 测线,2# 滑坡体 2 条,分别为 6、7 测线。

2. 测量工作

本次测量工作采用 1:10 000 地形图,1954 年北京坐标系,测量仪器为中海达 E7D5800 型动态差分 GPS。在开始测量工作之前,GPS 在 3 个基准点上校对后,与另外 3 个基准点对比水平误差小于 2 cm,满足规范要求。

3 个 GPS 校对基准点为:

KD01(X:4 877 834.80,Y:554 992.84);

EK01 (X:4 878 038.63,Y:555 068.70);

EK05 (X:4 877 814.89,Y:554 787.27)。

测量点是用给定的测线起止点,按照测点间距等分计算出坐标后输入 GPS 移动站,再使用 GPS 流动站实地放点,测点高程由地形图图解得出。各测线起点、终点坐标见表 2-40。

表 2-40　测线布置情况

工作方法及位置	测线号	起点坐标/m		终点坐标/个		测线长度/m	测点数/个
		X	Y	X	Y		
EH4（引水隧洞）	1	555 695	4 879 432			10 400	209
	拐点 1	556 635	4 880 416				
	拐点 2	557 252	4 882 183				
	拐点 3	557 499	4 883 444				
	拐点 4	558 353	4 884 958				
	拐点 5	559 149	4 888 417	——			
	1			559 043	4 888 854		
	1-1	559 465	4 888 369	559 323	4 888 952	600	13
地震折射（1# 滑坡）	1	556 453	4 879 337	556 846	4 879 098	350	
	2	556 498	4 879 418	556 891	4 879 179	350	
	3	556 551	4 879 503	556 944	4 879 264	350	
	4	556 045	4 879 671	556 438	4 879 432	350	
	5	556 082	4 879 751	556 475	4 879 512	350	
地震折射（2# 滑坡）	6	556 150	4 880 310	556 465	4 879 974	350	
	7	556 207	4 880 377	556 522	4 880 041	350	

2.8.4 资料解释与成果分析

2.8.4.1 原始数据评价

1.大地电磁法

（1）仪器平行试验。通过仪器平行试验可以看出（见图 2-8），X、Y 两个方向上的视电阻率、相位曲线形态一致，重合性好，说明 Stratagem EH-4 连续电导率成像仪性能稳定，一致性较好，符合相关电磁测量规范和技术要求。

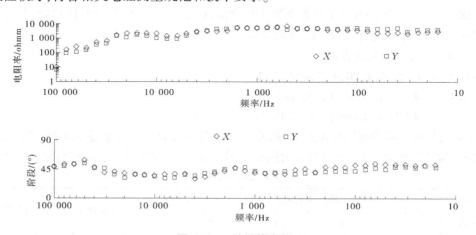

图 2-8 一致性检查结果

（2）原始数据检查观测。本次探测工作共完成 12 个点的检查观测，占总工作量的 5.41%；检查点与实测点视电阻率均方相对误差均小于 4.8%，相位均方相对误差均小于 5.0%，数据质量满足规程要求。

2.地震折射

（1）首先进行一致性试验，仪器工作正常，检波器性能好，初值一致。

（2）每个记录折射波初至清晰，信号振幅不小于 5 mm，且初至脉冲较窄。

（3）所有剖面互换时间不大于 5 ms。

3.测量工作

仪器在 3 个基准点上进行了比对，水平位置误差小于 2 cm，满足要求，对比结果见表 2-41。

表 2-41 测量检查点统计

基准点	基准点坐标		实测坐标		X 误差/cm	Y 误差/cm
	X	Y	X	Y		
EK10	4 881 151.19	556 555.61	4 881 151.20	556 555.61	<2	<1
EK13	4 884 703.26	558 145.39	4 884 703.25	558 145.40	<2	<1
EK14	4 884 393.61	559 225.02	4 884 393.60	559 225.01	<2	<2

2.8.4.2　**资料解释**

1. 大地电磁法

影响电阻率高低的因素有岩性、孔隙度、孔隙充填物的性质、含水性和断层破碎等引起的地层结构变化等。根据反演电阻率断面中所反映的电性层分布规律可以划分岩性、确定岩层破碎带位置,并推测断层富水性,具体解释如下:

(1)通过对以往地质资料和本次物探成果分析,工区断层的特征为:野外工作期间本区降水充足,断层充水后形成低阻条带,与周围岩层电阻率差异明显,断层两侧地层明显错动。

(2)参考以往成功经验,按断层处与围岩电阻率差异大小,对富水性进行粗略评价。当断层破碎带与周围完整岩层电阻率比值小于 0.5,且电阻率小于 200 Ω·m,推测断层富水性强;当断层破碎带与周围完整岩层电阻率比值大于 0.5,或电阻率大于 200 Ω·m,说明富水性弱。

2. 地震折射

首先作每个剖面的时距曲线,然后进行解释。

采用相遇时距曲线延迟时法。覆盖层的速度 v_1 由测线上低速带点,参照各相遇剖面上时距曲线交点法综合求取,并利用现场钻孔资料进行校正;追踪界面(基岩面)速度 v_2 通过 $t_A(x)-D(x)$ 所构成的时距曲线斜率的倒数求得。

对于折射波相遇时距曲线 S_A 和 S_B,对应于 x 点的延迟时 $D(x)$:

$$D(x) = \frac{t_A(x) + t_B(x)}{2} - \frac{T_{AB}}{2} \tag{2-11}$$

则折射界面深度 $h(x)$:

$$h(x) = D(x) \frac{v_1 v_2}{\sqrt{v_2^2 - v_1^2}} \tag{2-12}$$

式中:$D(x)$ 为延迟时;T_{AB} 为互换时;$t_A(x)$、$t_B(x)$ 为 x 点折射波旅行时。

根据求出的各检波点的法线深度 $h(x)$ 构制基岩界面。

2.8.4.3　**成果分析**

1. 大地电磁

1)1 测线

水平距离 0~420 m:电阻率较高,电阻率等值线均匀,表明地层完整。基岩电阻率 350~800 Ω·m,岩性以石炭系上统沙大王组(C_3sh)灰色、杂色玄武岩为主。

水平距离 420~1 320 m:电阻率较低,整体呈低阻条带状,高程 1 000~1 400 m,出现电阻率 100 Ω·m 左右的低阻区,被其中的 2 处椭圆形高阻体分成 3 部分,中间的 1 部分低阻体是 2# 滑坡的响应,两侧的低阻体推测为断层影响带,暂定名为 F1(地表水平距离 700 m 处)和 F2(地表水平距离 1 450 m 处)。2 条断层破碎带处电阻率小于 150 Ω·m,周围完整岩层电阻率大于 450 Ω·m,推测 F1、F2 断层富水性强。该段基岩电阻率 200~275 Ω·m,岩性以石炭系上统沙大王组(C_3sh)玄武岩为主。

水平距离 1 320~2 300 m:电阻率等值线杂乱,水平距离 1 800 m、2 300 m 处电阻率等值线明显错动,推测存在 2 条断层,暂定名为 F3(地表水平距离 1 800 m 处)和 F4(地表水平距离 2 300 m 处)。2 条断层破碎带处电阻率大于 225 Ω·m,周围完整岩层电阻率大于 450 Ω·m,推测 F3、F4 断层富水性弱。该段基岩电阻率 650~1 250 Ω·m,该段地层为石炭系中统巴音沟第三亚组(C_2b^c),岩性为凝灰质砂岩。

水平距离 2 300~3 800 m:电阻率较高,水平距离 2 800 m、3 280 m、3 830 m 处电阻率等值线呈竖直条带状,两侧电阻率差异明显,推测存在 3 条断层,暂定名为 F5(地表水平距离 2 800 m 处)、F6(地表水平距离 3 280 m 处)、F7(地表水平距离 3 830 m 处)。3 条断层破碎带处电阻率大于 350 Ω·m,周围完整岩层电阻率大于 550 Ω·m,推测 3 条断层富水性弱。该段基岩电阻率 650~1 250 Ω·m,该段地层为石炭系中统巴音沟第三亚组(C_2b^c),岩性为凝灰质砂岩。

水平距离 3 800~4 600 m:电阻率很高,电阻率等值线均匀,表明地层完整。基岩电阻率 1 200~2 500 Ω·m,该段地层为石炭系中统巴音沟第二亚组(C_2b^b),岩性为凝灰质砂岩。

水平距离 4 600~5 620 m:电阻率较低,水平距离 4 800 m 处电阻率等值线呈竖直条带状,且两侧电阻率差异明显,推测存在 1 条断层,暂定名为 F8,水平距离 5 100~5 500 m,电阻率剖面图上部有 1 处低阻体,低阻体上部延伸至地面,水平距离 5 700 m 处电阻率等值线明显错动,推测存在 1 条断层,5 700 m 处南倾的断层暂定名为 F9。F8 断层破碎带处电阻率大于 260 Ω·m,周围完整岩层电阻率大于 450 Ω·m,推测 F8 断层富水性弱,F9 断层破碎带处电阻率小于 120 Ω·m,周围完整岩层电阻率大于 225 Ω·m,推测 F9 断层富水性强。基岩电阻率 220~260 Ω·m,该段地层为石炭系中统巴音沟第二亚组(C_2b^b),岩性为凝灰质砂岩。

水平距离 5 620~7 600 m:电阻率等值线杂乱,水平距离 6 000 m 处,剖面中部有 1 处低阻体呈倒三角状,推测有 2 条断层,地表水平距离 5 660 m 处北倾的断层暂定名为 F10,地表水平距离 6 500 m 处南倾的断层暂定名为 F11。2 条断层破碎带处电阻率小于 180 Ω·m,周围完整岩层电阻率大于 350 Ω·m,推测 F10、F11 断层富水性强。该段基岩电阻率 350~2 500 Ω·m,该段地层为石炭系中统巴音沟第一亚组(C_2b^a),岩性为凝灰岩、凝灰质砂岩。

水平距离 7 600~8 620 m:电阻率杂乱,水平距离 8 300~8 700 m 处,剖面上部有 1 处面积较大的低阻体,向小桩号一侧延伸至剖面底,下部形成低阻条带状,推测有 1 条南倾断层,断层破碎带较宽,暂定名为 F12。断层破碎带处电阻率小于 50 Ω·m,周围完整岩层电阻率大于 450 Ω·m,推测 F12 断层富水性强。该段基岩电阻率 200~800 Ω·m,该段地层为石炭系中统巴音沟第二亚组(C_2b^b),岩性为凝灰质砂岩。

水平距离 8 620~8 680 m:电阻率杂乱,地表水平距离 10 070 m 处,电阻率等值线明显错动,推测有 1 条断层,暂定名为 F13。断层破碎带处电阻率小于 50 Ω·m,周围完整岩层电阻率大于 400 Ω·m,推测 F13 断层富水性强。该段基岩电阻率 120~230 Ω·m,该段地层为石炭系中统巴音沟第二亚组(C_2b^b),岩性为凝灰质砂岩。

2)1-1 测线

全长 600 m,与 1 测线 10 000~10 400 m 平行,剖面中部电阻率等值线错动明显,推测地表水平距离 370 m 处有 1 条南倾断层与 1 测线 F13 断层是同一条。断层破碎带处电阻率小于 50 Ω·m，周围完整岩层电阻率大于 400 Ω·m，推测 F13 断层富水性强。该段地层为石炭系中统巴音沟第二亚组（C_2b^b），岩性为凝灰质砂岩。

2. 地震折射

探测结果分析如下：

（1）1 测线。推测滑动面为基岩顶界面，覆盖层主要为碎石土，纵波速度为 930 m/s，垂向深度为 36～51 m，基岩主要为凝灰质砂岩，纵波波速为 4 400 m/s，基岩面高程 1 625～1 710 m。

（2）2 测线。推测滑动面为基岩顶界面，覆盖层主要为碎石土，纵波速度为 930 m/s，垂向深度为 40～78 m，基岩主要为凝灰质砂岩，纵波波速为 4 400 m/s，基岩面高程 1 611～1 704 m。

（3）3 测线。推测滑动面为基岩顶界面，覆盖层主要为碎石土，纵波速度为 930 m/s，垂向深度为 18～47 m，基岩主要为凝灰质砂岩，纵波波速为 4 400 m/s，基岩面高程 1 640～1 745 m。

（4）4 测线。推测滑动面为基岩顶界面，覆盖层主要为碎石土，纵波速度为 930 m/s，垂向深度为 33～60 m，基岩主要为凝灰质砂岩，纵波波速为 4 400 m/s，基岩面高程 1 433～1 591 m。

（5）5 测线。推测滑动面为基岩顶界面，覆盖层主要为碎石土，纵波速度为 930 m/s，垂向深度为 14～28 m，基岩主要为凝灰质砂岩，纵波波速为 4 400 m/s，基岩面高程 1 447～1 609 m。

通过 1～5 测线的探测结果分析，在覆盖层中未发现明显的波速分界面，推测 1# 滑坡体主要滑动面为基岩顶界面，滑坡体纵波速度 930 m/s，垂向厚度 14～78 m，基岩面高程 1 433～1 745 m。

（6）6 测线。推测滑动面为基岩顶界面，覆盖层主要为碎石土，纵波速度为 960 m/s，垂向深度为 53～83 m，基岩主要为凝灰质砂岩，纵波波速为 4 400 m/s，基岩面高程 1 305～1 432 m。

（7）7 测线。推测滑动面为基岩顶界面，覆盖层主要为碎石土，纵波速度为 960 m/s，垂向深度为 17～56 m，基岩主要为凝灰质砂岩，纵波波速为 4 400 m/s，基岩面高程 1 320～1 453 m。

通过 6、7 两条测线的探测结果分析，在覆盖层中未发现明显的波速分界面，推测 1# 滑坡体主要滑动面为基岩顶界面，滑坡体纵波速度 960 m/s，垂向厚度 17～83 m，基岩面高程 1 305～1 453 m。

2.8.5　结论与评价

（1）采用大地电磁法探测引水洞段的地质构造。探测到 13 条断层，断层深度全部超过引水洞轴线；并对 13 条断层的富水性进行了评价，具体情况见表 2-42。

表 2-42　断层情况统计

断层代号	地表水平距离/m	洞轴线处水平距离/m	倾向	富水性
F1	700	675	南倾	较强
F2	1 450	1 400	南倾	较强
F3	1 800	1 775	南倾	较弱
F4	2 300	2 240	南倾	较弱
F5	2 800	2 765	南倾	较弱
F6	3 280	3 294	南倾	较弱
F7	3 830	3 830	南倾	较弱
F8	4 800	4 795	南倾	较弱
F9	5 700	5 660	南倾	较强
F10	5 660	5 376	北倾	较强
F11	6 500	6 420	南倾	较强
F13	10 070	—	南倾	较强

（2）通过对 7 条地震折射剖面的分析，认为 1#、2# 滑坡体覆盖层内波速均匀，没有发现明显的滑动面，推测滑动面为基岩顶界面。

（3）大地电磁法评价断层富水性存在一定的误差，建议采用其他方法进一步评价。

（4）地震折射法探测滑动面依据的是滑动面上、下两层地层的波速差异，对于 1#、2# 滑坡体覆盖层内是否存在滑动面，需要采用其他方法进一步验证。

第 3 章　水利工程施工期物探检测

水利水电工程牵涉方方面面,除发电外,还有防洪、调蓄等诸多功能,因此水电站或抽水蓄能电站的施工质量非常重要,近些年来,施工期物探检测的范围越来越广,越来越多,下面对施工期物探检测进行详细的论述。

在水力发电的过程中,为了实现电能的连续产生,需要修建一系列水工建筑物,也就是水电站。水电站按组成建筑物特征可分为坝后式水电站、河床式水电站、引水式水电站,还有这几种方式在一起的混合式水电站。水电站枢纽工程主要建筑物包括挡水建筑物、泄水建筑物、水电站进水建筑物、水电站引水及尾水建筑物、水电站平水建筑物、发电建筑物、变电建筑物和配电建筑物等。

(1)挡水建筑物。用来拦截河流,集中落差,形成水库,如坝、闸等。工程上大坝主要有重力坝、拱坝、土石坝、堆石坝等。重力坝是用混凝土或石料等材料修筑,依靠坝体自重保持稳定的坝;拱坝是固接于基岩的空间壳体结构,在平面上呈凸向上游的拱形,拱冠剖面呈竖直的或向上游凸出的曲线形;土石坝是由土、石料等当地材料填筑而成的坝,为历史最为悠久的一种坝型,土石坝是世界大坝工程建设中应用最广泛和发展最快的一种坝型;堆石坝是使用石料经过抛填、碾压等方法填筑成的一种坝型,由于堆石体透水,一般需要用土、混凝土或沥青混凝土等材料作为防渗体。

水闸根据闸承担的任务,一般分为节制闸、进水闸、分洪闸、排水闸、冲沙闸等。

(2)泄水建筑物。用来宣泄洪水,或放水供下游使用,或放水以降低水库水位,如溢洪道、泄洪隧洞、放水底孔等。

(3)水电站进水建筑物。用来将水引入引水道,如有压的深孔式和浅孔式进水口或无压的开敞式进水口。

(4)水电站引水及尾水建筑物。用来将发电用水自水库输送给水轮机发电机组;尾水建筑物用来把发电用过的水排入下游河道。常见的建筑物为渠道、隧洞、压力管道等,也包括渡槽、涵洞、倒虹吸等交叉建筑物。

(5)水电站平水建筑物。用来平稳由于水电站负荷变化在引水建筑物或尾水建筑物中造成的流量及压力(水深)变化,如有压引水道中的调压室、无压引水道末端的压力前池等。

(6)发电建筑物、变电建筑物和配电建筑物。包括安装水轮机发电机组的主厂房(包括安装场)及其控制、辅助设备的副厂房、安装变压器的变压器场及安装高压配电装置的高压开关站。

(7)其他建筑物。如过船、过木、过鱼、拦沙、冲沙等建筑物。

3.1　主要检测内容和检测方法

3.1.1　主要检测内容

水电站工程,建设过程中会涉及地基基础、施工质量等的检测,一般情况下,水电站工程施工期物探检测范围主要包括岩体质量检测、固结灌浆和帷幕灌浆质量检测、防渗墙质量检测、碾压体密实度检测、堆石坝面板质量检测、混凝土质量检测、隧洞混凝土衬砌质量检测、压力钢管接触灌浆质量检测、锚杆质量检测、爆破振动监测等。

3.1.2　主要检测类别

3.1.2.1　岩体质量检测

岩体质量检测的范围包括枢纽区建筑地基和边坡开挖岩体、地下洞室围岩。检测的内容宜包括岩体弹性波速度、完整程度、变形模量或弹性模量、地质缺陷、松弛层厚度等。其中,岩体声波纵波速度测试应选用表面声波法、单孔声波法、穿透声波法、声波 CT 法;开挖面岩体弹性波测试宜采用地震波测试;地基岩体中的地质缺陷检测应采用探地雷达、钻孔全景成像、层析成像、弹性波测试等方法;洞室围岩松弛圈及松弛层变化情况和岩体松弛层厚度、爆破影响层厚度检测应选用单孔声波法、穿透声波法、钻孔全景数字成像、地震折射波法;洞室岩柱岩体质量检测宜采用地震波 CT 法。

目前,水电站工程中,大坝建基面、厂房建基面等多选用单孔声波法、地震纵波测试检测岩体质量,具体范围包括大坝底板基础、趾板建基面、厂房底板、厂房边坡等。洞室围岩松弛层厚度、爆破影响层厚度等多选用单孔声波法,洞室围岩岩体质量为地震纵、横波测试,包括输水系统、厂房等区域。

3.1.2.2　固结灌浆和帷幕灌浆质量检测

1. 固结灌浆

固结灌浆的检测范围包括基础岩土体、洞室围岩或边坡岩土体、混凝土体等。检测内容包括声波纵波速度、变形模量、裂隙充填率等。检测方法按下面的原则选取:

(1)地基基础固结灌浆质量检测可选用单孔声波法、穿透声波法、钻孔全景数字成像法、钻孔变形模量测试、弹性波 CT 法等。

(2)洞室围岩固结灌浆质量检测可选择单孔声波法、钻孔全景数字成像、钻孔变形模量测试等。

(3)边坡岩体固结灌浆质量检测可选择单孔声波法、钻孔全景数字成像。

(4)覆盖层地基固结灌浆质量检测可选用单孔声波法、穿透声波法、地震波法、钻孔全景图像成像。

(5)混凝土灌浆质量检测可选用单孔声波法、穿透声波法、钻孔全景成像、弹性波 CT 法。

2. 帷幕灌浆

帷幕灌浆的检测内容主要包括张开裂隙充填情况、岩体声波速度、透水构造分布等。

根据不同目的进行检测方法的选择,其中,非岩溶地层宜采用钻孔全景成像、单孔声波法、穿透声波法和弹性波 CT 法;岩溶地层宜增加弹性波 CT 或电磁波 CT 检测方法。

3.1.2.3　防渗墙质量检测

防渗墙质量检测主要包括防渗墙的深度、墙体连续性和均匀性、墙体和基岩的接触情况等。其中,防渗墙的深度、墙体连续性和均匀性的检测可采用穿透声波法、弹性波 CT 法、单孔声波法和钻孔全景数字成像、探地雷达法、伪随机流场法、地震反射波法。目前常用的是单孔声波法、钻孔全景数字成像、弹性波 CT 法、穿透声波法。墙体和基岩的接触情况宜用穿透声波法、弹性波 CT 法、钻孔全景数字成像。

3.1.2.4　碾压体密实度检测

检测范围一般包括碾压混凝土坝、心墙、堆石体和人工碾压地基等,检测内容包括密度、含水率、压实度中的一种或全部。

(1)大粒径、碾压层比较厚的人工地基宜选择地震面波法,碾压层较薄时宜选择附加质量法。

(2)混凝土碾压坝、小粒径的薄层人工地基、堆石坝垫层和防渗层宜选择核子水分-密度检测法。

3.1.2.5　堆石坝面板质量检测

检测对象为施工期的大坝面板,检测目的是查明面板与垫层之间的脱空情况、面板裂缝情况、面板强度及内部缺陷发育情况,检测方法的选择可按以下原则:

(1)面板的脱空普查可选择红外热成像。

(2)面板的脱空和内部缺陷可采用超声横波反射三维成像、声波反射法和脉冲回波法。

(3)面板内没有钢筋或配筋较少时,可采用探地雷达法。

(4)面板强度可选用超声回弹综合法。

(5)面板的裂缝检测宜采用表面声波法。

3.1.2.6　混凝土质量检测

混凝土质量检测包括混凝土的强度及是否有缺陷,包括裂缝、不密实区、空洞等。混凝土强度检测的方法可选择回弹法或超声回弹综合法;裂缝检测在裂缝调查后进行,检测内容为裂缝深度检测,可选择表面声波法、穿透声波法、超声横波反射三维成像法、钻孔全景数字成像或超声成像。混凝土内部缺陷,如空洞、不密实和低强度等,大体积的混凝土结构可选择超声横波反射三维成像法、探地雷达法、脉冲回波法、单孔声波法、穿透声波法或声波 CT 法。一般根据混凝土内部配筋情况来选择。

3.1.2.7　隧洞混凝土衬砌质量检测

隧洞混凝土衬砌质量检测的内容包括衬砌厚度、脱空、混凝土缺陷及强度、钢筋分布、钢筋保护层厚度等。检测方法有探地雷达法、脉冲回波法、超声横波反射三维成像法、声波反射法、超声回弹综合法。以上方法根据检测的目的而定。

3.1.2.8　钢衬与混凝土接触状况及接触灌浆质量检测

钢衬与混凝土接触状况检测、接触灌浆质量检测位置一般包括引水隧洞的压力钢管段、岔管、肘管和蜗壳等钢衬洞段,内容主要是钢管或钢衬与混凝土之间的脱空情况、钢衬和混凝土之间灌浆后充填情况。方法主要为脉冲回波法和声波反射法,可选择其中一种。

3.1.2.9　锚杆质量检测

水电站支护工程中,锚杆无损检测为锚杆质量检测的主要内容,主要针对全长注浆锚杆长度和注浆饱满度进行检测,检测的方法为声波反射法。

3.1.2.10　爆破振动监测

爆破振动监测包括施工爆破振动、水工建筑物振动和环境振动,监测的内容主要包括质点振动速度、加速度、位移、频率等,监测方法采用质点振动测试。

3.1.3　物探检测常用依据

物探检测主要依据为规程、规范、业主的招标投标文件、合同以及设计文件和监理通知等。检测依据的主要规程、规范如下:

(1)《水电工程物探规范》(NB/T 10227—2019);

(2)《水电工程岩体质量检测技术规程》(NB/T 35058—2015);

(3)《大坝混凝土声波检测技术规程》(DL/T 5299—2013);

(4)《水力发电工程地质勘察规范》(GB 50287—2016);

(5)《水工建筑物水泥灌浆施工技术规范》(DL/T 5148—2021);

(6)《水电工程施工地质规程》(NB/T 35007—2013);

(7)《水电水利工程化学灌浆技术规范》(DL/T 5406—2019);

(8)《水工混凝土建筑物缺陷检测和评估技术规程》(DL/T 5251—2010);

(9)《水工建筑物地下工程开挖施工技术规范》(DL/T 5099—2011);

(10)《水电水利工程锚杆无损检测规程》(DL/T 5424—2009);

(11)《水电水利工程爆破安全监测规程》(DL/T 5333—2021);

(12)《岩土锚杆与喷射混凝土支护工程技术规范》(GB 50086—2015);

(13)《水电工程钻孔压水试验规程》(NB/T 35113—2018)。

3.2　施工期物探检测

3.2.1　建基面岩体质量检测

目前,水电站工程土建基面岩体质量检测主要为大坝趾板建基面岩体质量、厂房建基面岩体质量检测以及锚索孔岩体质量检测,一般采用单孔声波检测和钻孔全景数字成像检测或地震纵波速度检测,由于锚索孔岩体质量检测的独特性,需用单孔声波检测和钻孔全景数字成像方法检测。

3.2.1.1　单孔声波检测

单孔声波检测可在开挖到基岩面或者即将达到基岩面时,为了确定爆破对基础的影响而进行检测,到达基岩面后,为保证基础不被破坏,往往会浇筑一层混凝土垫层。对于岩体松弛层厚度的检测,一般位于厂房和引水发电隧洞(或输水系统)中,在开挖后立即检测。

1. 工作原理与技术措施

(1)单孔声波法测试的基本原理。通过仪器的发射系统,即由一发双收换能器的发射端发射超声波,经过井液耦合,沿着孔壁传播,被一发双收换能器的 2 个接收端接收到。孔壁岩体的岩性、结构面情况、风化程度、应力状态、含水情况等的不一致,会引起超声波的声波波速、振幅和频率变化,因此反映在接收端上是发射到接收的时间不一致。通过两个接收端之间的距离除以它们的时间差,可以算出两点之间的声波波速,由此判定测点(两接收端中心)岩石完整情况。

(2)现场检测技术措施。

①测试开始前检查仪器的参数设置,正确设置文件名,做好检测记录班报。

②检查换能器电缆深度标识是否准确明显。

③使用直径和重量略大于换能器的探棍(模拟探头)对测试孔进行探孔,预防测试过程中出现卡孔现象。

④测试前,往孔中注满水,以水为耦合进行测试。对于上仰孔(上斜孔)和漏水严重的孔,测试采用两种方案:a. 探头两端密封,水管从探头接线端穿入密封中间,向密封空间中注水测试;b. 使用干孔换能器测试。两种方案均要保证接收信号清晰。

⑤非铅垂孔(竖直向下孔)应使用导向杆准确放置一发双收换能器探头,并记录检测点距孔口深度(精确到 0.01 m)。铅垂孔(竖直向下孔)检测宜从孔底向孔口检测,点距 0.2 m,并记录检测点距孔口深度(精确到 0.01 m)。

⑥测试点距 0.2 m,每测试 1.0 m 进行深度校对。

⑦检查观测要符合规程规范要求,对不合格的测点记录要立即进行复测。

2. 数据处理与资料解释

(1)原始资料检查验收。

(2)绘制单孔声速曲线图、断面声速曲线图、统计分析图。

(3)声波速度按工程部位及地质条件进行综合分析。

(4)根据岩体声波速度及其他检测成果,结合前期物探检测成果与地质资料,进行综合分析与统计,评价岩体质量,确定松弛深度。

(5)对所获得的声波速度、孔内成像检查成果,与设计单位地质人员共同分析,对岩体质量进行评价,复核岩体质量验收标准。

3.2.1.2　跨孔声波检测

跨孔声波法检测一般和单孔声波搭配使用,节约造孔成本。一般需要遵循如下要求。

1. 工作方法

跨孔声波测试采用水平同步观测方式,即发射探头和接收探头在孔中时,两者是一个高程。

2. 技术保证措施

(1)测试工作开始前应对声波仪器设备进行检查,内容包括触发灵敏度、探头性能、电缆标记等,测量孔口间距(精确到 0.01 m)。

(2)声波检测孔造孔完成后用清水冲洗钻孔,孔内不能有岩屑或掉块,以保证声波测试探头进出畅通。

（3）跨孔声波在成对钻孔间进行，采用水平同步观测方式。对低速区、异常区段进行加密或斜测，必要时进行 CT 检测。

（4）钻孔宜有井液耦合，现场采集声波原始波形初至清晰，易于判读，对穿距离应以保证接收信号清晰为前提。

（5）当钻孔有套管时，应将套管以外的空隙用水、砂土等填实。

（6）进行孔斜测量和孔距校正。

（7）测试宜从孔底向孔口测试，点距 0.50 m，电缆深度标识准确，并记录检测点距孔口深度（准确到 0.01 m），测试时每米（每 5 点）校对一次。

（8）在检测中，检查观测应不少于总检测量的 10%，检测结束后，对测试资料进行严格检查，不合格的资料立即进行重测。

3. 数据处理与资料解释

（1）数据处理：将原始数据从仪器中传出，然后进行数据编辑。零点校正、孔斜校正、高差校正、数据反演计算、成果图输出。

（2）资料解释：

①绘制声波曲线图、对声波速度按工程部位、检测目的及地质条件综合分析。

②当多个孔在同一剖面或断面时，波速曲线宜绘制在同一剖面或断面上。

③对同一测试区域单孔声波与对穿声波进行对比分析。

④根据同一位置或相互靠近的检查孔，对固结灌浆前后的声速进行对比分析，结合地质条件、岩性情况、钻孔压水试验等成果综合评价灌浆效果。

⑤根据灌前岩体声波速度及其他检测成果，结合前期物探检测成果与地质资料，进行综合分析与统计，评价岩体质量，确定松弛深度。

⑥对灌前所获得的声波速度、钻孔全景图像成果，与设计单位地质人员共同分析，对岩体质量进行评价，复核岩体质量验收标准。

⑦配合设计单位研究各部位固结灌浆效果检测的合格标准。

⑧配合相关验收工作。

3.2.1.3　钻孔全景数字成像检测

钻孔全景图像法检测可以直观地观察孔壁内岩石的完整性、裂隙分布情况等。

1. 工作原理

钻孔全景数字成像的基本原理是在井下设备中采用一种特殊的反射棱镜成像的 CCD 光学耦合器件将钻孔孔壁图像以 360°全方位连续显现出来，利用计算机来控制图像的采集和图像的处理，实现模-数之间的转换。图像处理系统自动对孔壁图像进行采集、展开、拼接、记录并保存在计算机硬盘上，再以二维或三维的形式展示出来，亦即把从锥面反射镜拍摄下来的环状图像转换为孔壁展开图或柱面图。现场工作时，由主机控制电机，控制下放或提升的探头的速度，计数器把深度信息传递给主机，同时主机接收来自探头的孔壁图像信息在软件界面上显示出来。

2. 数据采集方法及技术保证措施

（1）钻孔全景图像测试工作前，首先检查钻孔是否冲洗干净，孔壁是否有残留附着物，井液是否清澈透明。

（2）将三脚架与绞车、滑轮、井下探头等安装好后，与主机一起连接好，开机检查各项功能是否正常。

（3）测试前，先使用直径和重量略大于探头的探棍对测试孔进行探孔，预防测试过程中出现卡孔现象。

（4）测试时将探头下到钻孔内，采用探头扶正器，使探头居中。为了测试深度的可靠，以保证测井资料质量，将孔口图像的中心放在第一幅采集图像高度的中心点，孔口深度置零，由上至下进行图像采集。

（5）打开各项仪器电源，计算机打开图像采集软件，调出动态视频，观察孔壁图像是否清晰，微调控制器调焦按钮，使图像清晰度状态达到最佳水平。

（6）采集过程中时刻观测采集图像质量，对不合格的资料及时进行重测。

3.2.1.4　地震纵波速度检测

1. 检测目的

地震纵波速度检测主要用于边坡及趾板基础岩体、洞室围岩岩体、厂房建基面岩体和底板岩体质量等检测。

2. 工作方法与技术措施

1）工作方法

采用地震相遇观测系统，根据场地和激发能量大小采用 12 道或者 6 道排列，两端激发，点距 1～2 m。

2）技术措施

（1）首先进行道一致性试验，检查仪器工作是否正常、检波器性能是否一致。

（2）为了提高信噪比，野外工作时尽量改善激发和接收条件，检波器与岩体之间采用石膏固定，保持接触良好，且要求土建施工方配合，在无振动、无大的噪声等干扰情况下进行测试。

（3）震源选用锤击，并在测段两端敲击（纵波测试垂直开挖面敲击，横波测试垂直测线平行开挖面敲击），保证每段至少获取 2 张有效记录。

（4）准确测量、标记和记录检测点（精确到 0.01 m）。

（5）在洞室工作时，测线要布置在洞壁同一高度。

（6）对曲线剧变或跳跃剧烈的测点，进行重复观测。

3. 数据处理与资料解释

1）数据处理

根据岩体地震波测试纵、横波初至时间，采用单支时距曲线法解释，求得纵、横波波速 v_p、v_s，然后按下列公式计算岩体力学参数——动弹性模量 E_d、动剪切模量 G_d 及泊松比 σ。

$$\sigma = \frac{v_p^2 - 2v_s^2}{2(v_p^2 - v_s^2)} \qquad (3-1)$$

$$E_d = v_p^2 \rho \frac{(1+\sigma)(1-2\sigma)}{(1-\sigma)} \qquad (3-2)$$

$$G_d = v_s^2 \rho \qquad (3-3)$$

式中：σ 为岩石的泊松比；v_p 为岩体纵波速度，km/s；v_s 为岩体横波速度，km/s；E_d 为动弹性模量,GPa;G_d 为动剪切模量,GPa;ρ 为岩体密度,取 2.5 g/cm³。

岩体完整性系数:

$$K_v = (v_p/v_{pr})^2 \tag{3-4}$$

式中:v_p 为岩体纵波速度;v_{pr} 为新鲜岩块纵波速度,一般一种岩性一个波速,一个工区一个波速。

2)资料解释

(1)计算岩体力学参数,包括动弹性模量 E_d、动剪切模量 G_d 及泊松比 σ、岩体完整性系数 K_v。为地质、设计、监理在大坝两岸边坡及趾板岩体、厂房基础面岩体、引水系统洞壁岩体、泄洪洞洞壁岩体加固处理提供岩体力学参数和岩体完整性系数等参数。

(2)根据测得的地震波波速及获得的岩体力学参数,对被检测部位进行分段,划分岩体完整性,配合设计、监理给出的建议波速判别标准进行对比,指出不达标的部位。

(3)根据岩体速度及其他检测成果,结合前期物探检测成果与地质资料,进行综合分析与统计,评价大坝两岸边坡及趾板岩体、引水系统洞壁岩体、厂房基础面岩体、泄洪洞洞壁岩体的岩体质量及完整性划分。

(4)综合所获得的声波速度、钻孔全景图像成果,与设计单位地质人员共同分析,对岩体质量进行评价,复核岩体质量验收标准。

(5)配合基础开挖、洞室开挖等相关验收工作。

3.2.1.5　工程实例

羊曲水电站位于青海省海南州兴海县与贵南县交界处,工程的主要任务是发电,电站装机容量 1 200 MW,多年平均年发电量 45.3 亿 kW·h。枢纽主要由拦河大坝、泄洪建筑物和引水发电建筑物组成,挡水建筑物为混凝土面板堆石坝,最大坝高 150 m,工程规模为一等大(1)型工程,主要建筑物级别为 1 级,次要建筑物级别为 3 级。

物探检测工作包括大坝工程物探检测、引水系统工程物探检测、厂房系统工程物探检测、泄洪洞工程物探检测、溢洪道工程物探检测和相关配合验收工作。其中,大坝工程物探检测包括趾板岩体地震波速检测,厂房系统工程物探检测包括基础岩体表面地震波速检测、基础岩体松弛厚度声波检测。

右岸厂房基础位于微风化砂质板岩上,岩石完整性较好。为评价开挖后建基面岩体质量,为地质设计处理及验收提供依据,需要在开挖清理后的底板验收面内成网格布置地震纵波波速测试曲线,检测岩体纵波速度;同时为了掌握开挖造成的基础岩体松弛厚度,需要在开挖清理后的底板验收面内均匀布置单孔声波检测孔,孔深入岩 5 m。开挖分块分区进行,每开挖到基岩面,地震纵波速度检测紧跟着进行,检测完成后上浇混凝土垫层。地震纵波速度检测测线和单孔声波检测孔布置遵循检测孔均匀分布,地震测线间距 5 m,方格状布置。检测时地震激发采用锤击激发,多道接收,相遇时距曲线系统。

岩体质量检测进行了 4 次,地震纵波速度检测成果见表 3-1。根据地震纵波速度检测结果,按波速可分成 35 个测段。基岩岩体的地震波速度在 2.23~4.45 km/s,平均值 3.55 km/s;岩体完整性系数在 0.24~0.98,岩体完整性在较破碎-完整之间,其中岩体较破碎为 3 个测段,完整性差的有 9 个测段,较完整和完整的为 24 个测段,说明岩石以较完整-完整为主,这和前期的地质勘察结果相吻合。典型地震波速分布平面图见图 3-1。

表 3-1　电站厂房底板地震波速测试成果统计

测线号	桩号	地震波速 v/(km/s)	完整性系数	完整性评价
H1	厂下 0+027～厂下 0+031	2.88	0.41	完整性差
	厂下 0+031～厂下 0+034	2.56	0.32	较破碎
	厂下 0+034～厂下 0+037	3.08	0.47	完整性差
	厂下 0+037～厂下 0+040	3.18	0.50	完整性差
H2	厂下 0+027～厂下 0+029	4.37	0.94	完整
	厂下 0+029～厂下 0+033	3.30	0.54	完整性差
	厂下 0+033～厂下 0+040	4.13	0.84	完整
X1	厂右 0+066～厂右 0+069	2.61	0.34	较破碎
	厂右 0+069～厂右 0+073	3.50	0.61	较完整
X2	厂右 0+066～厂右 0+070	3.66	0.66	较完整
	厂右 0+070～厂右 0+073	2.23	0.24	较破碎
H3	厂下 0+027.2～厂下 0+035.2	3.47	0.60	较完整
	厂下 0+035.2～厂下 0+040.2	3.45	0.59	较完整
H4	厂下 0+027.2～厂下 0+037.2	3.20	0.51	完整性差
	厂下 0+037.2～厂下 0+040.2	3.03	0.45	完整性差
S3	厂右 0+34.85～厂右 0+42.85	3.03	0.45	完整性差
	厂右 0+42.85～厂右 0+46.85	3.16	0.49	完整性差
S4	厂右 0+34.85～厂右 0+40.85	3.86	0.74	较完整
	厂右 0+40.85～厂右 0+46.85	3.92	0.76	完整
H5	厂下 0+18.2～厂下 0+23.2	3.64	0.65	较完整
	厂下 0+23.2～厂下 0+27.2	3.41	0.58	较完整
H6	厂下 0+18.2～厂下 0+22.2	3.71	0.68	较完整
	厂下 0+22.2～厂下 0+27.2	3.53	0.61	较完整

续表 3-1

测线号	桩号	地震波速 v/(km/s)	完整性系数	完整性评价
S5	厂右 0+34.85~厂右 0+42.85	3.27	0.53	完整性差
	厂右 1+42.85~厂右 0+46.85	3.62	0.65	较完整
S6	厂右 0+34.85~厂右 0+40.85	3.89	0.75	较完整
	厂右 1+40.85~厂右 0+46.85	3.65	0.66	较完整
H7	厂下 0+2.0~厂下 0+8.0	4.25	0.89	完整
	厂下 0+8.0~厂下 0+11.0	4.45	0.98	完整
	厂下 0+11.0~厂下 1+16.0	3.93	0.76	完整
H8	厂下 0+2.0~厂下 0+9.0	4.27	0.90	完整
	厂下 0+9.0~厂下 0+16.0	4.10	0.83	完整
S7	厂右 0+34.85~厂右 0+40.85	4.21	0.87	完整
	厂右 1+40.85~厂右 0+46.85	3.91	0.75	较完整
S8	厂右 0+34.85~厂右 0+40.85	3.94	0.77	完整
	厂右 1+40.85~厂右 0+46.85	4.33	0.93	完整

注:新鲜基岩波速取 4.50 km/s。

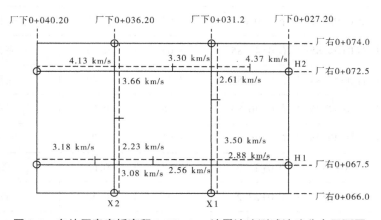

图 3-1　电站厂房底板高程 2 561.4 m 地震波速测试波速分布平面图

围岩松弛厚度单孔声波检测结果显示:检测孔的松弛厚度在 0.2~2.8 m,平均松弛厚度 1.6 m,对应波速在 1.52~3.92 km/s;其余孔段波速在 1.89~4.88 km/s;详细测试成果统计见表 3-2。典型波速曲线见图 3-2。

表 3-2　电站厂房底板高程 2 561.4 m 围岩松弛厚度单孔声波测试成果统计

孔号	深度/m	波速范围 $v/(km/s)$	平均波速 $v/(km/s)$	松弛厚度/m	说明
WT1	0.0~2.8	2.30~3.57	2.80	2.8	
	2.8~5.0	3.28~4.26	3.82		
WT2	0.0~1.8	1.77~3.70	2.36	1.8	
	1.8~5.0	3.33~4.44	3.95		
WT3	0.0~1.8	2.30~3.92	2.91	1.8	
	1.8~5.0	3.92~4.88	4.38		
WT3	0.0~1.6	2.00~3.33	2.34	1.6	
	1.6~5.0	2.50~4.26	3.57		
WT4	0.0~1.2	2.47~3.33	2.84	1.2	
	1.2~5.0	3.57~4.65	4.13		
WT5	0.0~2.0	1.72~2.35	2.21	2.0	
	2.0~5.0	3.51~4.17	3.83		
WT7	0.0~1.4	1.54~2.56	1.93	1.4	
	1.4~5.0	3.70~4.65	4.12		
WT8	0.0~1.4	1.75~2.56	2.13	1.4	
	1.4~5.0	2.33~4.17	3.51		
WT9	0.0~1.8	1.55~1.96	1.83	1.8	
	1.8~5.0	3.57~4.65	4.00		
WT13	0.0~2.0	1.52~3.18	2.16	2.0	
	2.0~5.0	3.39~4.44	3.98		
WT14	0.0~1.8	1.80~2.94	2.30	1.8	
	1.8~5.0	2.90~3.77	3.32		
WT15	0.0~0.6	2.15	—	0.6	
	0.6~5.0	2.53~4.26	3.49		
WT10	0.0~0.2	—	—	<0.2	
	0.2~5.0	3.77~4.88	4.40		
WT11	0.0~0.8	1.85~2.44	2.07	0.8	
	1.4~5.0	3.28~4.26	3.88		
WT12	0.0~1.4	1.75~2.44	2.15	1.4	
	1.8~5.0	1.89~4.65	3.45		

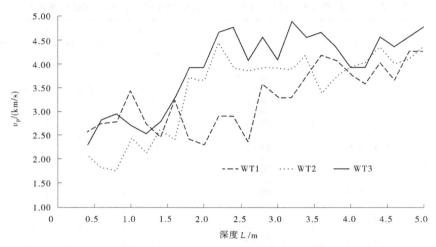

图 3-2　电站厂房底板高程 2 561.4 m 围岩松弛范围单孔声波测试波速曲线

3.2.2　灌浆工程

灌浆是通过钻孔(或预埋管),将具有流动性和胶凝性的浆液,按一定配比要求,压入地层或建筑物的缝隙中胶结硬化成整体,达到防渗、固结、增强的工程目的。灌浆按其作用可分为帷幕灌浆、固结灌浆、回填灌浆、接触灌浆、接缝灌浆、补强灌浆和裂缝灌浆等,按灌浆材料可分为水泥灌浆、黏土灌浆、沥青灌浆及化学材料灌浆等。

水电站工程的物探检测中,一般需要对固结灌浆、帷幕灌浆、回填灌浆、接触灌浆进行检测。主要检测内容和目的如下:

(1)固结灌浆检测。测试固结灌浆前后岩体波速值、弹性模量、变形模量的变化或通过钻孔全景数字成像等观测裂隙、裂缝的充填情况,检测方法主要为单孔声波、跨孔声波、钻孔全景数字成像、压水试验、变形模量等。

(2)帷幕灌浆检测。测试帷幕灌浆前后岩体波速值的变化或通过弹性波 CT、钻孔全景数字成像等观测裂隙、裂缝的充填情况,检测方法主要为单孔声波、跨孔声波、钻孔全景数字成像、压水试验、变形模量等。

(3)回填灌浆检测。利用地质雷达、注浆试验、垂直声波反射波法检测回填灌浆后混凝土与围岩之间是否存在不密实区及其位置、规模等。

(4)接触灌浆检测。利用垂直声波反射波法检测(冲击回波法)接触灌浆后基岩或混凝土与钢板之间是否存在不密实区及其位置、规模等。

3.2.2.1　检测方法

1. 压水试验

压水试验主要用于检查工程各部位固结灌浆及帷幕灌浆后岩体的透水率,评价固结灌浆和帷幕灌浆质量。

1)工作方法与技术措施

(1)钻孔及洗孔。

采用回旋钻具钻孔,按设计要求采用单塞法或双塞法。

钻孔压水试验必须将试验段和上部已经试验的孔段隔离开来,我们采用特制的橡胶栓塞,在 ϕ91 mm 钻孔中用 8 个栓塞中间加有钢质垫片作为止水栓塞,通过在试验过程中从工作管外测量孔内地下水变化情况,表明止水效果良好,可有效地将试验段与上部已经试验的孔段隔离。

压水试验采用钻杆作为工作管,钻杆接口在车制加工时很难绝对吻合,在长期使用过程中变形较大,可能成为试验用水渗漏的一个途径。在现场试验过程中,首先在钻杆接手部位缠绕止水胶带,然后扭紧钻杆,尽量减少试验用水从钻杆接口部位的渗漏。当钻孔到达压水试验位置后,下入压水试验工作管,先不加压力或采用较小的压力,放水冲洗 20 min 左右,即可达到钻孔压水试验中对钻孔冲洗的要求。

(2)压水试验方法。

压水试验分段进行,分段原则、压力值和设计要求或已批准的施工方案保持一致。压水试验时,调节回水阀门使压力尽可能接近每一个阶段设计压力,或者让设计压力居于压力变化范围的中间,每 5 min 或 2 min 记录一个流量,不少于 5 个数据,满足规程规范后停止。利用相关软件计算岩体透水率,同时绘制 P-Q(压力-流量)曲线,从而分析试验的准确性。

2)数据处理与资料解释

单点法压水试验成果直接按公式进行计算,五点法压水试验,取最大压力及相应流量透水率。需要注意的是,当地下水位在试段以上时,试验压力等于压力表指示压力与由压力表中心至地下水水位的水柱压力的代数和;当地下水位在试段以下时,试验压力等于压力表指示压力与由压力表中心至试段中点的水柱压力的代数和;当地下水位在试段以内时,试段压力等于由压力表中心至地下水位以上的试段的中点的水柱压力的代数和。

透水率单位吕荣(Lu)的意义是,当试验压力为 1 MPa,每米试验的压入流量为 1 L/min 时,该试段透水率为 1 Lu。试段透水率取两位有效数字。

将试验结果和设计要求的透水率值进行比较,由此判断灌浆效果是否达到预期。

2. 变形模量

钻孔变形模量法主要用于检测引水系统钢衬段固结灌浆后岩体的变形模量,并通过回归分析建立岩体声速与变形模量的相关关系。

1)方法原理

钻孔弹性(变形)模量测试采用钻孔千斤顶法。工作原理是通过油泵推动探头上的刚性承压板给钻孔壁施加一对径向压力,同时测量相应的孔径变形,并依据压力-变形曲线计算岩体的弹性(变形)模量。钻孔弹性(变形)模量测试的优点是轻便、灵活,可以在复杂的岩层中在不同的位置、不同的方向进行测试,可评价岩体的各向异性。

测点间隔一般为 1 m,具体根据现场钻孔岩芯等情况确定。测试分 7~10 级加压,加压方式为逐级一次循环法。测试方法和技术按《水电水利工程岩石试验规程》(DL/T 5368—2007)执行。

2)检测钻孔布置

钻孔变形模量一般安排在引水系统钢衬段,固结灌浆质量变形模量检测孔垂直岩壁,孔径为 76 mm,均布在检测区域或按设计要求布置,变形模量检测孔同时进行单孔声波检测。

3)工作方法及技术措施

钻孔弹性(变形)模量测试采用钻孔千斤顶法,测点间隔一般为 1~2 m。通过测试岩体在不同压力下的变形计算岩体弹性模量和变形模量。测试分 7~10 级加压,加压方式为逐级一次循环法。岩体变形参数按国际岩石力学学会测试方法专委会推荐公式计算:

$$E = K_1 \times K_2 \times r(\nu, \beta) \times H \times D \times \Delta P / \Delta D \tag{3-5}$$

式中:E 为变形模量或弹性模量,GPa,当以径向全变形 ΔD_0 代入式(3-5)中计算时为变形模量 E_0,当以径向弹性变形 ΔD_e 代入式(3-5)中计算时为弹性模量 E_e;K_1 为变形标定系数;K_2 为三维效应系数;$r(\nu, \beta)$ 为与泊松比 ν 及承压板接触角 β 有关的函数;H 为油压系数;D 为钻孔直径,mm;ΔP 为计算压力,即测试压力与初始压力量之差,MPa;ΔD 为钻孔岩体径向变形,mm。

4)数据处理与资料解释

通过计算,得出各测点弹性(变形)模量值后,结合钻孔岩性,进行统计分析,结合钻孔波速资料、地质资料评价灌浆效果,并通过回归分析建立岩体声速与变形模量的相关关系。

3. 冲击回波法

冲击回波主要用于检测高压管道上平段、中平段、下平段、钢岔管、支管和尾水支管钢衬段的钢衬与混凝土的脱空情况,评价钢衬接触灌浆质量。

1)工作方法与技术措施

(1)工作原理。在金属结构表面施加一瞬时冲击,冲击产生的应力波向金属和混凝土内部传播,在遇到其他介质形成的界面时形成反射,通过放置在金属结构表面的传感器接收应力波的反射回波信号,对信号进行频谱分析,即可得到回波频率 f,当应力波速度为 v_p,应力波来回反射一次的周期为 $2h/v_p$(h 为厚度),其频率为 $f = v_p/(2h)$,通过公式 $h = v_p/(2f)$ 计算厚度 h。

(2)工作方法。采用冲击回波法进行测量,点距 0.2 m;根据冲击回波能量、高压管道钢衬的厚度,综合判断脱空缺陷和程度。

(3)数据采集及技术措施。进场前,首先对仪器设备进行检定;然后在测试前,设置仪器参数,采样点数≥1 024,填写好记录班报;选择典型区域进行对比试验,确定冲击器冲击能量、频率,选择仪器采样时间间隔,确保冲击回波波形清晰,无削波;现场检测时,传感器与钢衬采用黄油耦合,测点间距为 20 cm。

2)数据处理与资料解释

(1)数据处理:第 1 步,将数据从仪器中传出,进行频谱分析,分别计算冲击回波能量和主频;第 2 步,输出打印频谱曲线。

(2)资料解释:根据冲击回波波形特征、回波能量和 FFT 曲线,综合分析判断脱空缺陷及程度;根据高压管道钢衬结构特点,识别脱空缺陷及程度;绘制脱空范围图和脱空位置表;检测压力管道钢衬段、蜗壳及肘管接触灌浆质量,确定脱空缺陷及程度,指导修补施工;配合接触灌浆验收。

4. 地质雷达

地质雷达在检测隧洞钢筋混凝土衬砌的同时,可检测衬砌与围岩之间回填灌浆的充填情况,一般为回填后 3~7 d 进行检测,然后对发现的空洞区域进行圈定,根据设计要求对较大的空洞区域进行补充灌浆,然后再次进行检测,确定缺陷已消除。

1) 工作原理与技术措施

(1) 工作原理。

地质雷达是一种地球物理探测方法,它由地面发射电磁波到地下,接收反射波,根据反射波的旅行时间、幅度与波形资料,通过图像处理和分析,确定地下界面和目标体的空间位置或结构,提供近地表介质特性和结构的高分辨率信息。

(2) 技术措施。

①检测前,在现场选取一段进行试验,由此确定仪器的各项参数及介电常数。

②观测过程中,保持工作天线的平面与探测面基本平行,距离相对一致。

③外业工作时,每 1 m 标记一次,与实际桩号对应,便于以后处理资料标定距离;将仪器与天线连接好,清理所探测部位的障碍物,以保证天线在相应测线位置能够紧贴洞表面进行连续探测,调整仪器参数,沿测线方向测量。

④记录标注应与测线桩号一致。采用自动标注时,应避免标注信号线的干扰;采用测量轮标注时,应每 2 m 校对一次。

2) 数据处理与资料解释

(1) 数据处理。

根据收集的已有资料,进行计算分析。数据处理采用 SIR-3000 地质雷达系统的原配软件及其他分析处理软件。主要处理步骤如下:①扫描文件编辑。文件测量方向统一,切掉多余信息,编辑文件头。②数据预处理。包括数据合并,测线方向归一化,漂移处理等。③常规处理。包括各种数字滤波,反滤波等。④图像增强。包括振幅恢复,道内均衡,道间平均等。

(2) 资料解释。

①异常反射界面的判别原则。在现场检测过程中,地质雷达波形千变万化,波形判别上需要具体情况具体分析,由于基岩与裂隙发育区的充填物(空气、水、碎石土等)在物性上差异很大,所以在其接触面上会有一强反射波,通过对雷达图像上振幅、相位的分析,可以看到当下部基岩比较完整时,检测的雷达图像呈水平层状,反射信号幅度较弱,甚至没有界面反射波;当基岩中有裂隙发育区或不均匀的地质体时,检测的雷达图像有较强的不均匀反射波出现,在雷达图像上出现较强的界面反射信号,呈不连续、较分散的弧形反射信号,表明基岩中有不均匀的地质体存在,与前后的反射信号明显不一致。

②检测洞室钢筋混凝土衬砌质量及回填灌浆效果,确定沿测线的缺陷区域及缺陷性质,指导修复施工。

5. 单孔地震波测试

1) 工作原理

地震波在密实度不同的介质中传播时其速度是不同的,利用人工激发的地震波从一定深度地下传播到地面所用时间的不同,计算出地震波纵波速度,从而判断地下介质的情况。

工作中,单孔地震波测试为离井口一定距离处激发,一般不超过 1.0 m,串检波器在孔中接收,点距 1.0 m。

2)技术措施

(1)在已知条件下,进行方法有效性试验,选定仪器参数,确定记录长度。

(2)为了提高信噪比,野外工作时尽量改善激发和接收条件,激发板与地面尽量耦合紧密,检波器应处于水中。

(3)野外记录控制严格按照《水电工程物探规范》(NB/T 10227—2019)要求进行。

6. 地震波 CT 和对穿

1)工作原理

地震波 CT:通过人为产生的地震波穿过工程探测对象,从而达到探测其内部异常(物理异常)的一种地球物理反演技术。地震波在被检测体中的传播速度与其构成的成分、密实度等密切相关。波速高的区域,地层密实,说明灌浆效果好;波速低的区域,地层松散,说明灌浆效果差。这就是地震波 CT 检测灌浆效果的基本原理。

现场工作操作为:A 和 B 为两个有一定间距的垂直钻孔。检测时,先在 A 孔中某一位置处激发弹性波,并在 B 孔中 n 个等间隔位置处接收,可测得 n 个弹性波旅行时;然后,按一定规律移动激发点或接收点的位置,直到完成预先设计好的"观测系统"。若整个"观测系统"共激发 m 次,则可测得 $m \times n$ 个弹性波旅行时,据此信息,利用计算机做反演计算,即可得到被检测体内部的波速图像。

综上所述,用地震波 CT 检测灌浆效果的步骤是:首先,用地震波扫描被检测覆盖层,得到多个弹性波旅行时;然后,利用计算机作反演计算,得到被检测体内部的波速图像;根据波速分布特征,判断灌浆的效果。

地震波对穿:是在一个孔中的某个位置激发,在另外一个孔的相同深度位置处接收,两孔间距离一定,每次激发仪器就会接收到一个由激发点到接收点的地震波传播时间,由此可以得到两孔间此深度处的地震波波速,然后同时移动激发点和接收点向上或者向下,就可以测出两孔间各个深度处的地震波波速,由此检测灌浆效果。

2)现场工作

观测系统:激发点距和接收点距均为 1.0 m,地震波 CT 为 1 点激发、多道接收的观测系统(接收道根据钻孔深度而定),地震波对穿为 1 点激发,1 点接收。

扫描方式:CT 扫描时,激发孔 1 点激发,接收孔多点接收,逐一完成激发孔各点的激发工作,直至完成整个观测系统;地震波对穿时,为 1 点激发,1 点接收,同时移动,直至完成整个孔的扫描。

3)技术措施

(1)工作时,激发点和接收点的位置要保证正确。

(2)激发孔和接收孔的距离确保正确。

(3)对穿时激发点和接收点同时移动。

7. 声波 CT

声波 CT 的工作原理和地震波 CT 一样,同属于弹性波 CT,区别在于声波 CT 的穿透能力比地震波 CT 弱,但是精度比地震波 CT 要高,适合于孔间距较小的检测工程。

3.2.2.2 坝基河床覆盖层固结灌浆效果检测

泸定水电站位于四川省甘孜藏族自治州泸定县境内,为大渡河阶梯开发的第 12 个电站。水库总库容 2.4 亿 m^3,正常蓄水位为 1 378.00 m,具有日调节能力,调节库容 0.22 亿 m^3。拦河大坝采用黏土心墙堆石坝,电站开发任务主要为发电,电站装机容量 920 MW。黏土心墙堆石坝坝轴线长约 532 m,坝顶高程 1 385.50 m,最大坝高 81.50 m,坝顶宽 12 m。

为了降低由于心墙基础不均匀变形或变形过大而引起的坝基灌浆廊道和混凝土防渗墙开裂、坝基灌浆廊道间相对位移过大风险,对心墙基础回填洞渣料及覆盖层基础进行固结灌浆处理。为检查灌浆质量,采用了 2 种物探方法:一是灌浆前和灌浆后采用地震波波速对比;二是灌浆后在指定区域进行荷载试验,测定允许承载力 [R] 值、变形模量 E_0 指标。

1. 坝址区地质情况

坝址区河床覆盖层深厚,层次结构复杂,一般厚度 120~130 m,最大厚度 148.6 m。根据物质组成、分布情况、成因及形成时代等,河谷及岸坡覆盖层自下而上(由老至新)可划为 4 层 7 个亚层。

第①层:漂(块)卵(碎)砾石层。系晚更新世冰水堆积(Q_3^{fgl}),分布于坝址区河床底部。厚度 25.52~75.31 m,顶板埋深 52.12~81.8 m。该层粗颗粒基本形成骨架,结构密实。

第②层:系晚更新世晚期冰缘冻融泥石流、冲积混合堆积($Q_3^{prgl+al}$),主要分布于河床中下部及右岸谷坡,分为三个亚层。

②-1 亚层:漂(块)卵(碎)砾石层夹砂层透镜体。物质组成及性状与第①层基本相同。厚度 26.25~28.06 m,顶板埋深 46.2~56.8 m。

②-2 亚层:碎(卵)砾石土层。呈灰绿色或灰黄色,主要分布于上坝址。厚 8.2~79.45 m,顶板埋深 1.85~68.2 m。局部见砂层或粉土层透镜体。结构较密实。

②-3 亚层:粉细砂及粉土层,呈透镜状展布于上坝址河谷中下部。厚 6.52~32.8 m,顶板埋深 29.68~39.36 m。以粉细砂为主,底部见粉土层。

第③层:系冲、洪积堆积(Q_4^{al+pl}),分为两个亚层。

③-1 亚层:含漂(块)卵(碎)砾石层。展布于坝址右岸Ⅰ级阶地和河谷中部。厚度 5.0~39.36 m,顶板埋深 0~39.36 m。粗颗粒成分以弱风化花岗岩、闪长岩为主,少量辉绿岩。局部呈透镜状成层产出,结构密实。

③-2 亚层:砾质砂层。不连续分布于上坝址横Ⅱ线Ⅰ级阶地浅表部。厚度 8.3 m,以中粗砂为主,含量约 70%。余为砾石,次圆状为主。

第④层:冲积(Q_4^{al})堆积的漂卵砾石层。分布于坝址区现代河床表部及漫滩地带,厚度 5.6~25.5 m,结构较密实。

2. 地球物理特征

坝址区属于覆盖层,可灌性强,防渗要求高,浆液容易受渗漏水影响流失;灌浆前地震波速多在 1.36~1.56 km/s;灌浆后浆液如果可以有效凝固,波速提高比较明显。

3. 检测方法与技术

地震波速测试采用单孔地震波测试、地震波 CT 和地震波对穿。使用的仪器设备主要是美国生产的 NZ24 工程地震仪,多道压晶体型串式拾震器接收,单孔地震波测试采用锤击激发,CT 和对穿使用 LDZ20-10 电火花震源。

4. 检测点布置

坝基河床段覆盖层固结灌浆共布置 22 排×75 列孔,孔排距均为 3 m×3 m。坝轴线上游固结灌浆深度为 10 m,孔深 12 m,非灌浆段深度(孔口管部分)2.0 m。坝轴线下游为 12 排,固结灌浆深度为 12 m,孔深 14 m,非灌浆段深度(孔口管部分)2.0 m。

为了早日给河床段灌浆廊道混凝土施工提供工作面,将基坑固结灌浆划分两个区。以大坝混凝土防渗墙为中心线展开,上、下游各四排孔,总共八排孔作为 I 区;除这八排孔外的上、下游其他孔全部作为 II 区,先灌 I 区后灌 II 区。

I、II 区自左向右划分为 4 个单元,分别为:1 单元,桩号 0+80.5～0+140.5;2 单元,桩号 0+140.5～0+200.5;3 单元,桩号 0+200.5～0+260.5;4 单元,桩号 0+260.5～0+305.31。

灌浆前测试孔根据平均分布的原则选取,共选择 32 个;灌浆后单孔地震波测试 4 孔,地震波对穿测试 8 组,地震波 CT 测试 4 组。

5. 资料解释

1) 单孔地震波测试

首先,读出每张记录上各个检波点的初至时间 T_i;其次,选择被检测段内检波点,用其中相邻的两个检波点的距离 D 除以这两个检波点之间的初至时间差 Δt,其结果就是所求的地震波波速 v_p。

2) 地震波对穿

首先读出每张记录上各个检波点的初至时间 T_i;然后用已知的孔与孔之间的距离 d 除以初至时间 T_i,就能得到测试孔各个激发点与相应接收点之间的地震波速度。

3) 地震波 CT

资料解释是根据外业扫描所取得的数据,利用计算机技术反演被检测体内部的速度场,其核心任务是建立和解算一组大型稀疏多元线性方程组。本工程层析成像采用 SCT 软件,该软件采用最新设计思想,二阶阻尼 SIRT 算法,能够选用直线和曲线两种方法成像,可随时显示和打印色谱图,能更好地提高成像精度。在成像处理时,着重注意了以下两个问题:

(1)单元划分,首先取 1 m×1 m 网格,进行反演,至误差较小时,再加格细分进行反演处理,直至误差很小且不再减小时,结束计算。

(2)反演过程中,始终采用二阶阻尼,单元波速限高不限低。

6. 检测成果

灌前地震波速度在 1.36～1.56 km/s,平均地震波波速为 1.44 km/s;灌后地震波速度为 1.78～3.14 km/s,平均地震波速度为 2.27 km/s。灌浆后地震波速度比灌前平均提高 57.64%。

(1)灌浆前测试了 32 孔,全部为单孔地震波测试。地震波速度在 1.36～1.56 km/s,平均地震波波速为 1.44 km/s。具体为:

1 单元:地震波速度范围为 1.36~1.56 km/s,平均地震波速度为 1.47 km/s;

2 单元:地震波速度范围为 1.38~1.48 km/s,平均地震波速度为 1.45 km/s;

3 单元:地震波速度范围为 1.37~1.46 km/s,平均地震波速度为 1.42 km/s;

4 单元:地震波速度范围为 1.38~1.44 km/s,平均地震波速度为 1.41 km/s;

坝基河床段固结灌浆前地震波测试成果见表 3-3。

表 3-3 坝基河床段固结灌浆前地震波测试成果

位置	孔号	波速/(km/s)	位置	孔号	波速/(km/s)
1单元	GGHC-1-A2-1	1.51	2单元	GGHC-2-A19-33	1.48
	GGHC-1-A8-5	1.49		GGHC-2-A19-41	1.38
	GGHC-1-A10-5	1.42	3单元	GGHC-3-A1-47	1.37
	GGHC-1-A11-5	1.43		GGHC-3-A5-59	1.43
	GGHC-1-A11-17	1.47		GGHC-3-A7-53	1.43
	GGHC-1-A13-17	1.49		GGHC-3-A9-43	1.40
	GGHC-1-A14-11	1.48		GGHC-3-A11-56	1.43
	GGHC-1-A15-1	1.56		GGHC-3-A15-49	1.45
	GGHC-1-A18-9	1.36		GGHC-3-A15-51	1.45
2单元	GGHC-2-A3-31	1.47		GGHC-3-A16-61	1.38
	GGHC-2-A7-25	1.48		GGHC-3-A20-59	1.46
	GGHC-2-A11-27	1.43		GGHC-3-A21-57	1.42
	GGHC-2-A12-25	1.46	4单元	GGHC-4-A2-67	1.38
	GGHC-2-A13-27	1.47		GGHC-4-A9-69	1.44
	GGHC-2-A14-33	1.46		GGHC-4-A14-63	1.41
	GGHC-2-A15-39	1.40		GGHC-4-A19-67	1.40

(2)灌浆后。单孔地震波测试 4 孔 147.0m,地震波对穿 8 组 164 检波点·炮,地震波 CT 4 组 468 检波点·炮。

①单孔地震波测试:

GGHC-1-A6-15 孔,激发点距离孔口 0.4 m、1.0 m 和 1.5 m 时的地震波波速为 2.15 km/s、2.11 km/s 和 2.05 km/s。

GGHC-1-A19-9 孔,激发点距离孔口 0.4 m、1.0 m 和 1.5 m 时的地震波波速为 2.10 km/s、2.08 km/s 和 1.89 km/s。

　　GGHC-3-A4-57 孔,激发点距离孔口 0.4 m、1.0 m 和 1.5 m 时的地震波波速为 2.10 km/s、2.11 km/s 和 2.00 km/s。

　　GGHC-3-A20-59 孔,激发点距离孔口 0.4 m、1.0 m 和 1.5 m 时的地震波波速为 2.14 km/s、2.53 km/s 和 2.31 km/s。

　　由上可见,激发点随距离孔口的距离变大波速变低,但也有例外情况。

　　②地震波对穿测试:地震波波速为 1.88~3.01 km/s,平均地震波波速为 2.46 km/s。坝基河床段固结灌浆后地震波对穿成果见表 3-4。

表 3-4　坝基河床段固结灌浆后地震波对穿测试成果

序号	对穿孔号	波速/(km/s)	平均波速/(km/s)	说明
1	GGHC-1-A6-14 与 GGHC-1-A6-15	1.88~3.00	2.46	1 单元
2	GGHC-1-A19-8 与 GGHC-1-A19-9	2.09~2.46	2.28	
3	GGHC-2-A5-39 与 GGHC-2-A6-38	2.39~3.01	2.67	2 单元
4	GGHC-2-A17-33 与 GGHC-2-A17-34	2.09~2.91	2.45	
5	GGHC-3-A4-58 与 GGHC-3-A4-57	2.29~2.53	2.40	3 单元
6	GGHC-3-A20-58 与 GGHC-3-A20-59	2.19~2.67	2.45	
7	GGHC-4-A6-69 与 GGHC-4-A6-70	2.23~2.53	2.44	4 单元
8	GGHC-4-A20-70 与 GGHC-4-A20-71	2.31~2.77	2.51	

　　③地震波 CT 测试:测试的孔号分别为 GGHC-1-A6-14 和 GGHC-1-A6-15 之间(14-15 组)、GGHC-2-A5-39 和 GGHC-2-A6-38 之间(39-38 组)、GGHC-2-A17-33 和 GGHC-2-A17-34 之间(33-34 组)以及 GGHC-4-A6-69 和 GGHC-4-A6-70 之间(69-70 组)。

　　两孔之间大部分区域的地震波波速都在 2.00~3.00 km/s。相对而言,孔底部的波速要比上部的低些。

　　综合以上分析,得到灌浆后各单元的地震波速度范围及平均速度如下:

　　1 单元:地震波速度范围为 1.78~3.07 km/s,平均地震波速度为 2.15 km/s。

　　2 单元:地震波速度范围为 1.96~3.14 km/s,平均地震波速度为 2.53 km/s。

3 单元:地震波速度范围为 2.00~2.78 km/s,平均地震波速度为 2.27 km/s。

4 单元:地震波速度范围为 2.23~2.77 km/s,平均地震波速度为 2.48 km/s。

与灌浆前相比,1~4 单元平均地震波速度依次提高了 46.26%、74.48%、59.86% 和 75.89%。

7. 检测结论

(1)坝基河床段覆盖层固结灌浆效果明显,灌浆后覆盖层平均地震波速度在 2.00 km/s 以上,平均承载力特征值大于 1 000 kPa,平均变形模量大于 80.0 MPa。

(2)灌浆前地震波速度在 1.36~1.56 km/s,平均地震波波速为 1.44 km/s;灌浆后地震波速度为 1.78~3.14 km/s,平均地震波速度为 2.27 km/s。灌浆后地震波速度比灌浆前平均提高 57.64%。

3.2.2.3　洞室固结灌浆效果检测

1. 概况

1)工程概况

四川岷江紫坪铺水利枢纽工程,是国家实施西部大开发的标志性工程,为大(1)型水利枢纽。该工程以农业灌溉、城市供水为主,兼有发电、防洪、生态保护等功能。紫坪铺水利枢纽工程为混凝土面板堆石坝,最大坝高 156 m,正常蓄水位 877.0 m,总库容 11.12 亿 m³,总装机容量 76 万 kW。工程枢纽区水工建筑物包括坝后地面厂房(4 台机组)、紧邻右坝端的开敞式溢洪道、4 条引水发电洞、1 条冲沙隧洞和 2 条导流隧洞改造而成的泄洪排沙隧洞,都布置在右岸。

1# 泄洪排沙隧洞全长 812.35 m,洞身长 694.38 m,洞室围岩固结灌浆工程共分为 8 个单元,1~3 单元位于龙抬头段,固结灌浆环(排)间距为 3.0 m,呈梅花形布孔,每环 22 个孔;设计灌浆深度为进入基岩 15.0 m,一次成孔,分 4 段灌浆;最大灌浆压力为 3.0 MPa。4~6 单元位于 F3 断层及影响带范围内,固结灌浆环(排)间距为 3.0 m,呈梅花形布孔,每环共 12 个孔;设计灌浆深度为进入基岩 25.0 m,分 6 段成孔,分 6 段灌浆;最大灌浆压力为 2.5 MPa。7~8 单元位于出口平洞段,固结灌浆环(排)间距为 3.0 m,呈梅花形布孔,每环 12 个孔;设计灌浆深度为进入基岩 25.0 m,一次成孔,分 6 段灌浆;最大灌浆压力为 2.5 MPa。

2008 年 5 月 12 日汶川特大地震发生后,1# 泄洪排沙洞受到震损,四川省紫坪铺开发有限公司对其进行固结灌浆加固,为保证其灌浆效果,对泄洪排沙隧洞进行固结灌浆效果检测工作。

检测要求选用单孔声波测试法进行震损修复固结灌浆效果检测。声波测试分为灌前声波测试和灌后声波测试,灌前声波测试在灌浆中进行,测试工作量占总工作量的 5%。灌后声波测试分为 2 部分:一部分为原灌前声波测试孔经灌浆达到龄期后,由施工方完成扫孔后进行声波对比测试,测试工作量与灌前测试工作量一致;另一部分灌后测试孔由监理工程师根据现场实际情况随机进行布置,位置和数量以监理工程师现场指定的位置和数量为准。

检测采用的仪器为 RS-ST01C 型非金属声波检测仪,该仪器是集电子技术、计算机技术、声发射技术于一体的具有低耗、高效、稳定、便携等优点的新一代智能化测试仪器,配接国内外各种通用的换能器。现场声波采集和读数精度为 1 μs,采用单发双收 FSS-40型测井换能器,中心频率为 40 kHz。

2)地质简况

1#泄洪排沙洞穿过沙金坝倾伏向斜的砂岩地层,并穿过宽大的 F3 断层破碎带。根据泄洪洞开挖揭露的工程地质条件,1#泄洪排沙洞 V 类围岩占 44.6%,Ⅳ类围岩占 13.7%,Ⅲ类围岩占 40.3%,Ⅱ类围岩仅占 1.4%。

桩号 0+059.00~0+067.00,该洞段为中厚层状含煤中细粒砂岩夹厚 1~2 m 泥质粉砂岩和煤质页岩;属弱风化带上段,岩体卸荷强,裂隙发育,普遍充填次生黄泥,裂面风化晕、锈膜、夹泥等普遍存在,围岩稳定性差。此段围岩为 V 类。

桩号 0+067.00~0+170.00,该洞段为中厚层含煤砂岩夹部分薄层泥质粉砂岩、煤质页岩。桩号 0+067.00~0+072.00 为 V 类围岩,桩号 0+072.00~0+127.00 为 Ⅳ 类,桩号 0+127.00~0+170.00 为 Ⅲ 类。

桩号 0+170.00~0+193.45 洞段岩性为厚层含煤砂岩夹部分泥质粉砂岩煤质页岩,围岩类别为 Ⅲ~Ⅳ 类。

桩号 0+193.45~0+460.83 洞段为中厚层含煤砂岩夹 1~2 层薄层泥质粉砂岩煤质页岩,岩石较新鲜,裂隙发育一般。围岩以 Ⅲ 类为主,部分为 Ⅱ、Ⅳ 类。

桩号 0+460.83~0+606.52 洞段为 F3 断层带及断层影响带,断层主带宽 80 m,由片状岩、糜棱角砾岩、断层泥等组成,挤压柔皱强烈,错动镜面发育,软弱破碎,遇水扰动呈塑流状,成洞条件极差,属 V 类围岩。

桩号 0+606.52~0+760.95 洞段水平和垂直埋深多数仅有 1~2 倍洞径。围岩为细砂岩、泥质粉砂岩及煤质页岩互层,岩相变化很大,属 V 类围岩。

2.检测成果分析

1)资料评价

在现场测试过程中,随机抽取 11 个孔进行检查观测。平均相对误差为 1.15%,满足规范要求。

2)成果分析

成果分析分为单元分析和整体分析以及岩性分析。单元分析针对每个检测单元进行数据结果的分析,分析内容包括基本地质信息、工作量信息、检测波速范围值、灌后波速提高率以及对比图等;整体分析是对所有被检测单元的成果进行汇总,总结其灌浆前后波速范围、提高率等;岩性分析是以岩性为主,对检测数据进行总结。典型分析如下:

(1)单元分析。

4 单元岩性以含煤中细砂岩、煤质页岩为主,共布置灌浆孔 10 环 120 个孔,总灌浆进尺 3 000.0 m。4 单元完成灌前声波测试 6 孔 150.0 m,完成灌后声波测试 11 孔 270.0 m,其中灌后 6 孔 150.0 m 位于灌前测试孔原孔位,其余 5 孔 120.0 m 为监理指定灌后检查孔。灌前声波测试工作量和灌后声波测试工作量分别占该单元灌浆总量的 5.0% 和 9.2%。

灌前各孔声波速度平均值为 2 105~3 904 m/s,灌前 6 孔声波速度平均值、最大值、最小值、中位数分别为 2 819 m/s、4 762 m/s、1 613 m/s、2 353 m/s;灌后各孔声波速度平均

值为 2 237~4 204 m/s,灌后 11 孔声波速度平均值、最大值、最小值、中位数分别为 3 115
m/s、4 762 m/s、2 151 m/s、3 125 m/s,相对于灌前,提高百分比分别为 10.5%、0、33.3%、
32.8%。

灌后原孔位各孔声波速度平均值为 2 239~4 204 m/s,同一孔位灌后较灌前声波速度
平均值提高百分比为 6.4%~11.2%,灌后 6 孔声波速度平均值、最大值、最小值、中位数
分别为 3 050 m/s、4 762 m/s、2 151 m/s、2 439 m/s,相对于灌前提高百分比分别为 8.2%、
0、33.3%、3.7%。

灌后监理指定检查孔各孔声波速度平均值为 2 237~4 187 m/s,其 5 孔声波速度平均
值、最大值、最小值、中位数分别为 3 193 m/s、4 762 m/s、2 151 m/s、3 125 m/s,相对于灌
前,提高百分比分别为 13.3%、0、33.3%、32.8%。

（2）整体分析。

隧洞 8 个单元灌前 73 孔声波速度平均值、最大值、最小值分别为 3 414 m/s、5 128
m/s、1 504 m/s。

隧洞 8 个单元灌后 142 孔声波速度平均值、最大值、最小值分别为 3 680 m/s、5 128
m/s、2 151 m/s,灌后较灌前提高百分比为 7.8%、0、43.0%。

隧洞 8 个单元灌后同孔位 73 孔声波速度平均值、最大值、最小值分别为 3 673 m/s、
5 128 m/s、2 151 m/s,灌后较灌前提高百分比为 7.6%、0、43.0%。

隧洞 8 个单元灌后监理指定检查孔 69 孔声波速度平均值、最大值、最小值分别为
3 688 m/s、5 128 m/s、2 151 m/s,灌后较灌前提高百分比为 8.0%、0、43.0%。

（3）岩性分析。

①煤质页岩。灌前声波速度均值为 2 113 m/s,灌后声波速度均值为 2 257 m/s,提高
6.8%。由图 3-3 可以看出,灌前曲线形态较为平坦,峰值较低,低波速段测点所占百分比
大;灌后曲线形态较为尖锐,峰值变大,低波速段测点所占百分比有所减小,高波速段测点
所占百分比有所增大。

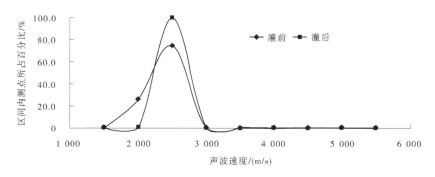

图 3-3　煤质页岩固结灌浆前后对比

②含煤中细砂岩。灌前声波速度均值为 3 975 m/s,灌后声波速度均值为 4 323 m/s,
提高 8.7%。由图 3-4 可以看出,灌前曲线形态较为平坦,峰值较低,低波速段测点所占百
分比大;灌后曲线形态较为尖锐,峰值变大,低波速段测点所占百分比有所减小,高波速段
测点所占百分比有所增大。

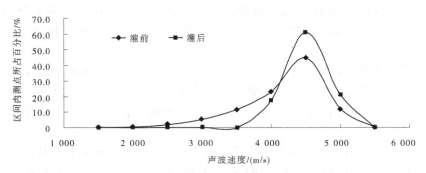

图 3-4　含煤中细砂岩固结灌浆前后对比

由以上分析可见,各种岩性均存在相似规律:灌浆后低波速百分比普遍减小,高波速百分比普遍增加,波速分布曲线形态变窄,峰态值增加。

3. 结论

总地来说,灌后声波速度平均值为 3 680 m/s,较灌前提高百分比为 7.8%;同孔位灌后声波速度平均值为 3 673 m/s,较灌前提高百分比为 7.6%;灌后监理指定检查孔声波速度平均值为 3 688 m/s,较灌前提高百分比为 8.0%。

岩体力学性质发生变化,煤质页岩灌后声波速度平均值为 2 257 m/s,较灌前平均波速提高 6.8%;含煤中细砂岩灌后声波速度平均值为 4 323 m/s,较灌前平均波速提高 8.7%。

通过固结灌浆,各单元灌后声波速度值较灌前均有一定幅度提高,低波速点明显减少,岩体力学性能得到一定程度改善。

3.2.2.4　压力钢管接触灌浆质量检测

1. 概况

1)工程概况

江苏句容抽水蓄能电站为一等大(1)型工程,其主要建筑物按 1 级建筑物设计。电站装机容量 1 350 MW(6×225 MW),日蓄能量 607.5 万 kW·h。多年平均抽水电量 18 亿 kW·h。枢纽工程主要建筑物由上水库、下水库、输水系统、地下厂房和开关站等组成。

2)设计简况

输水系统主要包括上库进/出水口、引水上平洞、引水调压室、引水竖井、引水下平洞、引水钢岔管、引水支管、尾水隧洞、下库进/出水口等。

引水系统采用三洞六机的布置方式,平面呈"Y"形。尾水系统采用单洞单机布置,平面呈直线且平行,长约 232.61 m,直径 6.8 m,方位角为 N28°E。尾水隧洞和下库进/出水口采用 45°斜井连接,高差约为 50.27 m。

3)地质简况

尾水隧洞上覆岩体厚度 30~185 m,围岩为震旦系灯影组(Z_2dn)内碎屑白云岩,微风化-弱风化,岩体完整性差-较完整,岩层产状为 N40°~55°E,SE∠40°~50°,岩层倾向右壁偏上游,中等岩溶发育层组。断层岩脉发育,其中 F84、F94、F26、F24、F20、F23、F19 等规模较大且与洞线交角大;F85、F88、F86、F33、F32、F17、F16 等规模较小,也与洞线大角度相交,倾角陡,闪长玢岩脉呈近平行侵入,除断层带有岩脉侵入外,还发育 $\delta\mu36$、$\delta\mu37$、$\delta\mu34$ 等岩脉,最宽达 5 m,蚀变强烈,易崩解,接触面均具溶蚀现象,围身稳定性差,尾水隧洞位于地下水位以下,最大静水压力约为 80 m。

2. 检测成果分析

1)仪器设备

检测采用成都升拓检测技术有限责任公司生产的 SCE-MATS 型混凝土多功能无损检测仪,具有单面检测、不需耦合剂、稳定的自动化信号激发源、检测结构三维成像、轻便易于携带的特点。

2)检测范围及布置

在 6# 尾水上平洞(桩号 0+76.2~0+105.15)进行脱空检测,测线总长度为 86.85 m。根据工作任务及要求,结合隧洞现场条件,沿洞轴线方向在隧洞底部布设 3 条测线。

3)成果分析

通过对 6# 尾水上平洞(0+76.2~0+105.15)钢衬脱空检测数据分析,6# 尾水上平洞(0+76.2~0+105.15)钢衬接触段检测后发现在检测区域内存在 14 处脱空,其中最小脱空面积 0.25 m²,最大脱空面积 16.2 m²,在桩号 0+93.15~0+105.15 检测区域内全脱空。检测成果见表 3-5。

表 3-5 6# 尾水上平洞(桩号 0+76.2~0+105.15)检测成果统计

编号	桩号	脱空面积/m²	说明
缺陷 1	0+78.52	0.28	
	0+79.06		
缺陷 2	0+81.78	0.28	
	0+82.27		
缺陷 3	0+82.93	0.29	
	0+83.54		
缺陷 4	0+83.53	1.71	
	0+84.35		
缺陷 5	0+84.53	0.32	
	0+85.16		
缺陷 6	0+85.03	0.63	
	0+85.67		

续表 3-5

编号	桩号	脱空面积/m²	说明
缺陷 7	0+85.97 0+86.40	0.25	
缺陷 8	0+87.15 0+87.59	1.08	
缺陷 9	0+87.92 0+88.64	1.11	
缺陷 10	0+89.03 0+89.66	1.04	
缺陷 11	0+92.60 0+92.87	0.13	
缺陷 12	0+90.56 0+91.27	0.39	
缺陷 13	0+93.15 0+99.15	16.2	
缺陷 14	0+99.15 0+105.15	16.2	

3.2.2.5　回填灌浆效果检测

1. 概况

毛尔盖水电站位于四川省阿坝藏族羌族自治州黑水河中游红岩乡至俄石坝河段,是黑水河干流水电规划的"二库五级"的第三级。首部枢纽距茂县县城约 90 km,厂区距茂县县城约 75 km,距成都 260 km,213 国道—黑水县公路从工程区通过,下行经茂县、汶川、都江堰至成都,对外交通方便。电站采用引水式开发,开发任务为发电,兼顾与紫坪铺水利枢纽一道向成都、都江堰灌区供水的作用。电站装设 3 台 140 MW(最大容量 150 MW)水轮发电机组,总装机容量 420 MW。年利用小时数 4 088 h,多年平均发电量为 17.17 亿 kW·h,电站水库具有年调节性能,枯水年枯水期平均出力 11.14 MW,在电力系统中可担负系统调峰任务,从而减少系统中水电站群的弃水。

2. 检测方法及工作布置

本次回填灌浆效果检测采用地质雷达检测,对回填灌浆质量进行了雷达探测,分别在 4 号洞某段洞顶及左右 45°洞壁处布置三条测线,累计完成 765 m 的雷达检测任务。测线布置见表 3-6。

表 3-6　测线布置参数

序号	起点桩号	终点桩号	测段长度/m	说明
1	9+000	8+745	255	沿洞顶中央布置
2	8+745	9+000	255	沿洞顶右侧 45°洞壁处布置
3	9+000	8+745	255	沿洞顶左侧 45°洞壁处布置

3. 检测成果分析

依据地质雷达探测反射波的振幅和方向、同相轴形态特征及频谱特性等参数进行剖面分析,依据信号的时间、形态、强弱、正反方向等进行判读、解释。钢筋混凝土有 2 层钢筋,形成 2 个间断小弧形的强反射界面,第 2 层钢筋下方为混凝土和基岩的交界面。钢筋混凝土为均匀的反射,而基岩相对较乱,两者的交界面如果回填不够,会形成不规则强反射。详细检测结果见表 3-7。根据检测结果,对脱空区域重新进行注浆处理。

表 3-7　4 号洞回填灌浆质量雷达探测检测成果

序号	检测桩号范围	测试部位	缺陷长度/m	缺陷位置	缺陷描述
1	9+000~8+745	洞顶	4.5	8+783~8+778.5	衬砌与围岩 之间有脱空区
2	9+000~8+745	洞顶	5.5	8+772~8+766.5	衬砌与围岩 之间有不密实区域

3.2.3　防渗墙质量检测

防渗墙施工质量检测主要是检测防渗墙的完整性、均质性和缺陷,缺陷主要表现为不密实区和空洞、混凝土接合面不良等现象。目前,水电站上常用的检测方法有单孔声波检测、钻孔全景数字成像检测、弹性波 CT 检测、声波跨孔检测等几种。

3.2.3.1　工程实例 1

1. 概况

1) 工程概况

黄河海勃湾水利枢纽位于黄河干流内蒙古自治区境内,是《黄河流域防洪规划》和《"十一五"全国大型水库规划》中的黄河干流梯级工程之一,工程任务是防凌、发电等综合利用。工程左岸为乌兰布和沙漠,右岸为内蒙古新兴工业城市乌海市。工程下游 87 km 处为已建的内蒙古三盛公水利枢纽。

海勃湾水利枢纽工程为 Ⅱ 等工程,工程规模为大(2)型,枢纽主要由河床电站、泄洪闸、土石坝等建筑物组成。水库正常蓄水位 1 076.0 m,总库容 4.87 亿 m³,电站总装机容量 90 MW。

枢纽建筑物为混合坝,分别是布置在主河槽内的混凝土河床电站和泄洪闸以及主要布置在黄河左岸滩地上的挡水土石坝。枢纽布置从右到左依次为:右岸延伸坝段、右岸连接坝段、河床电站坝段、泄洪闸坝段、泄洪闸与土石坝连接段以及土石坝段。

工程施工共分为 3 个标段,分别为:电站土建及金属结构和机电设备安装标(简称电站标),桩号为上 0-063.8 ~ 坝 0+150.5;泄洪闸土建及金属结构和机电设备安装标(简称泄洪闸标),桩号为坝 0+150.5 ~ 1+000;土石坝施工标(简称土石坝标),桩号为坝 1+000 ~ 6+864.2。

工程采用塑性混凝土防渗墙解决地基和坝肩的渗透稳定问题。

2)地质简况

根据收集的资料,坝址区地层在勘探深度范围内可划分为三个地质单元:

(1)第 I 单元。为全新统风积层(Q_4^{eol}),由粉砂、细砂组成,浅黄、灰黄色,干-稍湿,松散-稍密,地层结构单一,层底高程一般在 1 066 ~ 1 076.5 m,厚度多在 3 ~ 7 m,最厚可达 20 m 以上,深部呈中密状态。主要分布于黄河左岸。

(2)第 II 单元。为全新统冲积物(Q_4^{al}),分为 II-1、II-2 两个次级单元。

① II-1 单元。新近沉积的河床、河漫滩相(Q_{42}^{al}),该层分布于河床部位,岩性为细砂、粉砂,其底部高程一般为 1 060 ~ 1 063 m,厚度 3 ~ 5 m;在河床右侧形成深槽,底部高程在 1 054 m 左右,勘探最大厚度达 12 m。

② II-2 单元。较早沉积的阶地相(Q_{41}^{al}),该层分布于河床左侧下部及 I 级阶地。自上而下大致可分为三层,分别为黏性土层、砂性土层、砂砾石层。

a. 黏性土层:岩性包括黏土、壤土和砂壤土。该层分布于左岸 I 级阶地表层,在整个土石坝区域内分布不连续。厚度一般在 0.2 ~ 2.0 m,局部区域达 3.0 ~ 4.0 m。

在靠近黄河左岸岸边 I 级阶地堆积物中发现一层淤泥质黏土,最大厚度 1.7 m,延伸长度约 100 m,呈透镜体状。

b. 砂性土层:以粉砂、细砂为主;灰色、灰绿色,很湿-饱和状,稍密-中密,质地较均匀,分布范围较广,成层性相对较好,夹有含少量砾的中砂、粗砂等夹层。一般厚度 2 ~ 5 m,最大厚度可达 8.0 m,在靠近河边附近该层分布较薄。

c. 砂砾石层:灰色,稍密-中密,成分以灰岩为主,呈次棱角-次圆状,局部泥质含量较高,没有发现架空现象。该层在河床左侧和左岸 800 m 范围内分布厚度大,普遍在 7 ~ 12 m。左岸 0.8 km 范围以外厚度变薄。

(3)第 III 单元。为上更新统冲积湖积物(Q_3^{al+l})。

该层岩性以粉砂、细砂为主,夹有砂砾石、中粗砂和黏性土夹层及透镜体。黄河右岸在地表出露,构成黄河 II 级阶地;河床与左岸部位则埋藏于第四系全新统地层之下,河床段顶面高程在 1 049 ~ 1 054 m,左岸段顶面高程多在 1 054 ~ 1 064 m。

此外,在黄河右岸岸坡地带尚可见少量的全新统坡洪积物(Q_4^{dl+pl}),组成物质较复杂,主要有砂卵砾石、砂、砾质土等。

2. 工作方法

根据工程需要,采用钻孔注水试验检测防渗墙的渗透性,采用弹性波 CT 检测防渗墙的完整性,采用钻孔全孔壁成像技术来检测局部墙体的质量。

防渗墙渗透性能检测工作涉及钻孔、取样及钻孔注水试验等内容。

1）防渗墙钻孔

根据《水利水电工程钻探规程》（SL/T 291—2020）的要求实施钻孔，按委托方要求布置钻孔。防渗墙钻孔使用 XY-1A 型钻机。

2）钻孔注水试验

钻孔注水试验按照《水利水电工程注水试验规程》（SL 345—2007）中的钻孔常水头注水试验执行，考虑到现场情况并结合钻孔施工，每 5 m 为一段，测定其渗透系数。

3）资料整理

按照《补充勘测设计大纲咨询会咨询意见》，依据《水利水电工程注水试验规程》（SL 345—2007）中的钻孔常水头注水试验进行渗透系数的计算，并依据《水电水利工程高压喷射灌浆技术规范》（DL/T 5200—2019）中围井渗透系数计算公式，对各试验段的渗透系数进行复核。

（1）《水利水电工程注水试验规程》（SL 345—2007）中的钻孔常水头注水试验渗透系数计算方法：

①当试段位于地下水位以下时应采用式（3-6）计算渗透系数：

$$K = \frac{16.67Q}{AH} \tag{3-6}$$

式中：K 为试验段的渗透系数，cm/s；Q 为注入流量，L/min；H 为试验水头，cm；A 为形状系数，cm，按《水利水电工程注水试验规程》（SL 345—2007）附录 B 选用。

②当试段位于地下水位以上，且 $50<H/r<200$，$H \leqslant 1$ 时，采用式（3-7）计算渗透系数：

$$K = \frac{7.05Q}{lH} \lg \frac{2l}{r} \tag{3-7}$$

式中：r 为钻孔内半径，cm；l 为试段长度，cm；其他符号意义同前。

（2）《水电水利工程高压喷射灌浆技术规范》（DL/T 5200—2019）中围井渗透系数计算方法：

结合实际情况，将渗透系数计算公式修正为下式

$$K = \frac{4Qt}{L(H + h_0)(H - h_0)} \tag{3-8}$$

式中：K 为渗透系数，m/d；Q 为稳定流量，m³/d；t 为高喷墙平均厚度，m；L 为围井周边高喷墙轴线长度，m；H 为围井内试验水位至井底的深度，m；h_0 为地下水位至井底的深度，m。

按照分段计算的方法进行每段墙体（0～5 m、5～10 m、10～15 m、……）渗透系数的计算。

防渗墙完整性检测利用弹性波 CT 检测开展，主要工作包括墙侧钻孔预埋 PVC 管、弹性波 CT 检测等工作。

因进场前已经有部分防渗墙施工完成，对已完成的防渗墙，在防渗墙左右两侧的墙外按 20 m 左右孔距布设检测孔，采用弹性波 CT 对防渗墙进行检测。

弹性波 CT 检测：现场检测时防渗墙混凝土龄期大于 28 d 后进行检测；测量钻孔间距和钻孔孔口高程及孔口管高度；用测斜仪测量钻孔垂直度，校正激发孔与接收孔距离；两

只钻孔或预埋管分别放入电火花探头和检波器串,电火花震源应由专人操作,按照仪器操作手册操作与防护,确保安全使用;电火花探头放到其中一孔孔深 1 m 处,激发,检波器串则放到另外一孔内,各接收点的位置分别处于孔深 1~12 m 处,接收一次信号,然后检波器向下移动 11 m,为 13~24 m,再接收一次信号,再向下移动 11 m,如此这样一直到孔底为止,然后激发点向下移动 1 m 激发,接收点则依次向上移动到孔口;再向下移动激发点激发,如此循环,直到整个孔扫描完为止;选择保存弹性波波形正常、初至起跳清晰的记录。

资料整理与分析:采用弹性波 CT 专用软件处理弹性波 CT 资料,资料处理内容包括读取各记录的弹性波射线初至时间,绘制激发、接收点坐标、射线旅行时一览表;弹性波 CT 资料处理使用弹性波 CT 软件,根据处理软件要求,以激发点深度、接收点深度和对应点弹性波走时制作固定格式的 txt 文本文件,然后用软件读入;选取适当的单元尺寸、拟合次数、阻尼系数等参数,然后进行反演运算,得到断面上各单元的混凝土速度,作出波速色谱图或波速等值线图;根据检测断面波速分布,结合防渗墙其他资料综合分析,评价防渗墙混凝土的质量,判断混凝土缺陷及位置。

钻孔全孔壁成像检测:检测工作是在钻孔工作完成静置 12 h 后开展。

检测时,连接在电缆上的成像摄像头,绕过架设在三脚架上的计数器,以井口(钢管口)为起始点(成像图中 0 m 处)沿井孔中心缓慢匀速下降,进行数据采集、存储,在现场通过成像仪的实时数据采集可初步判断井壁的质量。数据采集完成后,导入配套的后处理系统进行后续处理及分析。

3. 仪器设备及检测依据

弹性波 CT 检测采用大功率的 LDZ20-10 电火花震源激发,美国生产的 R24 工程地震仪(编号:75122)配置 12 道井中串式检波器接收,检波器道间距为 1 m,长度为 100 m;钻孔全孔壁成像检测采用 HX-JD-01 型智能钻孔电视成像仪。

4. 工作布置

进行 2 个孔的注水试验和钻孔全景数字成像检测,30 组弹性波 CT。工作布置见表 3-8 和表 3-9。

表 3-8　防渗墙注水试验、全孔壁成像检测工作布置

序号	所在标段	钻孔桩号	钻孔深度/m	检测方法		说明
1	电站标	上 0-018.70	28.00	注水试验	钻孔全景数字成像检测	注水试验自上而下每 5 m 一段
2	土石坝标	2+850.00	22.00	注水试验	钻孔全景数字成像检测	

表 3-9 防渗墙完整性的弹性波 CT 检测剖面布置

序号	所在标段	检测剖面位置	检测剖面长度/m	说明
1	电站标段	上 0-043.80~上 0-063.80	20.00	
2		上 0-023.80~上 0-043.80	20.00	
3		上 0-004.20~上 0-023.80	19.60	
4		0-108.00~0-130.58	22.58	
5		0-085.50~0-108.00	22.50	
6		0-066.40~0-085.50	19.10	
7		0-040.50~0-066.40	25.90	
8		0-017.60~0-040.50	22.90	
9		0+005.30~0-017.60	22.90	
10	泄洪闸标	0+156.50~0+174.50	18.00	
11		0+174.50~0+198.50	24.00	
12		0+198.50~0+220.00	21.50	
13		0+576.00~0+601.00	25.00	
14		0+601.00~0+626.00	25.00	
15		0+900.00~0+925.00	25.00	
16		0+925.00~0+950.00	25.00	
17	土石坝标	2+825.00~2+850.00	25.00	
18		2+850.00~2+875.00	25.00	
19		3+150.00~3+175.00	25.00	
20		3+175.00~3+200.00	25.00	
21		3+400.00~3+425.00	25.00	
22		3+425.00~3+450.00	25.00	
23		3+750.00~3+775.00	25.00	
24		3+775.00~3+800.00	25.00	
25		5+950.00~5+975.00	25.00	
26		5+975.00~6+000.00	25.00	
27		6+250.00~6+275.00	25.00	
28		6+275.00~6+300.00	25.00	
29		6+550.00~6+575.00	25.00	
30		6+575.00~6+600.00	25.00	

5. 注水试验成果分析

本次共进行了 2 个孔注水试验。

1) 根据常水头方法计算的渗透系数

电站标段 1 孔,共 4 段,其中 3 段为 $i×10^{-7}$ cm/s($1<i<10$),1 段为 $i×10^{-8}$ cm/s($1<i<10$),合格;土石坝标段 1 孔,共 4 段,其中 1 段为 $i×10^{-6}$ cm/s($1<i<10$),不合格,3 段为 $i×10^{-7}$ cm/s($1<i<10$),合格。

2) 根据围井公式计算的渗透系数

电站标段 1 孔共 4 段,其中 2 段为 $i×10^{-7}$ cm/s($1<i<10$),2 段为 $i×10^{-8}$ cm/s($1<i<10$);土石坝标段 1 孔共 4 段,其中 2 段为 $i×10^{-7}$ cm/s($1<i<10$),2 段为 $i×10^{-8}$ cm/s($1<i<10$)。全部合格。注水试验成果见表 3-10。

表 3-10　注水试验成果

部位	试验深度/m	3~8	8~13	13~18	18~23	说明
电站标	常水头渗透系数/×10^{-6} cm/s	0.60	0.50	0.07	0.27	
	围井渗透系数/×10^{-6} cm/s	0.22	0.11	0.01	0.03	
土石坝标	试验深度/m	0~5	5~10	10~15	15~20	
	常水头渗透系数/×10^{-6} cm/s	0.27	0.13	0.21	1.94	
	围井渗透系数/×10^{-6} cm/s	0.15	0.03	0.03	0.21	

总地来说,采用常水头方法计算的渗透系数,结果大部分分布在 10^{-7} cm/s 数量级;采用围井方法计算的渗透系数,结果均匀分布在 10^{-7}~10^{-8} cm/s 数量级。

6. 弹性波 CT 检测

一共进行了 30 组弹性波 CT 检测。根据检测成果,防渗墙墙体波速均大于 1 900 m/s,见表 3-11,典型成果见图 3-5。

表 3-11　防渗墙弹性波 CT 检测成果统计

序号	所在标段	桩号	CT 检测			
			波速分布比例/%			
			<1 900	[1 900,2 500)	[2 500,2 900)	≥2 900
1	电站标	上 0-043.80~上 0-063.80	0.00	44.61	39.30	16.09
2		上 0-023.80~上 0-043.80	0.00	9.30	48.89	41.81
3		上 0-004.20~上 0-023.80	0.00	31.44	43.73	24.83
4		0-108.00~0-130.58	0.00	42.05	44.37	13.58
5		0-085.50~0-108.00	0.00	23.57	63.86	12.57
6		0-066.40~0-085.50	0.00	52.20	34.04	13.76
7		0-040.50~0-066.40	0.00	47.54	37.04	15.42
8		0-017.60~0-040.50	0.00	78.89	20.48	0.63
9		0+005.30~0-017.60	0.00	45.17	38.68	16.15

续表 3-11

序号	所在标段	桩号	CT 检测			
			波速分布比例/%			
			<1 900	[1 900,2 500)	[2 500,2 900)	≥2 900
10	泄洪闸标	0+156.50～0+174.50	0	54.80	45.20	0
11		0+174.50～0+198.50	0	57.56	42.44	0
12		0+198.50～0+220.00	0	70.65	29.35	0
13		0+576.00～0+601.00	0	51.47	48.35	0.18
14		0+601.00～0+626.00	0	39.29	60.62	0.09
15		0+900.00～0+925.00	0	52.93	47.07	0
16		0+925.00～0+950.00	0	53.21	46.79	0
17	土石坝标	2+825.00～2+850.00	0	26.48	66.72	6.80
18		2+850.00～2+875.00	0	25.59	70.71	3.70
19		3+150.00～3+175.00	0	55.33	44.22	0.45
20		3+175.00～3+200.00	0	58.22	41.78	0
21		3+400.00～3+425.00	0	70.00	28.04	1.96
22		3+425.00～3+450.00	0	75.36	21.43	3.21
23		3+750.00～3+775.00	0	56.12	39.86	4.02
24		3+775.00～3+800.00	0	56.82	37.24	5.94
25		5+950.00～5+975.00	0	57.04	42.96	0
26		5+975.00～6+000.00	0	49.76	50.24	0
27		6+250.00～6+275.00	0	73.96	25.78	0.26
28		6+275.00～6+300.00	0	69.90	29.59	0.51
29		6+550.00～6+575.00	0	35.21	64.79	0
30		6+575.00～6+600.00	0	33.83	66.17	0

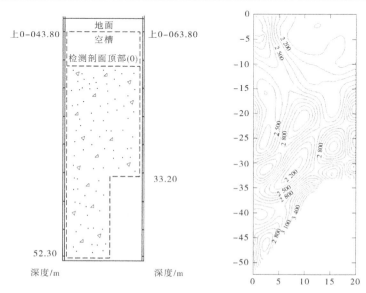

图 3-5　上 0-043.80～上 0-063.80 弹性波 CT 检测成果

7. 钻孔全景图像检测

钻孔成像位置标记以井口(套管口)为起始点(0 m),向下的方向为正方向,深度单位为 m。

根据检测图像,电站标段桩号上 0-018.70 防渗墙钻孔 0~19.0 m 墙体完整、密实性较好,19.0~26.0 m 墙体比较完整;土石坝标段桩号 2+850 处防渗墙钻孔 0~15.7 m 墙体完整、密实性较好。

8. 结论

由上面的成果分析可以得出:

(1)在检测范围内,防渗墙墙体的波速正常,墙体完整、连续性较好。

(2)根据常水头方法计算,渗透系数分布在 $10^{-6} \sim 10^{-7}$ cm/s 数量级,且大部分分布在 10^{-7} cm/s 数量级;采用围井方法复核计算,渗透系数均匀分布在 $10^{-7} \sim 10^{-8}$ cm/s 数量级。

(3)钻孔全孔壁成像及岩芯显示:孔壁完整光洁,混凝土胶结较好;岩芯较好,基本无夹砂现象。

总地来说,在检测范围内,防渗墙工程质量总体较好。

3.2.3.2　工程实例 2

1. 工程概况

泸定水电站拦河大坝采用黏土心墙堆石坝,电站开发任务主要为发电,电站装机容量 920 MW。

心墙中心线下布设混凝土防渗墙。左起桩号 0+085.50,右止桩号 0+510.83。轴线全长 425.33 m。左岸主河床段防渗墙施工平台高程为 1 310 m,桩号为 0+085.50~0+311.83,轴线长度为 226.33 m;右岸台地段防渗墙分 4 个平台进行施工,施工平台高程分别为:右一平台高程 1 325.75 m,桩号 0+311.83~0+359.47,轴线长度 47.64 m;右二平台高程 1 341.5 m,桩号 0+359.47~0+404.75,轴线长度 45.28 m;右三平台高程 1 357.25.00 m,桩号 0+404.75~0+449.63,轴线长度 44.88 m;右四平台高程 1 373.00 m,桩号 0+449.63~0+510.83,轴线长度 61.2 m。左岸 0+085.5~0+105.5 段和右岸台地段(桩号 0+246.97~0+510.83 段)为全封闭式的防渗墙。主河床段(桩号 0+105.5~0+246.97,轴线长 141.47 m)拟采用以下防渗形式:墙深 110 m,墙下接两排帷幕灌浆,防渗墙底高程为 1 200 m。混凝土防渗墙墙厚 1.0 m,墙体材料为 C35F100W12。

2. 工作方法及仪器设备

根据工程需要检测的部位和现场条件,采取以地震波 CT 检测为主、单孔声波检测为辅来测试大坝防渗墙的波速,由此来查找防渗墙内是否存在缺陷;同时在检查孔内进行钻孔全景数字成像检测,对检查孔孔壁进行直观的检查。

仪器设备方面,地震波 CT 检测采用的是美国 GEOMETRICS 公司生产的 NZ24 地震仪,电火花震源,串联式井下电缆;单孔声波检测采用的是武汉岩海工程技术有限公司生产的 RS-ST01C 非金属检测仪,一发双收声波探头 1 个;钻孔全景数字成像检测采用武汉生产的 JD-2 全孔壁光学成像系统。使用的仪器设备在检测前均经过有关部门鉴定合格,且均达到规程规定的技术指标要求。

3. 工作布置

防渗墙质量检测是利用河床段检查孔 DBJ-01~DBJ-06 和右岸台地段检查孔 DBJ-07~DBJ-09 进行的。河床段检查孔 DBJ-01~DBJ-06 的孔口高程为 1 310 m,防渗墙的浇筑高程为 1 307 m;右岸台地段检查孔 DBJ-07 孔口高程为 1 328 m,防渗墙的浇筑高程为 1 319.5 m,DBJ-08 孔口高程为 1 345 m,防渗墙的浇筑高程为 1 338.5 m,DBJ-09 孔口高程为 1 357 m,防渗墙的浇筑高程为 1 356.69 m。

利用防渗墙上的 9 个检查孔进行检测,为保证全覆盖,地震波 CT 共分为 8 组,分别为:DBJ-01 和 DBJ-02、DBJ-02 和 DBJ-03、DBJ-03 和 DBJ-04、DBJ-04 和 DBJ-05、DBJ-05 和 DBJ-06、DBJ-06 和 DBJ-07、DBJ-07 和 DBJ-08、DBJ-08 和 DBJ-09 之间。单孔声波检测和钻孔全孔壁光学成像在 DBJ-01~DBJ-09 单孔内进行。

4. 检测成果分析

1)地震波 CT

成果主要为波速色谱图,其可以直观地反映介质内部的波速分布情况。大坝防渗墙河床段(DBJ-01 与 DBJ-06 之间,桩号 0+87.5~0+264.3,检测高程为 1 230~1 308 m):地震波波速大部分在 4 000 m/s 以上,墙体整体质量较好。有 6 处地震波波速稍低,在 3 500~3 800 m/s,有混凝土稍不密实现象。这 6 处分别为桩号 0+101~0+103,高程 1 277~1 279 m;桩号 0+152~0+156,高程 1 306~1 308 m;桩号 0+156.5~0+158.5,高程 1 230~1 234 m;桩号 0+171~0+176,高程 1 260~1 264 m;桩号 0+173~0+175,高程 1 241~1 243 m;桩号 0+176~0+184,高程 1 274~1 277 m。

大坝防渗墙右岸段:检测范围在检查孔 DBJ-06 与 DBJ-09 之间,即桩号 0+264.3~0+449.6,检测高程为 1 255~1 342 m。图像颜色比较均匀,地震波波速在 3 900 m/s 以上,所探测范围内防渗墙质量良好。

2)单孔声波检测

单孔声波检测共完成 9 个钻孔,完成了 506.6 m,检查孔的声波波速大部分在 3 990~4 450 m/s,防渗墙开挖线以下部分墙体混凝土浇筑连续、密实、均匀,总体质量较好,仅在 DBJ-07 的 24.9~25.80 m 存在明显的低速点段,波速在 2 900~4 080 m/s,混凝土有不密实或夹泥石砂现象。检测成果见汇总表 3-12,典型波速曲线图见图 3-6。详细分析如下:

表 3-12　单孔声波检测成果汇总

孔号	孔深/m	波速范围/(m/s)	平均值/(m/s)	说明
DBJ-01	2.9~8.9	4 000~4 350	4 200	
DBJ-02	2.8~6.0	3 920~4 260	4 050	
	6.0~41.4	4 000~4 650	4 410	
DBJ-03	2.4~29.2	3 920~4 760	4 400	
	29.2~33.8	3 850~4 170	4 010	
	33.8~39.2	3 920~4 650	4 420	
	39.2~43.0	3 920~4 170	4 020	
	43.0~80.0	3 920~4 550	4 200	

孔号	孔深/m	波速范围/(m/s)	平均值/(m/s)	说明
DBJ-04	2.9~25.3	4 000~4 880	4 420	
	25.3~34.9	4 000~4 440	4 230	
	34.9~80.7	4 000~4 880	4 450	
DBJ-05	2.7~54.9	4 000~4 650	4 290	
	54.9~64.7	4 000~4 260	4 130	
	64.7~80.7	4 000~4 650	4 340	
DBJ-06	1.6~32.4	4 000~4 550	4 220	
	32.4~51.6	4 080~4 760	4 420	
	51.6~55.6	3 920~4 350	4 160	
DBJ-07	0.6~11.2	3 920~4 350	4 000	
	11.2~52.0	3 850~4 880	4 400	
DBJ-08	0.8~68.0	4 000~4 760	4 320	
	68.0~76.0	3 770~4 350	3 990	
DBJ-09	4.8~6.0	3 770~3 920	3 870	
	6.0~46.6	3 920~4 650	4 210	

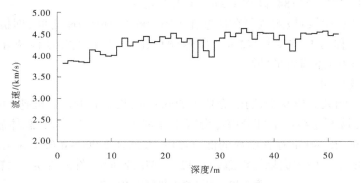

图 3-6　大坝防渗墙 DBJ-07 孔声波测试曲线

DBJ-01 孔孔深 8.9 m,整孔波速变化较小,波速基本在 4 200 m/s 左右,可见孔壁周围混凝土质量良好。

DBJ-02 孔孔深 41.4 m,上部 6 m 波速稍微偏低,平均波速为 4 050 m/s,属于正常波速,对墙体质量基本没有影响;其余段正常。

DBJ-03 孔孔深 80.0 m,0~40 m 以上波速分段变化稍大,在 3 850~4 650 m/s;40 m 以下波速比较均匀,在 3 920~4 550 m/s。总地来说,孔壁附近混凝土浇筑质量良好。

DBJ-04 孔孔深 80.7 m;整孔波速分段变化稍大,在 4 000~4 880 m/s,但波速都在 4 000 m/s 以上,因此孔壁附近混凝土浇筑质量良好。

DBJ-05 孔孔深 80.7 m;整孔波速变化较小,在 4 000~4 650 m/s,孔壁附近混凝土浇筑质量良好。

DBJ-06 孔孔深 55.6 m;20 m 以上波速变化不大,其余段波速略有起伏,在进入基岩后波速略有下降,说明防渗墙浇筑质量良好,基岩相对较差。

DBJ-07 孔孔深 52.0 m;上面 11 m 左右波速稍微偏低,在 4 000 m/s 左右,下部波速较高,在 4 400 m/s 左右。其中 24.9~25.8 m 为明显的偏低速点段,波速为 2 900~4 080 m/s,墙体混凝土有不密实或夹泥、石、砂现象。

DBJ-08 孔孔深 76.0 m;整体波速变化不大,钻孔底部波速稍低。根据施工资料可知钻孔 71.0~76.0 m 为基岩,较破碎,波速较低与此有关。

DBJ-09 孔孔深 46.6 m;整体呈中间波速高,顶部 6 m 以上和 46.8 m 以下至钻孔底部波速稍低。顶部 6 m 以上波速稍低可能是混凝土稍不密实,波速为 3 870 m/s 左右,但这段应在开挖线以上;46.6 m 以下则是进入基岩后由于基岩破碎形成的低速,波速为 3 660 m/s 左右。

　　3)钻孔全孔壁光学成像

钻孔光学成像共完成 9 个孔,除 DBJ-01 孔由于孔中水太浑浊而没有测完外,其他 8 孔全部完成,共发现 12 处异常,其中 9 处为孔壁局部表面掉块或糙面现象,2 处为稍大的掉块,1 处为混凝土稍不密实。具体范围为:检查孔 DBJ-02 的 35.2~35.5 m 处,稍大的掉块,检查孔 DBJ-09 的 46.6~47.2 m 处,稍大的掉块;检查孔 DBJ-07 的 24.9~25.4 m 处,为混凝土稍不密实。典型成果见图 3-7。

图 3-7　DBJ-07 孔 24.9~25.4 m 处异常

具体分析如下:

DBJ-02 孔发现 3 处异常,其中 2 处为孔壁有糙面和轻微掉块现象,分别在 26.1~26.2 m 处,30.8~33.80 m 处;1 处有稍大的掉块,夹有泥、石、砂,在 35.2~35.5 m 处,对应 DBJ-02 声波测试曲线上也有相应的波速降低。

DBJ-03 检查孔孔壁表面清晰,没有发现明显异常。

DBJ-04 检查孔发现 2 处异常,为孔壁局部掉块现象,在 16.5～17.1 m 处和 17.7～17.9 m 处,声波测试曲线没有明显反映,分析可能是钻孔时或地震波 CT 中电火花震源造成的。

DBJ-05 检查孔发现 1 处异常,推测是施工接缝,出现在 46.7 m 处。

DBJ-06 检查孔发现 2 处异常,为孔壁局部掉块,在 36.5～36.9 m 处和 49.2～49.3 m 处。

DBJ-07 检查孔发现 1 处异常,在 24.9～25.4 m 处,为孔壁局部掉块现象,声波测试曲线上也有明显反映,说明此处混凝土不太密实。

DBJ-08 检查孔发现 2 处异常,分别在 22.3～22.4 m 处和 68.5～69 m 处,为孔壁表面掉块现象。

DBJ-09 检查孔 1 处异常,在 46.6～47.2 m 处,局部有稍大的掉块,根据施工资料,此处为防渗墙和基岩结合处,可能是由于钻孔过程中基岩破碎造成的脱落,声波测试曲线上也可见明显的低速。

5. 结论

总地来说,本次大坝基础防渗墙混凝土浇筑质量检测主要以地震波 CT 检测为主,辅以单孔声波测试及钻孔全孔壁光学成像检测,对防渗墙的完整性、均质性和缺陷进行检测,检测防渗墙体是否存在不密实区和空洞、混凝土接合面不良等缺陷取得了良好成果,利用工程物探无损检测方法进行检测是可行的、有效的。

3.2.3.3 工程实例 3

1. 概况

1)工程概况

沁河河口村水库位于沁河中游太行山峡谷段的南端,距峡谷出口——五龙口约 9.0 km,属河南省济源市。河口村水库的开发任务以防洪、供水为主,兼顾灌溉、发电、改善生态,并进一步完善黄河下游调水调沙运行条件。水库设计洪水位 285.43 m,正常蓄水位 275.00 m,坝顶高程 288.50 m,堆石坝最大坝高 122.5 m(趾板处坝高),坝顶长度 530.0 m,总库容 2.64 亿 m^3,电站总装机容量 11.6 MW。工程设有大坝、溢洪道、泄洪洞、引水、发电等建筑物。

2)大坝防渗墙概况

大坝防渗墙长 114.0 m,厚 1.2 m,工程量 2 340 m^2,墙体混凝土为 C25W12,平均墙深 20.6 m,最大墙深 26.0 m,防渗墙嵌入基岩以下 1.0 m,凡遇到断层及破碎带嵌入基岩深度加至 2.0 m,墙体内安置钢筋笼。

防渗墙施工分两期进行,先施工 I 期槽孔,后施工 II 期槽孔,每期槽段长 7.2 m。结合地层、施工强度、设备能力等综合考虑,本工程防渗墙成槽采用"钻劈"法。I 期槽的 1、3、5 号主孔采用冲击钻机钻孔形成,先施工主孔,后用钻头钻劈副孔,劈副孔时石渣会掉落在副孔两侧的主孔内,副孔劈到一定深度时,及时用抽筒打捞主孔内的回填,然后继续劈副孔、打捞回填,直至设计孔深。副孔劈完后,在主孔与副孔之间可能会存在小墙,再用钻头找小墙,直至槽段内的每一个地方的槽孔厚度符合设计要求。II 期槽段的端孔(1、5 号孔,即接头孔)采用"拔管"形成,即浇筑 I 期槽时在其端孔下设接头管,通过将接头管拔起后形成端孔。Ⅱ期槽段的其他主孔和副孔施工与Ⅰ期槽施工方法一样。

3）任务要求及对应检测方法

检测防渗墙墙体的物理力学性能指标,利用大坝防渗墙注水试验孔进行钻孔弹性模量测试和单孔声波测试,获取墙体钻孔的弹性模量和波速;墙体完整性采用超声波 CT 检测和钻孔全景图像检测;对于嵌岩处的质量检测采用垂直反射法。

4）地质简况

坝址区河床覆盖层一般厚 20~30 m,岩性为含漂石的砂卵石层夹黏性土和砂层透镜体,地质结构极不均匀。覆盖层以下基岩河谷,由太古界登封群变质岩系组成,岩性以花岗片麻岩为主,岩体完整性较好。

河床覆盖层最大厚度 41.87 m,岩性为含漂石及泥的砂卵石层,夹 4 层连续性不强的黏性土及若干砂层透镜体。表层 5 m 和底层 8 m 为漂石密集层,漂石最大直径 5 m 以上,蚀圆度差,成分以石英砾岩、灰岩、花岗岩为主。

河床砂卵石层可分为上、中、下 3 层。上部为含漂石卵石层,中部为含漂石砾石层,下部为含漂石砂卵石层。黏性土夹层分布厚度差异较大,分布不均匀,最厚 6.6 m,最薄0.3 m,岩性以中、重粉质壤土为主,含有小砾石,一般呈可塑–硬塑状。砂层透镜体,分布不连续,厚度较薄,为土黄色、局部黄灰色粗砂–粉砂,其中以细砂较多。

坝基河床覆盖层含有多层透镜状黏性土夹层及砂层透镜体,介质条件较为复杂,基本上属于孔隙状透水性不均的强透水层,渗透系数 K 在 1~106 m/d。由于覆盖层地层不均一,含较多坚硬的漂石、大孤石等,混凝土防渗墙施工时有一定的难度。

根据勘探资料,坝基太古界登封群变质岩系岩体透水性主要受风化影响,浅部风化基岩一般为强–中等透水,弱风化卸荷以下岩体透水性微弱。弱风化卸荷垂直深度一般为 3~20 m。

坝址区的地表水及地下水,pH 为 7.3~7.7,皆属弱碱性淡水,对混凝土无腐蚀性,基本能满足饮用水的要求。

2. 工作布置

钻孔弹性模量测试、单孔声波测试、全孔壁光学成像,布设 2 个检测孔,孔号分别为ZQJ-1、ZQJ-2,点距 2 m,共 12 个点;超声波 CT,共布设 75 个剖面;垂直反射法,点距 0.2 m,共 571 点。

3. 资料解释

1）钻孔弹性模量测试

钻孔弹性模量测试采用钻孔千斤顶法,通过测试岩体在不同压力下的变形计算岩体弹性模量。测试分 7~10 级加压,加压方式为大循环法。

岩体变形参数按国际岩石力学学会测试方法专家委员会推荐公式计算:

$$E = K_1 K_2 r(\nu,\beta) HD\Delta P/\Delta D \tag{3-9}$$

式中:E 为变形模量或弹性模量,GPa,当以径向全变形 ΔD_0 代入式中计算时为变形模量 E_0;当以径向弹性变形 ΔD_e 代入式中计算时为弹性模量 E_e;K_1 为变形标定系数;K_2 为三维效应系数;$r(\nu,\beta)$ 为与泊松比 ν 及承压板接触角 β 有关的函数;H 为油压系数;D 为钻孔直径,mm;ΔP 为计算压力,为测试压力与初始压力量之差,MPa;ΔD 为钻孔岩体径向变形,mm。

2)垂直反射波法

当接收到的波形较复杂时,可先对其做频谱分析,从振幅谱分辨出干扰波的频率范围,再用数字滤波滤除。当底反信号不甚明显时,可增加放大指数以对信号做增益处理。对于连续采集的数据,可生成一种连续的时间剖面图,对检测的墙体质量进行综合评价。

4. 成果分析

1)钻孔弹性模量测试

钻孔弹性模量测试共完成2个钻孔,孔号为ZQJ-1和ZQJ-2,共完成12点,弹性模量范围为26.65~34.77 GPa,平均值31.82 GPa。各钻孔检测成果统计见表3-13。

表 3-13　钻孔弹模测试成果

孔号	ZQJ-1		孔号	ZQJ-2	
测点	深度/m	弹性模量/GPa	测点	深度/m	弹性模量/GPa
1	2	32.91	1	2	28.28
2	4	26.65	2	4	29.65
3	6	33.10	3	6	34.27
4	8	34.77	4	8	32.64
			5	10	34.51
			6	12	30.04
			7	14	30.91
			8	16	34.14

2)单孔声波测试

单孔声波测试共完成2个钻孔,孔号为ZQJ-1和ZQJ-2,波速范围3 333~4 630 m/s,平均波速为4 057~4 111 m/s,整孔波速变化较小,可见孔壁周围混凝土质量良好,下面对各钻孔检测结果进行分析。

ZQJ-1检查孔:波速范围3 333~4 630 m/s,平均波速为4 111 m/s。整孔波速变化较小,波速基本在4 111 m/s左右,可见孔壁周围混凝土质量良好。

ZQJ-2检查孔:波速为3 571~4 386 m/s,平均波速为4 057 m/s。整孔波速基本在4 057 m/s左右,可见孔壁周围混凝土质量良好。测试曲线见图3-8。

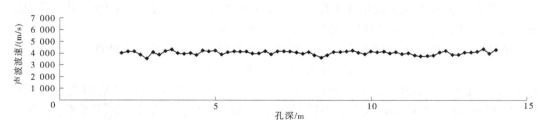

图 3-8　大坝防渗墙 ZQJ-2 孔声波测试曲线

3）超声波 CT 测试

超声波 CT 成果为波速等值线图，可以直观地反映介质内部的波速分布情况。声波波速多数大于 3 500 m/s，部分在 3 500～3 000 m/s，防渗墙质量良好。局部声波速度在 3 000 m/s 以下，主要分布在大坝防渗墙桩号 D0+158.40～D0+163.40，检测高程 142.50～147.50 m，桩号 D0+210.40～D0+213.40，检测高程 152.50～154.00 m，波速偏低。

4）垂直反射波法

检测桩号 D0+117.00～D0+231.00，点距为 0.2 m，分别覆盖所有 75 个 CT 剖面。由测试成果图 3-9 可知，绝大部分点位反射信号波形规则或较规则，说明墙体完整、连续，混凝土密实均匀；但从图 3-9 所圈示区域可以看出，在桩号 D0+157.00～D0+167.00，高程 142.00～147.00 m 位置波形存在杂乱反射现象，此处存在异常，介质不连续，其结果与超声波 CT 剖面吻合较好。

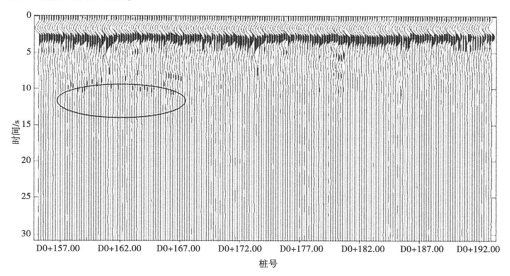

图 3-9　垂直反射波法成果（桩号 D0+155.00～D0+193.00）

5）钻孔全景图像检测

钻孔全景图像检测共完成 2 个孔，孔号为 ZQJ-1 和 ZQJ-2，从检测成果可以看出，防渗墙体混凝土连续、完整，无异常现象。

5. 结论

本次大坝基础防渗墙混凝土浇筑质量检测主要以超声波 CT 为主，辅以单孔声波测试、弹性模量测试、钻孔全孔壁光学成像及垂直反射波法嵌岩性检测，对防渗墙的完整性、均质性和缺陷进行检测，方法有效，测试可靠。

（1）在超声波 CT 检测区内，大坝基础防渗墙混凝土浇筑连续、均匀、完整性较好；声波速度多数大于 3 500 m/s，部分在 3 500～3 000 m/s，局部声波速度在 3 000 m/s 以下，波速低于 3 000 m/s 的区域主要分布在：

①桩号 D0+158.40～D0+163.40，高程 142.50～147.50 m。

②桩号 D0+210.40～D0+213.40，高程 152.50～154.00 m。

(2)防渗墙墙体检查孔声波波速大部分在 3 333~4 630 m/s,防渗墙开挖线以下部分墙体混凝土浇筑连续、均匀,总体质量较好。

(3)防渗墙墙体检查孔弹性模量测试 12 点,弹性模量范围 26.65~34.77 GPa,平均值 31.82 GPa。

(4)防渗墙墙体检查孔全孔壁光学成像测试 2 孔,防渗墙体混凝土连续、完整。

(5)防渗墙垂直反射法共测试 571 点,大部分点位反射信号波形规则或较规则,说明墙体完整连续,混凝土密实均匀,但在桩号 D0+157.00~D0+167.00,高程 142.00~147.00 m 位置波形存在杂乱的反射现象,混凝土局部不密实。

3.2.4　碾压体密度检测

工程中,碾压体密实度的检测一般由施工方自检和第三方土建实验室抽检组成,一般为坑测法,检测频率较低。而物探检测则是独立于两者之外的检测方,针对每一层、每一单元、每一种堆石料的碾压密度进行的检测,一般是针对密度,常常采用附加质量法。

3.2.4.1　附加质量法

1. 工作原理

附加质量法又称为 Δm 法(堆石体参振质量为 m_0),将测点抽象为"质弹系"振动模型,用附加质量法测量测点的振动信号,根据实测信号频谱计算填筑碾压区刚度系数 K,以及测点间纵、横波速度 v_p 和 v_s,根据物性参数(K、v_p、v_s),应用相关公式计算填筑碾压区堆石体原位密度 ρ。

2. 方法技术

(1)将测点处找平,铺粗砂 3 cm。

(2)将承压板平置于测点。

(3)用粘接剂将拾震器耦合于测点中央,并连接于仪器。

(4)做测点各级 Δm_i 的振动测试,输出频率 f_i。

(5)根据一系列(一般分级)$\Delta m_i \sqrt{f_i}$ 作 K 曲线,即 $\omega-2=f(\Delta m)$ 曲线。

(6)按要求获取测点 v_p、v_s 波速。

(7)输入 K,动静相关系数 μ、r(压板半径),v_p、v_s,输出堆石体原位密度 ρ。

3. 技术工作措施

(1)在具备检测条件或验仓前 1 h 通知检测方。

(2)需要坑测法同位置对比的测点,附加质量法现场测试结束后应及时做出标识,用砂或石灰在承压板或质量板四周做标识,便于进行试坑。

(3)检测点附近场地平整,不能高低不平、凹凸不平。

(4)向监理或施工单位索要填筑单元的桩号和高程资料。

(5)检测时确保场地具备检测条件和道路通畅。

(6)向施工单位获取详细的碾压施工参数和料源等资料。

(7)正式测试时(大约 10 min),周边 20 m 范围内应暂停碾压,以防测试到干扰信号,影响检测效果。每测一个点位的时间为 20 min 左右。

(8)为对填筑验收单元跟踪检测,检测时逐层分单元进行。

（9）检测数量为粗堆石料按单元面积 2 000 m² 一个测点进行测点数控制,细堆石料按单元面积 500 m² 一个测点进行测点数控制,但至少保证每个单元布置 2 个测点。

（10）每个测点应采集至少 3 个数据,且要求数据重复性好。

（11）不合格部位补碾,补碾后进行复测。

（12）检测过程中应严格执行规范规程要求,控制检测原始资料质量,对不合格的资料进行重测。

（13）野外原始信号主频清晰时数据才为合格,主频尖锐时才为一级品质。

（14）每个测点进行多级测试,每级测试原始数据都进行多次重复检查,原始数据资料全部为合格,其中原始测试信号符合一级品质的应在 90% 以上。

（15）在碾压试验阶段,结合坑测法资料,建立不同堆石料检测密度与坑测法测试密度值之间的关系。

4. 附加质量法的仪器设备

附加质量法的主要仪器设备包括仪器主机、承压板、激振锤、拾震器等。仪器主要技术指标:

（1）仪器具有两通道模数采样功能,软件运行环境为 Windows XP 系统。

（2）模数转换（A/D）16 位,最大采样频率 44.1 kHz,即最小采样间隔 22.676 μs。

（3）采样频率范围在 44.1~1.1 kHz 可选,即采样间隔在 22.676~907.029 μs 可选。

（4）每道采样点数设置为 1 024 或 2 048,点数可调。

（5）系统可对信号进行频谱分析或数字带通滤波处理。

（6）仪器设备采用高精度智能浮点动测仪,频率分辨率达到 0.1 Hz。

（7）仪器应具有瞬态面波测试功能。

（8）承压板:直径为 400 mm、600 mm、800 mm,钢板厚度不宜小于 20~30 mm,小板厚度可小、大板厚度宜大。

（9）拾震器应选与体系自振频率相近的速度型检波器,一般可参考 28 Hz、40 Hz、60 Hz 选择。

（10）激振锤:50 kg 左右平底铁块或灌铅锤。

（11）耦合剂:石膏或其他黏合剂。

（12）附加质量体（Δm）:一般采用经计量标定的标准砝码或特制专用铁块、钢块等刚性材质体;每一级 Δm 为 80~400 kg,5 级左右即可。

5. 资料处理与解释

（1）K、m_0 的确定。附加质量法将一定面积以下的堆石（土）体等效为单自由度线性弹性体系,用附加质量 Δm_i 的方法求解堆石（土）体刚度（K）及参振质量（m_0）。

（2）介质密度 ρ 的反演。

①根据实测信号频谱应用附加质量法计算堆石体刚度系数 K。

②获取测点纵、横波速度 v_p 和 v_s。

③根据物性参数（K、v_p、v_s）,应用相关公式计算堆石体原位密度 ρ。

（3）资料解释。

①根据实测信号频谱应用附加质量法计算堆石体刚度系数 K。

②应用信号相关分析和小波分析等技术获取堆石体测点纵、横波速度 v_p 和 v_s。

③根据物性参数 $(K、v_p、v_s)$，应用相关公式计算堆石体原位密度 ρ。

④通过现场及时检测，及时提供大坝填筑碾压后堆石密度，快速评价该碾压层的质量，判断其密实度是否达到设计要求，指导大坝填筑施工，提高大坝填筑碾压施工进度。

⑤根据不同堆石料密度控制标准，综合分析检测成果并对填筑质量进行评价。

⑥配合大坝填筑施工验收。

6. 现场检测要求

(1)在具备检测条件或验仓前 1 h 通知检测方。

(2)需要坑测法同位置对比的测点，附加质量法现场测试结束后应及时做出标识，用砂或石灰在承压板或质量板四周做标识，便于进行试坑。

(3)检测点附近场地要求平整，不能高低不平、凹凸不平。

(4)由监理或施工单位提供填筑单元的桩号和高程资料。

(5)通知检测时确保场地具备检测条件和道路通畅。

(6)附加质量法检测时，施工单位应提供详细的碾压施工参数和料源等资料。

(7)正式测试时(大约 10 min)，周边 20 m 范围内应暂停碾压(通常与碾压避开)，以防测试到干扰信号，影响检测效果。

(8)夜间检测时，应有照明配合。

(9)仪器设备应采用高精度智能浮点动测仪，频率分辨率达到 0.1 Hz。

(10)测试工作开始前应对仪器设备进行检定。

(11)应保证测试点场地平整并与承压钢板耦合良好，承压板上附加质量块应均匀放置。

(12)附加质量法测试应选择适宜的观测系统，测试时附加质量 m_i 应多于 4 级，每级自振频率 f_i 的变化宜大于 1 Hz。

(13)设置合理的信号采集参数。

(14)检测点布置原则上按合同要求，一般可按照检测单元的形状布置。检测点位置随机选取，但需由现场监理工程师指定或由物探检测人员自行决定。

(15)对填筑验收单元跟踪检测，检测时逐层分单元进行。

(16)检测数量为粗堆石料按单元面积 2 000 m² 一个测点进行测点数控制，细堆石料按单元面积 500 m² 一个测点进行测点数控制，但至少应保证每个单元布置 2 个测点。

(17)每个测点应采集至少 3 个数据，且要求数据重复性好。

(18)不合格部位补碾，补碾后进行复测。

(19)检测过程中应严格执行规范规程要求，控制检测原始资料质量，对不合格的资料进行重测。

(20)野外原始信号主频清晰时数据才为合格，主频尖锐时才为一级品质。

(21)每个测点进行多级测试，每级测试原始数据都应进行多次重复检查，原始数据资料应全部为合格，其中原始测试信号符合一级品质的应在 90% 以上。

(22)在碾压试验阶段，应结合坑测法资料，建立不同堆石料检测密度与坑测法测试密度值之间的关系。

（23）检测成果应提供检测单元的桩号和高程资料等。

（24）根据不同堆石料密度控制标准，综合分析检测成果并对填筑质量进行评价。

3.2.4.2　工程实例

1. 工程概况

羊曲水电站位于青海省海南州兴海县与贵南县交界处，工程的主要任务是发电，正常蓄水位 2 715 m，相应库容 14.724 亿 m³，死水位 2 713 m，相应库容 13.768 亿 m³，调节库容 0.956 亿 m³，具有日调节能力。电站装机容量 1 200 MW，多年平均年发电量 45.3 亿 kW·h。枢纽主要由拦河大坝、泄洪建筑物和引水发电建筑物组成，挡水建筑物为混凝土面板堆石坝，最大坝高 150 m，工程规模为一等大（1）型工程，主要建筑物级别为 1 级，次要建筑物级别为 3 级。

混凝土面板堆石坝工程大坝坝体从上游到下游依次分为上游防渗铺盖区（1A）及盖重区（1B）、混凝土面板（F）、底部镶嵌混凝土坝、垫层区（2A）、特殊垫层区（2B）、过渡区（3A）、主堆石区（3B）、下游堆石区（3C）和坝后厂区平台下游石渣回填。坝体填筑总量 406.25 万 m³。大坝坝体填筑计划于 14 个月内完成。

为保证碾压质量，在常规的施工方自检、第三方实验室抽检的基础上，进行了物探检测。堆石（土）体密度在一个碾压层结束后开展附加质量法检测，检测逐层分单元进行。每个单元至少有 1 个测点；当一个单元有多种填料时，每一种填料至少有 1 个测点；附加质量法测试部位由现场监理工程师指定，具体测点位置在现场监理工程师未特别指定的情况下进行随机取样，以保证检测成果能客观地反映场地施工碾压质量。

2. 检测成果分析

在某一周时间内，在大坝的垫层区、过渡区、主堆石区进行了检测，共计完成检测 52 点，平均每点检测时间在 5 min 左右，效率非常高。其中垫层区高程 2 649.1～2 650.9 m 检测 4 点，过渡区高程 2 649.5～2 654.9 m 检测 6 点，主堆石区高程 2 650.9～2 675.7 m 检测 25 点；下游堆石区高程 2 670.9～2 675.7 m 检测 17 点。检测成果详细见表 3-14。

表 3-14　大坝工程堆石体碾压密度附加质量法检测成果

序号	检测部位	检测点号	高程/m	干密度/(t/m³)	是否合格	说明
1	垫层区	坝上 0+100	2 649.1	2.32	是	
2	垫层区	坝上 0+066	2 649.3	2.27	是	
3	垫层区	坝上 0+063	2 650.9	2.28	是	
4	垫层区	坝上 0+098	2 649.5	2.32	是	
5	过渡区	坝上 0+055	2 650.9	2.23	是	
6	过渡区	坝上 0+094	2 649.5	2.24	是	
7	过渡区	坝上 0+030	2 653.3	2.29	是	
8	过渡区	坝上 0+050	2 653.3	2.28	是	

续表 3-14

序号	检测部位	检测点号	高程/m	干密度/(t/m³)	是否合格	说明
9	过渡区	坝上 0+033	2 654.9	2.31	是	
10	过渡区	坝上 0+054	2 654.9	2.27	是	
11	主堆石区	坝下 0+085	2 670.9	2.21	是	
12	主堆石区	坝上 0+035	2 650.9	2.26	是	
13	主堆石区	坝上 0+050	2 650.9	2.24	是	
14	主堆石区	坝上 0+065	2 650.9	2.16	是	
15	主堆石区	坝上 0+080	2 650.9	2.22	是	
16	主堆石区	坝下 0+082	2 671.7	2.21	是	
17	主堆石区	坝下 0+080	2 672.5	2.23	是	
18	主堆石区	坝下 0+072	2 673.3	2.18	是	
19	主堆石区	坝下 0+083	2 673.3	2.19	是	
20	主堆石区	坝下 0+075	2 674.1	2.20	是	
21	主堆石区	坝下 0+085	2 674.1	2.21	是	
22	主堆石区	坝上 0+030	2 652.5	2.17	是	
23	主堆石区	坝上 0+060	2 652.5	2.20	是	
24	主堆石区	坝上 0+040	2 653.3	2.25	是	
25	主堆石区	坝上 0+060	2 653.3	2.21	是	
26	主堆石区	坝下 0+075	2 674.9	2.28	是	
27	主堆石区	坝下 0+082	2 674.9	2.20	是	
28	主堆石区	坝下 0+070	2 675.7	2.18	是	
29	主堆石区	坝下 0+080	2 675.7	2.16	是	
30	主堆石区	坝上 0+043	2 654.9	2.24	是	
31	主堆石区	坝上 0+058	2 654.9	2.27	是	
32	主堆石区	坝上 0+028	2 655.7	2.19	是	
33	主堆石区	坝上 0+051	2 655.7	2.17	是	
34	主堆石区	坝上 0+032	2 656.5	2.18	是	
35	主堆石区	坝上 0+057	2 656.5	2.16	是	
36	下游堆石区	坝下 0+035	2 670.9	2.17	是	
37	下游堆石区	坝下 0+050	2 670.9	2.19	是	

续表 3-14

序号	检测部位	检测点号	高程/m	干密度/(t/m³)	是否合格	说明
38	下游堆石区	坝下 0+070	2 670.9	2.16	是	
39	下游堆石区	坝下 0+040	2 671.7	2.23	是	
40	下游堆石区	坝下 0+050	2 671.7	2.17	是	
41	下游堆石区	坝下 0+065	2 671.7	2.20	是	
42	下游堆石区	坝下 0+038	2 672.5	2.17	是	
43	下游堆石区	坝下 0+053	2 672.5	2.24	是	
44	下游堆石区	坝下 0+065	2 672.5	2.18	是	
45	下游堆石区	坝下 0+040	2 673.3	2.22	是	
46	下游堆石区	坝下 0+055	2 673.3	2.16	是	
47	下游堆石区	坝下 0+045	2 674.1	2.17	是	
48	下游堆石区	坝下 0+060	2 674.1	2.19	是	
49	下游堆石区	坝下 0+045	2 674.9	2.16	是	
50	下游堆石区	坝下 0+060	2 674.9	2.17	是	
51	下游堆石区	坝下 0+048	2 675.7	2.22	是	
52	下游堆石区	坝下 0+058	2 675.7	2.19	是	

压实要求：垫层区干密度值≥2.25 t/m³,过渡区干密度值≥2.21 t/m³,主堆石区干密度值≥2.15 t/m³,下游堆石区干密度值≥2.16 t/m³。

1)垫层区

检测范围在坝上 0+063 ~ 0+100,高程 2 649.1 ~ 2 650.9 m,干密度值 2.27 ~ 2.32 t/m³,满足设计要求。

2)过渡区

检测范围在坝上 0+030 ~ 0+094,高程 2 649.5 ~ 2 654.9 m,干密度值 2.23 ~ 2.31 t/m³,满足设计要求。

3)主堆石区

检测范围在坝上 0+028 ~ 坝上 0+080,高程 2 650.9 ~ 2 656.5 m,坝下 0+070 ~ 坝下 0+085 m、高程 2 670.9 ~ 2 675.7 m,干密度在 2.16 ~ 2.28 t/m³,满足设计要求。

4)下游堆石区

检测范围在坝下 0+035 ~ 0+070,高程 2 670.9 ~ 2 675.7 m,干密度在 2.16 ~ 2.24 t/m³,满足设计要求。

3.2.5　堆石坝面板质量检测

堆石坝面板由于填筑料本身物理性质不稳定,其在自身的重力作用下,随着时间的推移会发生较大的位移变形,而大坝面板一般为钢筋混凝土结构,为刚性体,强度较大,在重力的作用下只有较小的变形沉降,因此大坝面板和坝体填筑料之间易出现脱空现象,大多呈现中部深、四周浅的"锅底"形态,因此水电站的物探检测一般会有混凝土面板脱空检测。同时,由于热胀冷缩、养护不到位、特殊环境、浇筑环境、振捣不到位等各种情况,会导致面板上出现各种裂缝,针对裂缝,也会进行一些检测。

脱空检测方法一般为热红外成像和地质雷达,裂缝检测可采用超声三维横波成像法。本节只对红外热成像、超声三维横波成像法进行叙述。

3.2.5.1 红外热成像

1. 原理方法

使用红外热成像仪对大坝面板开展检测,查明面板与垫层之间的脱空情况,为施工提供依据。红外热成像法利用红外设备,接收来自物体表面的热辐射,根据物体的热辐射性质反算物体表面温度,根据物体表面温度分布特征,探测缺陷的位置。

2. 现场检测技术措施

(1)距离与成像面积控制。红外热成像在大坝上游面进行,选取远景和近景扫描,热成像分辨率不小于 12 点/m²。

(2)成像时间。一般宜选择 8:00~17:00,每间隔 30 min 进行一次检测。

(3)温度范围和温度分辨率设置:测量温度范围 -20~60 ℃,温度分辨率不低于 0.08 ℃。

(4)红外热成像工作的同时,采用数码照相机进行面板外观照相。

3. 资料处理与解释

(1)探测整个混凝土面板全部范围,有规则地进行分区分块,大坝面板外观照片应进行无缝拼接,分辨率不低于 200 dpi,相应混凝土的一般蜂窝、麻面、错台、挂帘和裂缝等质量缺陷应清晰、可辨。

(2)掌握混凝土面板各种缺陷雷达图像特征,合理解释红外热成像图像,正确识别混凝土面板潜在的脱空和裂缝出现的区域和部位。

(3)结合地质雷达和超声波横波三维成像综合判定混凝土面板脱空缺陷与裂缝严重程度。

3.2.5.2 超声横波三维成像

1. 原理方法

该技术以超声横波反射理论为基础,结合不需要耦合剂的多触点干式检波器、合成孔径聚焦技术和三维层析成像技术,能对混凝土内部缺陷埋深和形态特征精确成像。当超声波在混凝土结构中传播遇到波阻抗有差异的物体时,如钢筋、空洞或欠密实区域等,就会产生反射波,通过接收到的反射波可以判断混凝土中是否存在缺陷。通过测试混凝土中超声波的速度,可以根据公式计算出反射界面的位置。

2. 现场检测技术措施

(1)进行缝深测量时,要尽量选择裂缝最大深度。

(2)在待测混凝土表面进行网格标记,并按网格标记进行测试。

(3)检测时应避免超声传播路径与附近钢筋轴线平行。

(4)检测中出现可疑数据时应及时查找原因,必要时进行复测校核或加密测点补测。

3.资料处理与解释

数据采集处理完毕后,根据裂缝宽度、长度和深度,对裂缝进行等级划分,并绘制裂缝分布位置图。

3.2.5.3　工程实例

1.概况

1)工程基本情况

古瓦水电站是硕曲河干流乡城、得荣段"一库六级"梯级开发方案的"龙头水库"电站。古瓦水电站采用混合式开发,电站装机容量 205.4 MW,工程规模为大(2)型工程,工程等别为Ⅱ等,挡水建筑物为 1 级建筑物,泄水、引水及发电等永久性主要建筑物为 2 级建筑物,次要建筑物为 3 级建筑物。古瓦水电站最大坝高 139 m,水库正常蓄水位 3 398 m,相应库容为 2.396 亿 m^3,总库容为 2.458 亿 m^3,死水位 3 320 m。左岸引水隧洞全长 20.37 km,电站引用流量 87.8 m^3/s,具有年调节能力。

2)设计简况

混凝土面板堆石坝轴线位于下坝址横Ⅲ勘探线附近,平面上轴线呈直线,走向为 N80°23′17″E。水库正常蓄水位 3 398.00 m,校核洪水位 3 399.16 m,坝顶高程 3 402.00 m,趾板最低建基面高程 3 263.00 m,最大坝高 139.0 m,坝顶长 313.16 m,宽 10.0 m,坝顶上游侧设置 L 形防浪墙,墙高 3.7 m。

上游坝面为钢筋混凝土防渗面板,面板厚度 30~69.4 cm。上游坝坡高程 3 321.00 m 以下设置粉质黏土铺盖和石渣压坡盖重。下游坝坡用厚度 0.5 m 的干砌块石进行衬护。

坝体分上游盖重区、上游铺盖区、混凝土面板、垫层区、过渡区、上游堆石区、下游堆石区、下游护坡。混凝土面板厚 30~69.4 cm,面板上游为盖重及黏土铺盖区。盖重体顶高程 3 321.00 m,顶宽 5.0 m,上游坝比 1:2.5;上游铺盖顶高程 3 321.00 m,宽 5.0 m,上游坡比 1:1.75。垫层区水平宽 3.0 m,过渡区水平宽 5.0 m。

3)地质简况

库区硕曲河蜿蜒曲折,总体呈北北西流向。库区断面呈"V"或"U"形,枯水期河水面宽 15~40 m,谷底宽一般 30~100 m,正常蓄水位 3 398 m 时,河谷宽一般 200~300 m,最宽约 900 m。库区河道平缓,沿河漫滩零星分布,宽一般 5~20 m。沿岸零星分布Ⅰ、Ⅱ级基座阶地,Ⅰ级阶地高 8~10 m,宽一般 5~10 m,最宽约 70 m。Ⅱ级阶地拔河高 20~30 m,宽一般 10~15 m,最宽约 120 m。库区覆盖层堆积体主要分布于上坝址、拉玛隆、多依、丫亲沟上游约 900 m 及邓坡曲库尾,分布高程 3 330~3 520 m。

邓坡曲支库河道总体较顺直,总体流向 S35°W。沟口段沟谷狭窄,中上游河谷相对较开阔,呈不对称"V"形谷,枯水期河水面宽 10~22 m,正常蓄水位 3 398 m 时,谷宽 100~300 m。两岸山体雄厚,岸坡较完整,自然坡度一般为 30°~50°,基岩大多裸露。沿河漫滩和Ⅰ级阶地较发育,Ⅱ级阶地仅分布在右岸库尾。

库区出露地层主要为三叠系上统喇嘛哑组下段(T_3^{lm1})和三叠系上统拉纳山组下段(T_3^{ll})。以拉玛隆断层为界,断层东侧为喇嘛哑组下段(T_3^{lm1}),岩性主要为浅灰色厚层–中厚层变质长石石英砂岩夹板岩,西侧为拉纳山组下段(T_3^{ll}),岩性为灰色厚层、中厚层状变质砂岩夹板岩。邓坡曲支库尾段出露喇嘛哑组中段和上段(T_3^{lm2-3}),岩性为灰黑色砂岩与板岩。也热沟至下坝址硕曲河基本沿短轴向斜核部通过。

库区内未见滑坡及大规模的不稳定体,区内物理地质现象主要表现为岸坡岩体的风化卸荷、崩塌。

2.检测成果分析

采用地质雷达法和红外热成像法对大坝一期、二期面板开展面板与堆石体间脱空检测,采用超声三维横波成像法及裂缝长度、宽度检测的方法对面板裂缝开展检测。大坝一期、二期面板红外热成像脱空检测共完成 40 000 多 m^2,地质雷达检测完成 8 000 多 m,裂缝检测完成将近 800 m^2。

1)仪器设备

脱空检测采用美国 GSSI 公司生产的 SIR-3000 地质雷达,美国的 FLIR-E60 红外热成像仪;裂缝检测采用俄罗斯的 A1040MIRA 超声横波三维成像仪。

2)检测布置

大坝面板物探检测布置如下:

(1)红外热成像检测脱空检测。在大坝面板表面,根据红外热成像仪单次成像范围,沿大坝面板横向或竖向布置测线,连续拼接红外热成像检测成果图片,全面覆盖整个大坝面板。

(2)地质雷达脱空检测。地质雷达测线布置在大坝面板两侧铜止水外 0.5 m,实际测线根据现场情况调整。对采集得到的雷达数据进行及时处理,在有强反射异常的仓位或区间调整增益,进行适当的加密复测,确认强反射异常的真实存在性。

(3)裂缝检测。面板裂缝采用外观方式进行识别、定位和检查,使用超声横波三维成像仪、裂缝测宽仪及钢直尺对裂缝宽度、深度进行综合判定。

3)红外热成像检测脱空检测

(1)大坝一期面板。对古瓦水电站大坝高程 3 264.0~3 325.0 m 的 13#~27# 面板进行热成像检测,检测面积为 12 522.5 m^2。红外热成像照片中绝大部分区域为红外虚异常区,通过对比早晨低温与午后最高温红外热成像图片,高温红外热成像图片中红外异常区与红外虚异常区基本重合,说明一期面板与垫层料之间接触总体较好,红外热成像资料中无明显脱空异常。

(2)大坝二期面板。对古瓦水电站大坝高程 3 325.0~3 399.5 m 的 1#~32# 面板进行热成像检测,检测面积为 31 171.56 m^2。本次检测时间在 8:30~16:00,每间隔 30 min 进行一次检测。通过对比二期面板红外热成像照片,红外热成像照片中绝大部分区域为红外虚异常区,通过对比早晨低温与午后最高温红外热成像图片,高温红外热成像图片中红外异常区与红外虚异常区基本重合,说明二期面板与垫层料之间接触总体较好,红外热成像资料中无明显脱空异常反映。

4)地质雷达脱空检测

(1)大坝一期面板。本次古瓦水电站大坝面板地质雷达检测对 19#~27# 面板高程 3 325 m 以下脱空情况进行了详查,应业主要求每仓布置两条雷达测线,设计测线位置位于面板两侧铜止水外 0.5 m。现场检测过程中对测线位置略有调整。

根据大坝面板红外热成像检测成果资料,对大坝 13#~27# 面板高程 3 264~3 325 m 间面板进行了地质雷达详查。

古瓦水电站大坝 3 264~3 325 m 高程面板与垫层接触总体较好,其中 13#~18#、20#、24# 和 26# 面板经地质雷达检测,面板与垫层界面的电磁波反射较弱,同相轴较连续,波形波幅稳定,未见明显异常强反射,表明面板与垫层接触紧密,无明显脱空异常。但局部存在少量强反射异常,共 12 处。面板与垫层料接触异常主要分布在大坝 21#、22# 和 23# 面板 3 267 m 高程以下,除以上 4 处轻微脱空外,其余强反射异常(8 处)均分布在混凝土面板与趾板接缝上方约 5 m 范围内。大坝面板检测期间已及时将该基础技术资料向业主提交,业主及时组织召开了业主、监理、施工及第三方质检单位参加的四方会议,经过讨论、分析,认为混凝土面板与趾板接缝段 5 m 范围内强反射异常的成因有如下几条:

①该部位强反射异常的原因是混凝土面板与垫层料接触界面间轻微脱空。

②平趾板反渗排水管封堵后,山体内部含水无法排出,造成地下水位抬升,混凝土面板与趾板接缝段受地下水浸润,造成混凝土面板与垫层料接触界面含水。

③一期混凝土面板养护水从高处向趾板处渗流,在面板与趾板接缝段汇集,造成混凝土面板与垫层料接触界面含水。

④趾板周边缝附近铜止水、扁铁、钢筋、监测预埋管等埋件较多。接触异常总长度约为 20.1 m,占检测测线总长度(2 450.4 m)的 0.8%。

根据地质雷达检测成果资料,19~27 号面板脱空情况检测成果见表 3-15。

表 3-15　大坝一期面板脱空检测成果

面板编号	异常位置(趾板侧端点)		异常长度/m	异常类别	异常厚度/cm
	桩号	高程/m			
19	0+164.61	3 291.8	1.0	轻微脱空	≤5
	0+172.61	3 291.57	0.8	轻微脱空	≤5
21	0+188.21	3 278.77	0.4	轻微脱空	≤5
	0+197.61	3 265.63	1.0	强反射	≤5
22	0+200.11	3 264	2.2	强反射	≤5
	0+209.61	3 311.08	3.0	轻微脱空	≤5
	0+209.61	3 264.35	1.0	强反射	≤5
23	0+211.61	3 264	3.2	强反射	≤5
	0+218.61	3 264	4.4	强反射	≤5
25	0+238.61	3 264	0.6	强反射	≤5
	0+242.61	3 264	1.0	强反射	≤5
27	0+260.81	3 264.12	1.5	强反射	≤5

(2)大坝二期面板。

古瓦水电站大坝面板地质雷达检测对 1#~32# 面板高程 3 325.0~3 399.5 m 脱空情况进行了详查,应业主要求每仓布置两条雷达测线,设计测线位置位于面板两侧铜止水外

0.5 m。根据大坝面板红外热成像检测成果资料,对大坝 1#~32#面板高程 3 325.0~3 399.5 m 间面板进行了地质雷达详查,共计检测 8 505 m。探测范围内未发现不密实区域,满足设计要求。大坝二期面板典型雷达脱空检测成果见图 3-10,18#面板右侧测线雷达脱空检测典型成果图,接触密实未见异常区域。

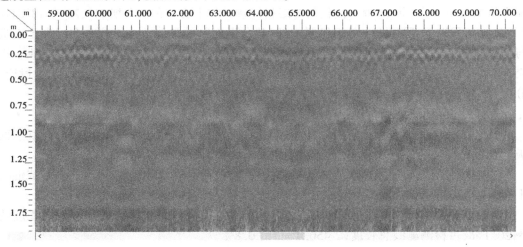

图 3-10　18#面板右侧测线雷达脱空检测典型成果

5)面板裂缝检测

根据设计单位提出的《古瓦水电站混凝土面板、趾板裂缝处理技术要求》,将裂缝按照Ⅰ类(裂缝宽度≤0.20 mm)、Ⅱ类(0.20 mm<裂缝宽度<0.50 mm)、Ⅲ类(裂缝宽度>0.50 mm)原则进行分类,依据普查结果逐块、逐条按其分布高程、裂缝走向、裂缝类别编号统计。

(1)一期面板裂缝检测。

对大坝一期面板高程 3 264.0~3 325.0 m 的 13#~27#面板进行裂缝检测,经现场建设四方人工表面普查,在普查基础上进行裂缝长度、宽度和深度检测,共检测出 112 条裂缝,裂缝总长 493.2 m,面积合计 219.6 m²。结合检测成果,经专题会讨论、分析,排除了非裂缝、大部分表面干缩印痕、土工布养护拆除印痕等,最终确认Ⅰ、Ⅱ、Ⅲ类裂缝共 29 条。其中Ⅰ类裂缝 14 条,占总数的 48.28%。Ⅱ类裂缝 12 条,占总数的 41.38%。Ⅲ类裂缝 3条,占总数的 10.34%。大坝一期面板裂缝检测成果见表 3-16。

表 3-16　大坝一期面板(高程 3 264.0~3 325.0 m)裂缝检测成果

序号	裂缝 编号	裂缝位置			裂缝长度/ m	裂缝宽度/ mm	裂缝分类
		X	Y	Z			
1	14#-01	112.126	115.863	3 321.086	5.5	≤0.20	Ⅰ
2	16#-01	129.593	127.543	3 312.755	2.3	≤0.20	Ⅰ
3	17#-01	142.084	124.184	3 315.128	2.4	≤0.20	Ⅰ

续表 3-16

序号	裂缝编号	裂缝位置			裂缝长度/m	裂缝宽度/mm	裂缝分类
		X	Y	Z			
4	17#-02	142.023	125.215	3 314.388	1.3	≤0.20	Ⅰ
5	18#-01	158.309	110.27	3 325.112	4.5	≤0.20	Ⅰ
6	21#-01	190.01	146.576	3 299.086	12.0	0.20~0.50	Ⅱ
7	21#-02	193.37	142.894	3 301.720	12.0	0.50~0.64	Ⅲ
8	21#-03	195.563	153.665	3 294.087	9.0	0.20~0.50	Ⅱ
9	21#-04	194.76	159.504	3 289.923	12.0	0.50~0.78	Ⅲ
10	22#-01	208.058	118.789	3 318.916	3.4	0.20~0.50	Ⅱ
11	22#-02	206.28	114.774	3 321.783	0.9	≤0.20	Ⅰ
12	22#-03	203.237	115.112	3 321.547	0.9	≤0.20	Ⅰ
13	23#-01	220.778	143.664	3 300.959	12.0	0.20~0.50	Ⅱ
14	23#-02	219.428	155.73	3 292.598	2.1	≤0.20	Ⅰ
15	23#-03	213.645	140.808	3 303.217	2.5	≤0.20	Ⅰ
16	24#-01	223.992	188.044	3 269.484	2.3	≤0.20	Ⅰ
17	24#-02	227.425	181.449	3 274.252	2.3	0.20~0.50	Ⅱ
18	24#-03	227.859	163.361	3 288.562	7.0	0.20~0.50	Ⅱ
19	24#-04	230.36	145.669	3 299.765	1.3	0.20~0.50	Ⅱ
20	24#-05	227.025	111.202	3 324.353	5.2	≤0.20	Ⅰ
21	25#-01	237.023	111.989	3 323.749	2.3	≤0.20	Ⅰ
22	25#-02	241.38	130.767	3 310.762	2.7	0.50-0.72	Ⅲ
23	25#-03	236.803	139.968	3 303.784	2.5	≤0.20	Ⅰ
24	25#-04	236.493	148.661	3 297.600	2.1	≤0.20	Ⅰ
25	25#-05	242.122	161.117	3 288.718	6.5	0.20~0.50	Ⅱ
26	25#-06	236.991	151.079	3 295.876	12.0	0.20~0.50	Ⅱ
27	26#-01	251.206	183.305	3 272.854	6.5	0.20~0.50	Ⅱ
28	26#-02	250.168	145.507	3 299.819	4.0	0.20~0.50	Ⅱ
29	26#-03	250.168	145.507	3 299.819	4.1	0.20~0.50	Ⅱ

（2）二期面板裂缝检测。

对大坝二期面板高程 3 325.0~3 399.5 m 的 1#~32# 面板进行裂缝检测，经现场建设四方人工表面普查，在普查基础上进行裂缝长度、宽度和深度检测，共检测出 669 条裂缝，裂缝总长 1 110.6 m，面积合计 555.3 m²。结合检测成果，经专题会讨论、分析，排除了非裂缝、大部分表面干缩印痕、土工布养护拆除印痕等，最终确认Ⅰ、Ⅱ、Ⅲ类裂缝共 53 条。其中Ⅰ类裂缝 31 条，占总数的 58.49%。Ⅱ类裂缝 15 条，占总数的 28.30%。Ⅲ类裂缝 7 条，占总数的 13.21%。根据检测成果，所有裂缝后经施工单位完成消缺。

6）结语

（1）古瓦水电站大坝 3 264.0~3 399.5 m 高程面板与垫层接触总体较好，其中 13#~18#、20#、24# 和 26# 面板经地质雷达检测，面板与垫层界面的电磁波反射较弱，同相轴较连续，波形波幅稳定，未见明显异常强反射，表明面板与垫层接触紧密，无明显脱空异常，但局部存在少量强反射异常，共 12 处。后经业主、监理、施工及第三方质检单位四方专题会议确定，以上异常区域不是脱空现象。古瓦水电站大坝 3 325.0~3 399.5 m 高程面板与垫层接触总体较好，检测范围内未发现不密实区域，满足设计要求。

（2）古瓦水电站大坝 3 264.0~3 325.0 m 高程的 13#~27# 面板和 3 325.0~3 399.5 m 高程的 1#~32# 面板热成像检测结果显示，一期面板与垫层料之间接触总体较好，未发现明显脱空异常。

（3）对古瓦水电站大坝 3 264.0~3 325.0 m 高程的 13#~27# 面板和高程 3 325.0~3 399.5 m 的 1#~32# 面板进行裂缝检测，经现场建设四方人工表面普查，在普查基础上进行裂缝长度、宽度和深度检测，结合检测成果，经专题会讨论、分析，确定 29 条裂缝，其中Ⅰ类裂缝 14 条，Ⅱ类裂缝 12 条，Ⅲ类裂缝 3 条，二期面板共发现 53 条裂缝，其中Ⅰ类裂缝 31 条，Ⅱ类裂缝 15 条，Ⅲ类裂缝 7 条。所有裂缝后经施工单位完成消缺处理。

3.2.6　混凝土衬砌质量检测

水电站或抽蓄电站工程中，混凝土衬砌检测一般在洞室内，采用方法多为地质雷达。

3.2.6.1　工程概况

毛尔盖水电站位于四川省阿坝藏族羌族自治州黑水县境内的黑水河中游红岩乡至俄石坝河段，电站是黑水河流域水电规划"二库五级"方案开发的第 3 梯级电站。本工程等别为Ⅱ等工程，工程规模为大（2）型。该电站利用落差 260 m，设计装机容量为 420 MW。电站正常蓄水位为 2 133.00 m，正常蓄水位以下相应库容 5.35 亿 m³，调节库容 4.44 亿 m³，具有年调节能力。坝址控制流域面积 5 317.00 km²，多年平均流量 104.00 m³/s。

本工程主要由首部枢纽、引水系统和地面厂房系统三部分组成。

为确保工程施工质量，根据毛尔盖水电有限公司工程部的委托，黄河勘测规划设计研究院有限公司承担了放空洞衬砌质量地质雷达检测任务。本次采用地质雷达探测衬砌与围岩之间回填密实性、脱空情况及缺陷分布情况。

3.2.6.2　地质简况

放空洞洞身段基岩岩性分别为中厚层石英砂岩夹千枚岩、千枚岩夹中厚层石英砂岩、薄层炭质千枚岩夹石英砂岩、中厚层石英砂岩夹薄层千枚岩，放空洞水平埋深一般 30 m，最大埋深 80 m,岩体以弱风化、强卸荷为主。

根据岩性差异、结构面发育情况、岩体风化、卸荷、岩体结构等因素,划分为四段。第一段:0+000~0+140,地层走向交角大,属弱风化上段,强卸荷岩体,岩体以Ⅳ类为主,局部为Ⅴ类。第二段:0+140~0+409.5,地层走向交角大,岩体以Ⅳ类偏好为主。第三段:0+409.5~0+760,地层走向近于平行,岩体弱风化上段为主,但卸荷较强,岩体以Ⅳ类为主。第四段:0+760 至出口,与地层走向交角小,属弱风化上段,弱卸荷岩体,岩体以Ⅳ类为主。出口段岩体以Ⅴ类为主。

3.2.6.3　测线布置

检测在分段进行,都是布置 3 条测线,并对发现的缺陷进行处理后的检测。具体如下:

(1)在放空洞放 0+998~放 1+055、放 0+420~放 0+522、放 0+008~放 0+100 进行了雷达检测,分别在放空洞洞顶及左右 45°洞壁处布置 3 条测线。测线布置桩号见表 3-17。

表 3-17　现场测线布置情况

序号	起点桩号	终点桩号	测段长度/m	说明
1	放 0+998	放 1+055	57	沿洞顶中央布置
2	放 1+055	放 0+998	57	沿左洞壁 45°洞壁处布置
3	放 0+998	放 1+055	57	沿右洞壁 45°洞壁处布置
4	放 0+522	放 0+420	102	沿洞顶中央布置
5	放 0+420	放 0+522	102	沿左洞壁 45°洞壁处布置
6	放 0+522	放 0+420	102	沿右洞壁 45°洞壁处布置
7	放 0+100	放 0+008	92	沿洞顶中央布置
8	放 0+008	放 0+100	92	沿左洞壁 45°洞壁处布置
9	放 0+100	放 0+008	92	沿右洞壁 45°洞壁处布置

(2)在放空洞放 0+110~放 0+182 段进行雷达检测,于放空洞洞顶布置 1 条测线;在放空洞放 0+200~放 0+350 段,于洞顶及左右 45°洞壁处布置 3 条测线。测线布置桩号见表 3-18。

表 3-18　现场测线布置情况

序号	起点桩号	终点桩号	测段长度/m	说明
1	放 0+110	放 0+182	72	沿洞顶中央布置
4	放 0+350	放 0+200	150	沿洞顶中央布置
5	放 0+200	放 0+350	150	沿左洞壁 45°洞壁处布置
6	放 0+350	放 0+200	150	沿右洞壁 45°洞壁处布置

(3)放空洞缺陷部位灌浆处理后,在放 0+018~放 0+054、放 0+270~放 0+342 进行雷

达检测,针对灌浆部位布置 1 条测线。测线布置桩号见表 3-19。

表 3-19　现场测线布置情况

序号	起点桩号	终点桩号	测段长度/m	说明
1	放 0+018	放 0+054	36	沿洞顶中央布置
2	放 0+270	放 0+342	72	沿洞顶中央布置

3.2.6.4　仪器设备及采取的技术措施

本次检测的仪器设备采用美国地球物理测量系统公司(GSSI)生产的 TerraSIRchSIR-3000 型地质雷达,采用 400 MHz 屏蔽探测天线。系统由主机、笔记本电脑、天线以及传输光纤组成。现场工作时,采样点数为 1 024,记录长度 50 ns,采用测量轮连续扫描方式。

技术措施:在现场选取一段进行试验,由此确定仪器的各项参数及介电常数和波速等;对测量轮进行标定;在工作时,天线和测距轮保持同步移动,天线贴紧衬砌表面,操作员密切注意数据变化,确保数据采集质量符合要求;事先在衬砌上标注桩号,每隔一段距离进行打标一次,记录桩号;在检测过程中严格执行相关规程规范。

3.2.6.5　资料及成果分析

依据地质雷达探测反射波的振幅和方向、同相轴形态特征及频谱特性等参数进行剖面分析,依据信号的时间、形态、强弱、正反方向等进行判读、解释。对检测数据进行整理分析,放空洞拱顶段探测资料反映共有 5 段衬砌与围岩之间有脱空现象,最大脱空处长约 9.5 m。检测结果见表 3-20。

表 3-20　放空洞探地雷达检测成果

序号	检测桩号范围	测试部位	缺陷长度/m	缺陷位置	缺陷描述
1	放 0+008 ~ 放 0+100	洞顶	5	放 0+025 ~ 放 0+030	衬砌与围岩之间有脱空区,高度约 12 cm
2	放 0+008 ~ 放 0+100	洞顶	5	放 0+043 ~ 放 0+048	衬砌与围岩之间有脱空区,高度约 9 cm
3	放 0+350 ~ 放 0+200	洞顶	5	放 0+341.5 ~ 放 0+336.5	衬砌与围岩之间有脱空区,高度约 10 cm
4	放 0+350 ~ 放 0+200	洞顶	9.5	放 0+300.5 ~ 放 0+291	衬砌与围岩之间有脱空区,高度约 13 cm
5	放 0+350 ~ 放 0+200	洞顶	9.5	放 0+289 ~ 放 0+279.5	衬砌与围岩之间有脱空区,高度约 12 cm

通过对雷达图像上雷达反射信号的识别,由雷达剖面图可以发现以上几处明显的异

常信号,雷达信号到达不密实区域时会产生强烈的反射,在雷达剖面中应表现为一条连续的同相轴,存在着一条明显的强反射面,对这些反射信号进行归类分析,可推测出不同程度的工程缺陷,在这种信号中反射信号有一定的加强,推断此处为脱空区域。根据检测结果,施工对划定的异常区域进行了注浆处理,第 2 次检测后,对比同样位置的剖面图可以看出灌浆后测试信号有了明显的改善,前期由于脱空所产生的强反射界面已消失,并且图中同相轴连续一致,表明此脱空区域已被填充。

3.2.7　钢衬与混凝土接触状况检测

钢衬与混凝土接触状况检测主要是查明钢管或钢衬与混凝土质量的脱空情况,目前常用的方法为冲击回波法(脉冲回波法)。

3.2.7.1　概况

1. 工程概况

古瓦水电站是硕曲河干流乡城、得荣段"一库六级"梯级开发方案的"龙头水库"电站。古瓦水电站采用混合式开发,电站装机容量 205.4 MW,工程规模为大(2)型工程,工程等别为 Ⅱ 等,挡水建筑物为 1 级建筑物,泄水、引水及发电等永久性主要建筑物为 2 级建筑物,次要建筑物为 3 级建筑物。古瓦水电站最大坝高 139 m,水库正常蓄水位 3 398 m,相应库容为 2.396 亿 m³,总库容为 2.458 亿 m³,死水位 3 320 m。左岸引水隧洞全长 20.37 km,电站引用流量 87.8 m³/s,具有年调节能力。

2. 设计简况

压力管道为地下埋藏式,采用一条主管,三条支管的联合供水布置方式。压力管道由上平段、竖井段及下平段组成。主管内径 4.8 m,总长 785.03 m。

三条尾水连接洞总长约 210 m,断面为圆拱直墙型。三条尾水连接洞交汇于一条无压尾水洞,无压尾水洞全长约 106 m,前段为纵坡 12% 的倒坡段,长约 41 m,后段为纵坡 0.1% 的顺坡段,长约 65 m。隧洞断面采用圆拱直墙型。尾水洞出口轴线与河道呈 55° 夹角,尾水出流平顺。出口基岩出露,花岗岩弱风化,岩体较完整,边坡整体稳定。局部裂隙发育部位岩体较破碎,存在危岩体。尾水洞出口边坡采用了喷锚+贴坡混凝土支护,对上游侧倒悬体采用了回填混凝土+预应力锚索及锚杆支护的形式。

3. 地质简况

库区出露地层主要为三叠系上统喇嘛哑组下段(T_3^{lm1})和三叠系上统拉纳山组下段(T_3^{ll})。以拉玛隆断层为界,断层东侧为喇嘛哑组下段(T_3^{lm1}),岩性主要为浅灰色厚层~中厚层变质长石石英砂岩夹板岩,西侧为拉纳山组下段(T_3^{ll}),岩性为灰色厚层、中厚层状变质砂岩夹板岩。邓坡曲支库尾段出露喇嘛哑组中段和上段(T_3^{lm2-3}),岩性为灰黑色砂岩与板岩。也热沟至下坝址硕曲河基本沿短轴向斜核部通过。

3.2.7.2　检测方法及布置

冲击回波法的方法原理等见本章的 3.2.2.1 小节的"3. 冲击回波法"。

1. 仪器设备

检测采用成都升拓工程检测有限公司生产的 SCE-MATS 型混凝土多功能无损检测仪,具有单面检测、不需要耦合剂、稳定的自动化信号激发源、检测结构三维成像、轻便易于携带的特点。

2. 检测布置

对引水隧洞钢衬段、压力钢管上平段、下平段、1#支管、2#支管、3#支管进行脱空检测,测线总长度为 3 046.5 m。

引水隧洞压力钢管(含上、下平段)测线布置沿洞轴线方向(由小桩号到大桩号)在压力钢管及左右拱腰各布设 3 条测线,沿压力钢管水流方向每隔 0.5 m 设置一个检测断面,每个检测断面设置 5 个测点,测点间距为 0.5 m。

引水隧洞 1#~3#支管,测线布置沿洞轴线方向(由小桩号到大桩号)在压力钢管拱顶及左右拱腰各布设 3 条测线,沿压力钢管水流方向每隔 0.5 m 设置一个检测断面,每个检测断面设置 5 个测点,测点间距为 0.2 m。

3.2.7.3 检测结果分析

1. 引水隧洞

引水隧洞工程压力钢管冲击回波检测完成 3 022.5 m,共发现 287 处脱空缺陷,其中最大脱空面积 0.49 m²,最小脱空面积 0.02 m²,均小于 0.5 m²。根据设计要求:脱空面积不大于 0.5 m² 为合格。脱空面积在设计允许范围内。

2. 地下厂房系统

在蜗壳和尾水底部进行了检测。检测总长度 144 m。根据设计要求脱空面积不大于 0.5 m² 为合格。根据检测成果共发现 36 处脱空缺陷,其中最大脱空面积 0.18 m²,最小脱空面积 0.01 m²,均不大于 0.5 m²。脱空面积在设计允许范围内。

3.2.8 锚杆质量检测

锚杆质量检测包括饱满度和长度,目前一般采用声波反射波法,也称锚杆无损检测。

3.2.8.1 声波反射波法

1. 工作方法与技术措施

1)工作方法

声波反射法是在锚杆外漏端施加瞬态或稳态激振荷载,实测加速度或速度响应时程曲线,进行时域和频域等分析,对被检测锚杆锚固质量状况进行评价的检测方法。

由仪器发射震源产生的弹性波,沿着锚杆传播并向锚杆周围辐射能量,检波器检测到反射回波,并由检测仪对信号进行分析与存储。反射信号的能量强度和到达时间取决于锚杆周围或端部的灌浆状况,通过对信号进行处理和分析,可以确定锚杆长度以及灌浆密实度和锚固缺陷位置。

2)技术措施

(1)锚杆记录编号应与锚杆图纸编号一致。

(2)根据现场施工材质,取自由杆测试,获取杆体自身特性,据此设置合理的时域信号记录长度和采样率,相同规格的锚杆设置一样的参数。

(3)测试过程中将接收传感器固定,并保证轴心与锚杆轴线平行。

（4）测试过程中,保证激振器激振点与锚杆的杆头充分紧密接触,对于实心锚杆,激振点应选择在杆头中心位置,并保证激振器的轴线与锚杆轴线基本重合;对于中空式锚杆,激振点应紧贴在靠近接收传感器一侧的环状管壁上,并保证激振器的轴线与锚杆轴线平行。

（5）通过现场试验选择合适的激振方式和冲击力。

（6）激振过程中,激振器要避免与接收传感器接触。

2. 数据处理与资料解释

锚杆无损检测资料的分析以时域分析为主,辅以频域分析,结合施工记录、地质条件和波形特征等因素进行综合分析判定。

（1）支护工程开始前,通过现场锚杆工艺性试验,确定杆体波速和杆系波速平均值。

（2）准确识别杆底反射谐振信号,根据反射波旅行时,计算锚杆长度。

（3）准确识别锚杆缺陷处反射谐振信号,计算缺陷位置和缺陷长度。

（4）根据锚杆的检测波形特征,对锚杆饱满度进行定性和定量评价。

3. 抽检方式

（1）由委托人或监理人根据现场实际情况随机指定抽查,抽查比例根据规范或业主、监理要求确定。

（2）当抽查合格率小于80%时,加倍抽查,如合格率仍小于80%,应全部检测。

（3）地质条件变化或原材料发生变化时,应至少抽检1组。

4. 检测资料要求

（1）计算实测锚杆长度,列出不密实区段,计算注浆密实度。

（2）按合格判定标准分单元进行评定。

3.2.8.2　工程实例

1. 概况

缙云抽水蓄能电站位于浙江省丽水市缙云县境内,上库地处缙云县大洋镇漕头村方溪源头,下库坝址位于方溪乡上游约1.9 km的方溪干流河段上。电站为日调节纯抽水蓄能电站,装机容量1 800 MW(6×300 MW),多年平均发电量18亿 kW·h。电站主要开发任务为发电,同时承担浙江电网的调峰、填谷、调频、调相和事故备用等任务。电站为Ⅰ等大(Ⅰ)型工程,其主要永久性建筑物按Ⅰ级建筑物设计。枢纽建筑物主要由上水库、输水系统、地下厂房系统、地面开关站及下库等建筑物组成。

锚杆无损检测所用设备为RSM-RBT锚杆无损检测仪。锚杆质量评定以《水电水利工程锚杆无损检测规程》(DL/T 5424—2009)或设计文件为准。

2. 检测成果

主变洞共检测锚杆213根,代表批量1 569根,其中Ⅰ级锚杆77根,占比36.2%,Ⅱ级锚杆136根,占比63.8%,无Ⅲ级、Ⅳ级锚杆。主变洞Ⅲ层(厂左 0+033.950～厂左 0+063.950、厂下 0+050.400～厂下 0+069.400)锚杆无损检测30根,其中22根为6.0 m锚杆,8根为8.0 m锚杆,检测成果见表3-21。典型锚杆无损检测成果见图3-11。

表 3-21　主变洞锚杆无损检测成果

锚杆编号	设计杆长/m	设计入岩长度/m	锚杆直径/mm	饱满度/%	入岩长度比例/%	锚杆等级	检测结果
5	6.00	5.85	25	87	99	Ⅱ	
11	6.00	5.85	25	87	100	Ⅱ	
15	6.00	5.85	25	91	100	Ⅰ	
23	6.00	5.85	25	90	99	Ⅱ	
26	6.00	5.85	25	88	101	Ⅱ	
38	6.00	5.85	25	86	100	Ⅱ	
40	6.00	5.85	25	90	101	Ⅰ	
45	6.00	5.85	25	87	101	Ⅱ	
57	6.00	5.85	25	91	100	Ⅰ	
61	6.00	5.85	25	91	100	Ⅰ	本单元工程锚杆共213根,抽检30根,其中Ⅰ级锚杆13根,占抽检总数的43.3%,Ⅱ级锚杆17根,占抽检总数的56.7%;均达到Ⅱ级以上。监理委托锚杆编号:40、56号均为Ⅰ级锚杆;17、6号均为Ⅱ级锚杆。单元锚杆质量评定:合格
65	6.00	5.85	25	86	100	Ⅱ	
12	6.00	5.85	25	85	100	Ⅱ	
16	6.00	5.85	25	91	100	Ⅰ	
21	6.00	5.85	25	93	100	Ⅰ	
24	6.00	5.85	25	90	101	Ⅰ	
29	6.00	5.85	25	86	100	Ⅱ	
42	6.00	5.85	25	86	101	Ⅱ	
47	6.00	5.85	25	91	101	Ⅰ	
52	6.00	5.85	25	87	101	Ⅱ	
56	6.00	5.85	25	90	100	Ⅰ	
68	6.00	5.85	25	86	101	Ⅱ	
10	8.00	7.85	28	88	100	Ⅱ	
17	8.00	7.85	28	87	101	Ⅱ	
27	8.00	7.85	28	93	101	Ⅰ	
6	8.00	7.85	28	89	101	Ⅱ	
9	8.00	7.85	28	88	98	Ⅱ	
17	8.00	7.85	28	88	99	Ⅱ	
22	8.00	7.85	28	92	101	Ⅰ	

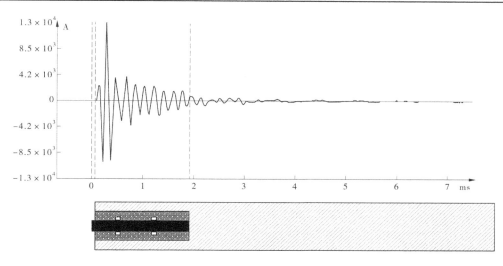

图 3-11　典型锚杆无损检测成果(Ⅱ级)

3.2.9　爆破振动监测

周宁抽水蓄能电站装机容量 1 200 MW(4×300 MW),主要由上水库、输水系统、地下厂房系统、地面开关站及下水库等建筑物组成。上水库库盆位于坑尾沟沟内,下水库位于穆阳溪中游的支流七步溪上,坝址区位于七步溪与穆阳溪交汇口的龙溪二级电站发电厂房上游约 360 m 处,地下厂房位于已建成的周宁水电站地下厂房附近。

电站为日调节纯抽水蓄能电站,装机容量 1 200 MW(4×300 MW),多年平均发电量 12 亿 kW·h。主要开发任务为发电,承担福建电网的调峰、填谷、调频、调相及备用等任务,必要时为华东电网提供支持,承担紧急事故备用等任务。电站距周宁县城公路里程约 19 km,距福安、宁德、福州三市公路里程分别为 39 km、96 km、185 km。

电站为大(1)型Ⅰ等工程,其主要建筑物按 1 级建筑物设计。枢纽工程主要由上水库、输水系统、地下厂房系统、地面开关站及下水库等建筑物组成。

3.2.9.1　监测目的及测点布置

检测目的是求得目标位置质点振动最大速度。

监测部位为厂房Ⅳ层下游(厂右 0+029.0~厂右 0+031.5)、厂房Ⅳ层下游(厂右 0+030.0~厂右 0+031.5)、母线洞(厂右 0+006.0),共布置 6 个测点,测点位置分别为上游岩壁梁(厂右 0+030)、下游岩壁梁(厂右 0+030)、上游岩壁梁(厂右 0+031)、下游岩壁梁(厂右 0+031)、上游岩壁梁(厂右 0+006)、下游岩壁梁(厂右 0+006)。

3.2.9.2　监测成果

监测成果显示,质点最大振动速度在 0.237~3.112 cm/s,根据《水电水利工程爆破安全监测规程》(DL/T 5333—2021)及设计要求,全部未超出安全值,监测成果见表 3-22,典型监测成果见图 3-12。

表 3-22　地下厂房顶拱层爆破振动监测成果

序号	测点位置	爆破位置	最大单响药量/kg	安全允许标准 v/(cm/s)	质点最大振速 v/(cm/s)	测点安全性评价
1	上游岩壁梁（厂右 0+030）	厂房Ⅳ层下游（厂右 0+029.0~厂右 0+031.5）	5.9	<7	0.655	未超安全值
2	下游岩壁梁（厂右 0+030）		5.9	<7	3.112	未超安全值
3	上游岩壁梁（厂右 0+031）	厂房Ⅳ层下游（厂右 0+030.0~厂右 0+031.5）	1.1	<7	0.237	未超安全值
4	下游岩壁梁（厂右 0+031）		1.1	<7	0.592	未超安全值
5	上游岩壁梁（厂右 0+006）	母线洞（厂右 0+006.0）	4.2	<7	0.943	未超安全值
6	下游岩壁梁（厂右 0+006）		4.2	<7	1.863	未超安全值

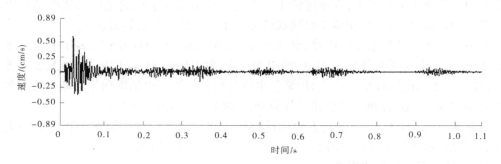

图 3-12　下游岩壁梁（厂右 0+031）爆破振动监测成果

第 4 章　隧洞超前地质预报

　　我国中、西部为多山地区,在大型基础工程建设项目中,如地铁、隧道、引水隧洞等,地下工程占有较大比重,并多为项目建设的控制性工程。在地形条件差和地质构造复杂的地区,断层带、褶皱、节理裂隙等构造比较发育,地下水丰富,隧道围岩所处的工程地质条件较差,增加了隧道施工难度和危险。在隧道工程建设施工过程中,隧道开裂、侧移、坍方冒顶、突泥、涌水、山体滑坡、岩爆等工程与地质病害频繁发生。所以,为保证隧道工程施工质量、工期、投资和人员设备安全,隧道超前地质预报已被列为保障施工的重要环节,特别是在地质条件复杂的深埋长大隧道和采用 TBM 掘进机施工的情况下,隧道地质超前预报工作更是显得必不可少。隧道施工中的地质超前预报是一个国际前沿课题,也是一个难题。隧道超前预报要解决构造软弱带、围岩的含水性和危险的饱水体及围岩的工程类别评价等地质问题。其中,构造软弱带问题包括断层、岩溶、构造破碎带等不良地质构造的性质、产状、位置、规模及影响范围等;围岩的含水性和危险的饱水体问题,包括富水断裂带、充水溶洞、饱水松散体等含水构造的位置、规模、饱水程度和水压大小等;围岩的工程类别评价包括围岩纵、横波速的测定、泊松比等物理力学参数指标的计算及围岩工程类别的确定等。对工程物探来说,这三个问题都是难题。隧道超前地质预报要求的内容多,技术难度大,在工程地球物理领域是一个疑难问题。

　　施工隧道的观测条件复杂、困难,波场识别和分离难度大是隧道地质超前预报技术成为疑难问题的第二个原因。隧道内探测空间布置和观测时间受施工条件限制,干扰因素多,只依靠洞内观测很难提高超前预报的可靠性和准确性,这是隧洞内探测很难克服的障碍。目前为止,国内外隧道超前预报方法主要采用的是地震反射技术,多是在隧道内线性布置观测系统探测,获得的地震反射信息横向分辨能力不够,速度扫描分析和定位精度很难提高。不同的地质构造和异常其物性差异不同,而隧道地质超前预报包含地质构造、围岩完整性、富水程度等工程地质和水文地质的多方面内容,这是隧道地质超前预报技术成为疑难问题的第三个原因。岩体的构造发育程度、完整性、破碎程度和稳定性等主要表现在力学性质的差异上,而电阻率的差异则对围岩的富水程度反应敏感。任何单一的物探方法都不可能同时反映力学和电磁学两种物性参数的变化。地震方法可以探测到围岩力学性质的变化,通过探测结果预报开挖面前方围岩的岩性变化、构造发育、结构特征和力学强度等力学要素,对断层、软弱带、破碎体的反应敏感,但对围岩的饱水性不敏感,不能预报饱水体和富水地段,容易漏报而导致发生突泥、涌水等病害事故,造成重大的经济损失。高密度电法、地质雷达和瞬变电磁用于探测围岩的电性参数变化,对围岩的含水性反应比较敏感,可以预报围岩的富水地段、饱水体和危险的含水破碎带,预防地下水诱发的隧道工程地质病害发生。国内外的超前预报技术目前主要应用的是地震方法,电磁方法使用得相对较少。

　　目前,国内外隧道超前预报技术的应用和研究总体水平还处于发展之中,需要在多个方面不断进行研究、改进和完善。

1. 方法和技术的局限性

(1)观测方式多为隧道内的线性布置(沿侧壁的一字形)。

(2)分析的物理量多局限于走时,时间场、能量场、频率等信息用得少。

(3)解释判断缺乏科学依据,多依靠经验。

2. 探测方法

探测方法以地震为主要手段,多种方法结合的综合预报比较少。

(1)物性异常应与地质构造、结构的发育规律一致,物探异常的位置应符合地质规律和地质体性质,物探必须与工程地质和水文地质密切结合。

(2)多种物探方法结合,地震法探测应与电磁法探测相互结合进行综合探测、分析和解释才能解决复杂的地质问题。

(3)隧道内观测与隧道外探测和地表地质调查相结合。隧道内构造与隧道区域构造有很大相关性,地表探测与调查、推断对隧道内的观测有重要指导意义。对于地质复杂的深埋长大隧道,超前预报可以采用长距离探测法(负视速度法、TSP、TRT 等)结合短距离探测法(地质雷达、红外、瞬变电磁探测),并结合工程地质研究结果进行综合预报。对于浅埋隧道,可以进行地表的高密度电法探测和地震 CT 探测相结合,查清隧道洞身位置围岩所处的工程水文地质条件,并结合洞内开挖揭露断面进行跟踪地质调查,预报精度和可靠性要高于隧道内的超前探测。

3. 软、硬件技术不能满足要求

(1)地震仪的专业化程度和技术指标不高。

(2)传感器耦合与埋炮技术不好。

(3)国内软件开发落后,缺乏直观、专业的分析解释软件。

4. 从事超前预报技术人员的专业精神和技术水平

(1)隧道施工时,洞内环境复杂,预报技术人员应设法排除各种干扰,取得可靠的数据。

(2)国内外超前预报技术发展较快,隧道工程施工和超前预报方法、技术的发展需要从事预报工作的技术人员不断加强自身专业技术水平。

(3)物探必须与地质很好地结合才能更好地服务于地质。

4.1　隧洞工程常见的地质灾害类型及危害

4.1.1　断层破碎带引起的地质灾害

4.1.1.1　断层要素

断层的几何要素是指断层的组成部分及与阐明断层空间位置和运动性质有关的具有几何意义的要素,它包括以下几种。

1. 断层面

断层面是将岩体断开,被断岩块沿着它滑动的破裂面,是一种面状构造。它在局部地段可以是平面,但在较大范围内通常是不规则的曲面。和岩层产状一样,断层面的产状也用走向、倾向和倾角来表示。

2. 断盘

断盘是在断层面两侧并沿断层面发生明显位移的岩块,如果断层面是倾斜的,则位于断层面上侧的一盘为断层的上盘,位于断层面下侧的一盘为断层的下盘,如果断层面是直立的,则可用该断盘相对于断层线的方位来描述,如北东盘、南西盘、东盘、西盘等,并无上盘、下盘之分。根据断层两盘的相对滑动方向,将相对上升的一盘叫上升盘,而相对下降的一盘叫下降盘。

3. 位移

断层两盘岩块的相对运动既有直线运动,又有旋转运动。在直线运动中,两盘做相对的平直滑动而无旋转;在旋转运动中,两盘以断层面的某法线为轴做旋转运动。断层常常是做这两种运动的综合运动,但多数断层都以直线运动为主。断层规模越大,直线运动所占的比例越大。

4. 滑距

断层两盘的实际位移距离叫滑距(总滑距)。从理论上讲,它是指在断层错动前的某一点,错动后分成的两个点(相当点)之间的实际距离,又称总滑距。总滑距在断层走向线上的分量叫走向滑距,总滑距在断层倾斜线上的分量叫倾斜滑距。

4.1.1.2　断层的分类

断层的分类是一个涉及因素较多的问题,比如断层与地层产状之间的关系、断层两盘带相对运动方向、断层本身产状特征等,目前广泛使用的是几何分类和成因分类,现仅就常用几何分类加以介绍。

根据断层走向与所在岩层走向的关系分类。①走向断层:断层走向和岩层走向基本一致。②倾向断层:断层走向和岩层走向基本垂直。③斜向断层:断层走向和岩层走向斜交。④顺层断层:断层面与岩层层面基本一致。

根据断层走向和褶皱轴向(或区域构造线)的关系分类。①纵断层:断层走向和褶皱轴向或区域构造线方向基本一致;②横断层:断层走向和褶皱轴向或区域构造线方向近于直交;③斜断层:断层走向和褶皱轴向或区域构造线方向斜交。

根据断层两盘的相对位移关系分类。①正断层:上盘相对下降,下盘相对上升的断层。②逆断层:上盘相对上升,下盘相对下降。③平移断层:断层两盘沿断层面走向方向做水平位移,这种断层称为平移断层。规模巨大的平移断层称为走向滑动断层。正断层、逆断层、平移断层的两盘相对运动都是直移运动,但自然界中还有许多断层常常有一定程度的旋转运动。④枢纽断层:断层两盘不是做直线位移,而是具有明显的旋转性,这种断层称为枢纽断层。枢纽断层显著的特点是在同一断层的不同部位的位移量不等。枢纽断层的旋转有两种方式,一是旋转轴位于断层的一端,表现为在横切断层走向的各个剖面上的位移量不等。⑤顺层断层:是顺着层面、不整合面等存在滑动的断层。当层间滑动达到一定的规模、具有明显的断层特征时,则形成顺层断层。断层一般顺软弱层发育,断层面与原生面基本一致。

4.1.1.3　断层存在的识别

在野外,断层活动的特征会在产出地段的有关地层、构造、岩石及地貌等方面反映出来,即所谓的断层识别标志。识别断层有的是直接标志,如地质界线或构造线被错开、地层的重复与缺失、断层面和断层破碎带等;有的是间接标志,如地貌水文标志等。

4.1.1.4　断层对隧洞围岩稳定性的影响

隧道围岩稳定性是隧道开挖过程中备受关注的一个问题,围岩一旦失稳,会造成隧道塌方,给施工带来很大的损失。断层是隧道开挖过程中最常见的不良地质现象,有断层分布的区段是隧道围岩最不稳定的区段之一,断层及其破碎带又是岩溶发育地区溶洞水、地下暗河和岩溶淤泥带等岩溶水最主要的发育场所;封闭条件好的断层及其破碎带,也是煤系地层中高压、高量瓦斯的主要聚集空间。

1. 不同力学性质断层对隧道围岩稳定性的影响

(1)张性、张扭性断层。由于张性、张扭性断层由大小不一、杂乱无章、棱角尖锐、胶结疏松的断层角砾岩组成,角砾和碎裂岩块之间的结合度最差,所以其自稳能力在三种单一式断层中最差。

(2)压性、压扭性断层。压性、压扭性断层可分为内带和外带两部分。内带由强烈挤压状态的压扁岩、压碎岩、片理化、糜棱岩化岩石和断层泥等构造岩组成,由于挤压的缘故,内带的破碎岩块多呈密实状态,所以其自稳能力比张性、张扭性断层好,但仍比扭性或以扭性为主的断层差。外带主要由裂隙发育的压裂岩组成,岩块之间的结合度较差,其自稳能力较差。

(3)扭性或以扭性为主的断层。扭性或以扭性为主的断层主要由密集节理带等片石状出现的构造岩组成,相对其他力学性质的断层来说,其碎裂程度最低,碎裂岩块之间的结合度较好,其自稳能力相对要好。

2. 顺层断层对隧道围岩稳定性的影响

层理是连续沉积中的暂时间断,有时是构造作用在沉积中的反映,当地层发生褶曲时,往往发生相对滑动,形成顺层理方向的断层,层面可以看成一个剪切结构面,这个面在沉积岩中对围岩稳定往往非常不利,因为沿着它抗剪强度很低,特别是在黏土质页岩夹层,遇水易软化,降低与上覆岩层层面间的抗剪强度,在其他断层影响下,围岩很容易发生失稳。

3. 断层交会对隧道围岩稳定性的影响

断层交会,即两条或两条以上断层相交。它包括一般断层交会和断层复合交接两类。前者是指同一构造体系内部两条不同力学性质的断层交会;后者则是指两个或两个以上不同构造体系的断层复合交接,后者是更主要的断层交会。断层交会对隧道围岩稳定性的影响最大,因为其与单一式断层相比,明显扩大了断层的规模,增加了断层的裂隙、空隙的密度,增大了裂隙、空隙,从而降低了破碎岩石、角砾的胶结程度和黏着力。另外,由于断层交会复合为不同走向断层相交,所以其对围岩稳定性的影响程度比断层归并复合还要大很多。

4. 断层其他要素对围岩稳定性的影响

影响隧道围岩稳定性的断层其他因素主要包括地质风化、断层走向与隧道中线的夹角、地下水和地应力。这里仅介绍前两个。

（1）地质风化。地质风化常常使岩石中的长石类矿物水化形成高岭土、蒙托石等黏土矿物，使破碎带矿物泥化，增加含泥量，地质风化还可以使岩石中的云母等片状矿物产生物理膨胀，沿着片理张开，这些都能降低破碎带岩石的胶结程度，降低岩石的强度，从而降低断层的自稳能力。

（2）断层走向与隧道中线的夹角。在上述各种断层影响隧道围岩稳定性因素相似的条件下，若断层的走向与隧道中线垂直或者大角度相交，则围岩相对自稳能力强，若小角度相交甚至与隧道中线平行时，则自稳能力就差。

4.1.2　岩溶隧洞施工地质灾害

岩溶即喀斯特（KARST），是水对可溶性岩石（碳酸盐岩、石膏、岩盐等）进行以化学溶蚀作用为主，流水的冲蚀、潜蚀和崩塌等机械作用为辅的地质作用，以及由这些作用所产生的现象的总称。由喀斯特作用所形成的地貌，称岩溶地貌（喀斯特地貌）。我国岩溶塌陷主要发育在华南的连片岩溶区。

4.1.2.1　岩溶地质灾害的种类

岩溶隧洞施工最常见的地质灾害就是岩溶坍塌。

1. 自然塌陷

在天然力作用下产生的塌陷，约占总数的 33%（不包括陷落柱），是各类塌陷中最多的一种。

（1）古塌陷。形成于第四纪以前，如"陷落柱"。

（2）老塌陷。形成于第四纪期间，具残留形态，往往为后期堆积物充填或掩盖。

（3）新塌陷。新近时期产生，或形成时期不明，但形态保持较好。它们多发育于地下水变化迅猛的岩溶山地的洼地、槽谷中，塌陷范围小。强度弱，往往呈单个坑零星分布，塌陷规模随结构不同而差异很大。

2. 人类活动诱发的塌陷（简称人为塌陷）

人类的工程——经济活动，改变了岩溶洞穴及其上覆盖层的稳定平衡状态而引起的塌陷，约占总数的 60%，可见人为作用已成为现代塌陷的重要动力。人为塌陷按成因又可分为坑道排水或突水、抽汲岩溶地下水、水库蓄引水、振动加载及表水、污水下渗引起等类型塌陷，前三者共占人为塌陷的 92%。

3. 抽汲岩溶地下水引起的塌陷

主要由水井抽水引起，分布较为普遍，约占人为塌陷的 49%，均为土层塌陷。当覆盖层厚度较薄（一般小于 10~20 m），抽水降深达到 5~10 m 时，多有塌陷产生。由于抽水降深有限，其影响范围为数百米至一二千米；塌陷坑数量较少，一般数个至数十个。

4.1.2.2　岩溶地质灾害成因

在岩溶塌陷机制的研究手段方面，目前的研究一般都是以室内试验作为重要研究手段，辅以理论分析研究，由此来探明岩溶塌陷的成因机制（如潜蚀掏空、真空吸蚀、失托加荷、振动、液化、气爆、重力等）。如中国地质科学研究院岩溶地质研究所以武昌为例，模拟了武昌地区单一结构、二元结构（上层为黏土，下层为砂）土层塌陷发育的机制条件，通过大比例尺的室内物理模型试验,模拟岩溶水动力条件的变化以及大气降雨对塌陷形成的影响,试验着重模拟岩溶水动力条件改变的诱塌问题,建立了岩溶塌陷与各主要影响因素的关系,提出了岩溶塌陷预测评价思路。

目前,对岩溶塌陷地质灾害的研究主要集中于我国的西南片区,而对于岩溶地面塌陷的研究,不光需要总结塌陷的成因机制、触发条件和影响范围等,更为重要的是要给出具体且合理的塌陷危险性、危害性分区,以便直接指导受灾民众的临灾避险工作,为后续的灾害应急措施提供一定参考借鉴依据。这也是工程人员所最为关注的要点。

4.1.2.3　岩溶区隧洞超前地质预报的技术难点

在大型隧道工程建设中,超前地质预报实施工作日益受到各方的重视,在此工作实施过程中,各方的检查多、要求多、承建单位的压力大、人力物力投入大,但从超前地质预报的成果方面而言却往往不尽理想,对大型隧道安全预警的指导性作用欠佳,形成了一个投入大而产出小的不利局面。

隧道工程超前地质预报容易出现问题,主要体现在施工前期不能进行很好的风险资料的收集整理,在施作过程中不能对围岩进行科学的判释,不能对掌子面前方潜在风险进行科学的预测,在内部业务资料处理中不能进行有效综合分析,在多循环多手段的超前地质预报工作中技术人员不能快速提高超前地质预报技能等4方面。

4.1.3　软岩

4.1.3.1　软岩的定义

关于软岩的概念名目繁多、定义各异,总结起来,大体上有以下几种:

(1)描述性定义。软岩是指软弱、松散、破碎、胶结程度差、受构造面切割、风化蚀变、高应力、流变强和膨胀性岩体的总称。

(2)工程定义。围岩松动圈大于1.5 m并难支护的围岩称为软岩。

(3)综合性定义。根据岩体内在特性和应用方面,可将软岩分为地质软岩和工程软岩。地质软岩是指具有软弱、破碎、松散、膨胀岩体的总称,而工程软岩则定义为在工程力作用下能够产生显著塑性变形和流变特性的工程岩体,其中工程力指的是作用在工程岩体上的力的总和,它可以是重力、水的作用力、构造残余应力和工程扰动力及岩体膨胀应力等。工程软岩的定义揭示了软岩的相对性实质,即取决于工程力与岩体强度的相互关系。当工程力一定时,强度低于工程力水平的岩体则可能表现为软岩的力学特性,而强度高于工程力水平的岩体大多表现为硬岩的力学特性。对同种岩石,在较高工程力作用下则可能表现为软岩的变形特性,而在较低的工程力作用下,则表现为硬岩的变形特性。

综上所述,可将软岩定义如下:软岩是一种特殊的岩类,从岩石固有的特性来说,它具有软的形态,而从工程应用的观点来看,它具有较低的承载能力和较大的变形性,它又是"弱"的,在工程力的作用下,具有明显的塑性变形或黏塑性变形特征。

4.1.3.2　软岩的力学属性

软岩中泥质矿物成分和结构面决定了软岩的力学特性。显示出可塑性、膨胀性、崩解性、流变性和易扰动性的特点。

(1)软岩的可塑性是由软岩受力后片架状结构的泥质矿物发生滑移或泥质矿物亲水

性引起的。节理化软岩是由结构面滑动和扩容引起的,高应力软岩大多是上述两种原因共同引起的。

(2)软岩的膨胀性是在物理、化学、力学等因素的作用下,岩体产生体积变化的现象,其膨胀机制有:内部膨胀、外部膨胀和应力扩容膨胀三种。工程中的软岩膨胀为复合膨胀形式。

(3)软岩的崩解性是指软岩在物理、化学等因素作用下,产生片状解体。膨胀性软岩崩解主要是黏土矿物集合体在水作用下,膨胀应力不均匀而造成的崩裂。节理化软岩的崩解则是在工程力的作用下,由于裂隙发育不均匀造成局部张力引起的崩裂。高应力软岩则有可能是多种崩解机制同时存在。

(4)软岩的流变性是指软岩受力变形过程中与时间有关的变形,包括塑性流动、黏性流动,结构面闭合和滑移变形。膨胀性软岩主要是泥质矿物发生黏性流动,在工程力作用下,达到一定极限后,开始塑性变形;节理化软岩流变性主要指结构面的扩容和滑移;高应力软岩流变性多为诸形式的不同组合。

(5)软岩的易扰动性指由于软岩软弱裂隙发育、吸水膨胀等特性,导致软岩抗外部环境扰动的能力极差。对卸荷松动、施工震动等极为敏感,并且具有吸湿膨胀软化、暴露风化的特点。

4.1.3.3 软岩隧道失稳的力学机制

一般地,我们认为软岩隧道不产生围岩破坏或过大变形而妨碍隧道生产使用和安全,隧道即为稳定。软岩隧道的稳定性主要视岩体的强度及变形特征和开挖后重新分布的围岩应力互相作用的结果而定,前者强于后者则稳定。软岩隧道失稳的力学机制实质上是地层压力效应的结果,当二次应力量值超过了部分围岩的塑性极限或强度极限时则使围岩进入显著的流变状态,围岩就发生显著的变形、松碎、破裂、破坏等现象,表现出明显的地层压力效应。地层压力效应是指隧道开挖后重新分布的二次应力与围岩的变形及强度特性互为作用而产生的一种力学现象。地层压力可分为松动压力、形变压力、膨胀压力等。软岩隧道失稳主要是这三种压力对围岩本身的支护结构作用的结果,当隧道支护不及时时,变形压力与膨胀压力就会使围岩破坏并转变为松动压力,引起围岩失稳。

1. 软岩隧洞变形的力学机制

软岩无法抗衡工程扰动力,在工程力的作用下难以自稳。因此,软岩隧洞要进行支护。从工程地质角度来看,软岩隧洞的失稳通常受多因素控制,在不同的工程地质条件下各因素所起的作用不同。为了更好地保证软岩工程稳定,减小围岩失稳的可能性,我们要分析软岩隧洞的失稳因素,判断在隧道掘进过程中哪些因素是影响围岩稳定的主要因素,从而有针对性地选择工程布置、开挖与支护方式。这是我们分析软岩隧洞失稳因素的目的。从软岩隧洞失稳的力学角度分析,影响工程稳定的地应力主要为松动压力、膨胀压力、形变压力。软岩隧道因其围岩强度较低,抗工程力扰动能力较弱,在工程掘进过程中,为了保证工程安全和围岩稳定,必须进行支护。在隧洞围岩内既要尽量避免出现松动压力,以防止隧洞开挖后围岩由塑性体转变为破坏的松动体或进入塑性阶段,造成隧洞支护难度增大,又要在隧道塑性体未破坏前,尽量释放围岩二次应力的变形能,充分利用围岩自身承载力,有效减小作用在支护上的变形压力。对软岩隧洞的变形力学机制进行深入的分析,使我们了解软岩隧洞失稳的潜在原因,同时针对隧道失稳的特点,采用适当的支护方式从根本上消除不稳定因素,在满足围岩稳定的同时,又防止了盲目的支护方式造成资源浪费。

2. 软岩隧道变形特性的影响因素

软岩隧洞的稳定随生产领域及使用要求的不同,有不同的概念。如永久性公路、铁路隧洞等要求隧洞围岩只允许产生微小的位移,否则就影响隧道的使用功能,而矿山等临时性隧洞则只需满足运行期间的安全即可。一般情况下影响软岩隧道开挖变形的主要因素有:

(1)岩性及地质结构。岩石本身的强度、结构、胶结程度及胶结物的性能,膨胀性矿物的含量等,这均是影响隧道软弱围岩变形的内在因素。

(2)围岩应力。造成围岩变形的直接因素,包括垂直应力、构造残余应力及工程环境和施工的扰动应力,邻近隧道施工,采动影响等,特别是多种应力的叠加情况影响更大。

(3)开挖方法。软岩隧道若采用全断面开挖,因每循环施工时间较长,导致围岩在支护前变形能释放较完全,隧道围岩变形较大。尤其对于软岩大断面隧道,若采用全断面开挖,往往来不及支护,隧道即发生塌方事故,故一般情况下大断面软岩隧道开挖采用分部开挖。

(4)支护形式。一般情况下,隧道采用新奥法进行及时锚喷支护要比滞后很久的永久性衬砌支护对围岩的稳定更有利。在软岩隧道中,因在支护前,围岩已发生了变形,因此刚性支护往往比柔性支护更为有利,而在硬岩隧道支护中则尽量采用柔性支护。

(5)水的影响。包括地下水及工程用水,尤其是对膨胀岩,水不仅造成黏土成分的膨胀,同时降低岩石强度。

(6)时间因素。软岩隧道围岩失稳和破坏现象往往经过一段时间后才开始显现,这主要因为:①岩体的流变性质,即围岩变形在应力不变的情况下不断增长(蠕变)或在变形约束情况下,应力随时间降低(松弛),以及围岩强度随时间降低的性质。②时间的增长加剧了围岩的弱化过程,使围岩变形增加、塑性或松动区扩大。

4.1.3.4 软岩变形特点

软岩一般结构疏松、孔隙率大、密度小,胶结差或未胶结,受地质构造破坏,存在弱面、裂隙、节理,极易破碎和滑落,开挖后膨胀等现象,其变形压力与支护也是当今世界隧洞中复杂而重要的问题。当隧洞遇到此类岩层时,会给施工带来很大困难。软岩隧洞的变形破坏特征不仅受围岩的力学性质影响,而且与隧洞所处的地应力环境与工程因素等有关,一般情况下,具有如下特征:

(1)变形破坏方式多。变形破坏方式一般有拱顶下沉、坍塌、片帮和底鼓,隧洞表现出强烈的整体收敛和破坏,变形破坏形式有结构面控制型和应力控制型,其中以应力控制型为主。

(2)变形量大。软岩特征决定了洞室收敛具有变形大的特点。直墙拱洞室变形主要以水平收敛为主,表现形式有侧墙内移(或内鼓)、尖顶和底鼓等;曲墙拱洞室则以垂直收敛为主。

(3)变形速度高。软岩隧洞初期收敛速度达到 3×10^{-3} m/d,即使施工常规的锚喷支护以后,软岩隧洞的收敛速度仍可达到 2×10^{-3} m/d,而且变形收敛速度降低缓慢。

(4)持续时间长。软岩隧洞掘进后,由于软岩具有强烈的流变性和低强度,围岩的应力重分布持续时间长,软岩隧洞变形破坏持续时间很长。

(5)围岩破坏范围大。软岩隧洞中由于围岩的强度与地应力的比值很小,导致软岩隧洞围岩的破坏范围大,尤其是当支护不及时或不当时,围岩破坏区的范围可达 2.5 倍洞径,甚至更大。

(6)各位置破坏不一。软岩隧洞所处的地应力强度因方向而异和软岩具有强烈的各向异性,导致了隧洞周边不同部位,变形破坏程度不同。变形破坏在方向上的差异性往往导致支护结构受力不均,支护结构中产生巨大的弯矩,这对支护结构稳定产生了不利的影响。

(7)来压快。软岩隧洞变形收敛速度快,在很短时间内,围岩即与支护结构接触,产生压力。软岩具有流变性,围岩与支护结构相互作用后,围岩的变形破坏并不立即停止,而是继续下去。在围岩流变过程中,围岩的强度降低,地压随时间而逐步增长。

4.1.4　岩爆

4.1.4.1　岩爆的定义

岩爆,也称冲击地压,是一种岩体中聚积的弹性变形势能在一定条件下突然猛烈释放,导致岩石爆裂并弹射出来的现象。岩爆是深井矿山面临的主要安全隐患之一。轻微的岩爆仅有剥落岩片,无弹射现象,严重的可测到 4.6 级的震级,烈度达Ⅶ~Ⅷ度,使地面建筑遭受破坏,并伴有很大的声响。岩爆可瞬间突然发生,也可以持续几天到几个月。发生岩爆的条件是岩体中有较高的地应力,并且超过了岩石本身的强度,同时岩石具有较高的脆性度和弹性,在这种条件下,一旦地下工程活动破坏了岩体原有的平衡状态,岩体中积聚的能量释放就会导致岩石破坏,并将破碎岩石抛出。

4.1.4.2　发生条件与原因

1.发生条件

近代构造活动造成深部矿岩内地应力较高,岩体内储存着较大的应变能,当该部分能量超过了岩石自身的强度时,就会发生岩爆事件;坚硬、新鲜完整、裂隙极少或仅有隐裂隙,且具有较高的脆性和弹性围岩,能够储存能量,而其变形特性属于脆性破坏类型,当因工程开挖解除应力后,由于回弹变形很小,极有可能造成岩石爆裂并弹出;如果地下水较少,岩体干燥,也容易发生岩爆;开挖断面形状不规则,大型洞室群岔洞较多的地下工程,或断面变化造成局部应力集中的地带,是岩爆容易发生区域。

2.发生原因

发生原因是围岩强度适应不了集中的过高应力而突发的失稳破坏。

4.1.4.3　特点

(1)突发性。岩石以砂岩为主,岩石坚硬干燥,在未发生前,并无明显的征兆,甚至可能听不到空响声,一般认为不会掉落石块的地方,也会突然发生岩石爆裂声响,石块有时应声而下,有时暂不坠下。

(2)部位集中性。虽然岩爆发生地点也有距新开挖工作面较远的个别案例,但大部分均发生在新开挖的工作面附近。常见的岩爆部位以拱部或拱腰部位为多。

（3）时间集中性与延续性。岩爆在开挖后陆续出现，多在爆破后 24 h 内发生，延续时间一般为 1~2 个月，有的延续 1 年以上，事前一般无明显预兆。

（4）弹射性。岩爆围岩的破坏过程，一般新鲜坚硬岩体均先产生声响，伴随片状剥落的裂隙出现，岩爆时，岩块自洞壁围岩母体弹射出来，一般呈中厚边薄的不规则片状。

4.1.4.4　危害与防治

岩爆是深埋地下工程在施工过程中常见的动力破坏现象，当岩体中聚积的高弹性应变能大于岩石破坏所消耗的能量时，破坏了岩体结构的平衡，多余的能量导致岩石爆裂，使岩石碎片从岩体中剥离、崩出。

岩爆往往造成开挖工作面的严重破坏、设备损坏和人员伤亡，已成为岩石地下工程和岩石力学领域的世界性难题。轻微的岩爆仅剥落岩片，无弹射现象。严重的可测到 4.6 级的震级，一般持续几天或几个月。发生岩爆的原因是岩体中有较高的地应力，并且超过了岩石本身的强度，同时岩石具有较高的脆性度和弹性。这时一旦地下工程破坏了岩体的平衡，强大的能量把岩石破坏，并将破碎岩石抛出。预防岩爆的方法是应力解除法、注水软化法和使用锚栓、钢丝网、混凝土支护。

隧洞开挖过程中，应采取积极主动的预防措施和强有力的支护措施，确保岩爆地段的作业安全，将岩爆发生的可能性及岩爆的危害降到最低：

（1）研究确定开采区域地应力的数量级以及容易出现岩爆现象的部位，优化施工开挖和支护顺序，为岩爆防治提供初步的理论依据。

（2）加强超前地质探测，预报岩爆发生的可能性及地应力的大小。

（3）采用充填采矿法，并采取强采、强出、强充的"三强"采矿技术，尽快消除岩爆发生的空间条件。

（4）优化爆破参数，尽可能减小爆破对矿岩的影响并使开挖断面尽可能规则，减小局部应力集中发生的可能性。

（5）采矿作业线推进应规整一致，不应有临时小锐角的出现。沿走向前进式同采顺序比后退式同采更有利于控制岩爆单向推进采矿，工作面不能满足生产规模要求时，应采用从中央向两侧推进的同采顺序。一个中段生产规模不足而实行多中段同时生产时，一般下中段推进速度要快于上中段，且中段间尽可能不留尖角矿柱。

（6）多层平行矿脉歼采时，先采岩爆倾向性弱或无岩爆倾向的矿脉，解除其他岩爆倾向性强的矿脉的应力，防止岩爆的发生；岩爆倾向性强烈的单一矿脉回采时，先回采矿块的顶柱并用高强度充填料充填，解除矿房的应力后再大量回采矿石，下向分层充填法比上向分层充填法更有利于控制岩爆。

4.1.5　煤系地层

4.1.5.1　基本概念

煤层总是产于一特定的岩石组合中。地质学家将这种组合的岩石，叫煤系地层。煤系地层除产有煤外，还常常含有许多共生、伴生矿产。这些矿产对国民经济同样具有重要意义。

要形成可供开采的煤层,一般需要三个条件:一是气候要潮湿,有利于植物的生长;二是有利的古地理条件,即在大型的沉积盆地的边缘,植物的遗体死亡后被水淹埋而不至于很快腐烂分解;三是有利的地球动力条件,要求地壳运动不能强烈,有较长的时间保持有利的成煤矿环境。

4.1.5.2　瓦斯的赋存

煤层瓦斯赋存规律是指煤矿中煤层瓦斯的分布、存在形式及其规律。煤层瓦斯是由煤中的有机质在埋藏过程中形成的,在煤矿开采过程中具有潜在的危险性。煤层瓦斯的赋存规律对煤矿安全生产具有重要意义。

煤是一种孔隙、裂隙极其发育的多孔介质,瓦斯是煤层形成时的伴生物,广泛地存在于煤的孔隙与裂隙内。煤层瓦斯赋存规律可以归纳为以下几个方面:

(1)吸附瓦斯。煤层中的瓦斯主要以吸附态存在于煤体孔隙中,随着压力的减小或温度的升高,吸附瓦斯可以解吸并逸出。吸附瓦斯的赋存量受煤种、煤质、压力及温度等因素的影响。

(2)渗透瓦斯。煤层中的瓦斯可以通过煤层间隙或裂隙的渗透而存在。渗透瓦斯的赋存与煤层孔隙度、赋存压力、地应力及煤层裂隙特征等因素有关。

(3)包裹瓦斯。煤层中的瓦斯可以包裹在煤体中的微小气泡中存在。包裹瓦斯的赋存量受煤体孔隙结构、煤质及煤体松散程度等因素的影响。

4.1.5.3　瓦斯运移规律

瓦斯在煤层中的运移是十分复杂的过程,主要取决于煤层介质的孔隙、裂隙结构和瓦斯在煤层中的赋存状态。瓦斯以吸附和游离状态赋存于煤层中,其中呈游离状态压缩在裂隙和大孔隙中的瓦斯较少,而大部分瓦斯存在于微孔结构内部。一般煤层都是由相互沟通的裂隙网络分割成的许多小块或煤粒。当裂隙宽度较大时瓦斯呈层流运动,当裂隙宽度较小时瓦斯分子不能自由运动。此外,在瓦斯分子与煤壁的接触面上有滑动现象,在吸附表面上也有瓦斯分子从密度大的地方向密度小的地方的移动。因此,瓦斯在煤层中的运移一般认为是线性流动、扩散运动、分子滑流和吸附流动的综合,而根据煤体中的孔隙分布和煤层中存在的裂隙系统可以认为瓦斯在煤层中的流动主要是扩散运动和层流渗透运动,分子滑流和吸附流动所占的比重不大。在煤体的大孔和裂隙中瓦斯流动遵循达西定律,在微孔结构中服从扩散定律。瓦斯在煤层中的流动是从孔隙流到裂隙再从裂隙流出到巷道空间,是扩散-渗透两种性质流动的综合作用。但是,由于煤粒的尺寸不大,扩散运动受控于煤层裂隙网的渗透流动,它的影响基本上可以忽略不计。

总之,虽然煤层是煤粒或煤块的集合体,但煤粒和煤块中的瓦斯流动受到了煤层裂隙系统的控制,因而整个煤层的瓦斯流动更多地依赖于裂隙的发育情况。从简化计算和工程实用性出发,采用达西定律计算煤层瓦斯的流动、巷道钻孔的瓦斯涌出量是完全可以的。

4.1.5.4　瓦斯突出条件

地质构造控制着煤层瓦斯的赋存和构造煤分层破坏程度以及厚度分布,控制着煤与瓦斯突出;煤与瓦斯突出动力现象是一定规模的瓦斯突出煤体在临近采掘工作面煤壁时,卸载引起煤体拉张向深部扩展破坏,煤层透气性高倍增加,同时煤体内大量瓦斯因降压而快速解吸,靠近煤壁的煤体内瞬间形成高动能的气、煤颗粒混合体,类似点爆炸药包,造成煤层严重崩塌破坏,发生煤与瓦斯突出。

瓦斯突出现象:①突出的煤向外抛出距离较远,具有分选现象;②抛出的煤堆积角小于煤的自然安息角;③抛出的煤破碎程度高,含有大量的块煤和手捻无粒感的煤粉;④有明显的动力效应,破坏支架,推倒矿车,破坏和抛出安装在巷道内的设施;⑤有大量的瓦斯涌出,瓦斯涌出量远远超过突出煤的瓦斯含量,有时会使风流逆转;⑥突出孔洞呈口小腔大的梨形、倒瓶形以及其他分岔形等。

4.1.6　地下水

4.1.6.1　地下水对岩石的作用

地下水的地质作用是地下水对岩石破坏和建造作用的总称。地下水在流动过程中对流经的岩石可产生破坏作用,并把破坏的产物从一个地方搬运到另一个地方,在适宜的条件下再沉积下来。因此,地下水的地质作用包括剥蚀作用、搬运作用和沉积作用。

1. 剥蚀作用

地下水的剥蚀作用是在地下进行的,所以又称为潜蚀作用。按作用的方式分为机械潜蚀作用与化学溶蚀作用。工程地质学中的潜蚀概念不包括可溶性岩石的化学溶蚀作用。

(1)机械潜蚀作用。指地下水在流动过程中,对土、石的冲刷破坏作用。地下水在土、石中渗透,水体分散,流速缓慢,动能很小,机械冲刷力量微弱,只能将松散堆积物中颗粒细小的粉沙、泥土物质冲走,使其结构变松,孔隙扩大。但经过长时间的冲刷作用,也可以形成地下空洞,甚至引起地面陷落,出现落水洞和洼地。这种现象常见于黄土发育地区。疏松的钙质粉砂岩也易受到冲刷破坏。地下水充满松散沉积物的孔隙时,水可润滑、削弱,以致破坏颗粒间的结合力,产生流沙现象;或浸润黏土物质,使之具有可塑性,引起黏土体积膨胀,导致土层蠕动和变形。

(2)化学溶蚀作用。指地下水溶解可溶性岩石所产生的破坏作用,又称喀斯特作用。地下水中普遍含有一定数量的二氧化碳,这种水是一种较强的溶剂,它能溶解碳酸盐岩(如石灰岩,化学成分为碳酸钙),使碳酸盐变为溶于水的重碳酸盐,随水流失。碳酸盐岩中常发育裂隙,更易遭受溶蚀,岩石中的裂隙逐渐扩大成溶隙或洞穴。在碳酸盐岩地区,喀斯特作用可产生一系列喀斯特地形(如溶沟、石芽、溶洼、溶柱、落水洞、溶洞、暗河、地下湖和石林等)。

2. 搬运作用

地下水将其剥蚀产物沿垂直或水平运动方向进行搬运。由于流速缓慢,地下水的机械搬运力较小,一般只能携带粉沙、细沙前进。只有流动在较大洞穴中的地下河,才具有较大的机械动力,能搬运数量较多、粒径较大的砂和砾石,并在搬运过程中稍具分选作用和磨圆作用,这些特征类似于地表河流。

地下水主要进行化学搬运。化学搬运的溶质成分取决于地下水流经地区的岩石性质和风化状况,通常以重碳酸盐为主,氯化物、硫酸盐、氢氧化物较少。搬运物呈真溶液或胶体溶液状态。化学搬运的能力与温度及压力有关,随地下水温度增高和承受压力加大而增大。地下水化学搬运物除少数沉积在包气带的中、下部外,大部分搬运至饱和带,最后输入河流、湖泊和海洋。全世界河流每年运入海洋的 23.4 亿 t 溶解物质中大部分来源于地下水。

3.沉积作用

沉积作用包括机械沉积作用和化学沉积作用,以化学沉积作用为主。

地下河流到平缓、开阔的洞穴中,水动力减小,在这些洞穴中形成砾石、沙和粉沙等堆积。由于水动力较小,地下河机械沉积物具有粒细、量少、分选性与磨圆性差的特征,沉积物中可能混杂有溶蚀崩落作用产生的呈角砾状的崩积物。

含有溶解物质的地下水在运移中,由于温度、压力变化,可发生化学沉积。例如,由于温度升高或压力降低,二氧化碳逸出,重碳酸钙分解而发生沉淀;或由于水温骤降或水分蒸发,水中溶解物质达到过饱和而发生沉淀。

地下水中溶质在粒间孔隙内沉淀,可把松散堆积物胶结成致密的坚硬岩石。常见的起胶结作用的物质有铁质(氧化铁或氢氧化铁)、钙质(碳酸钙)和硅质(二氧化硅)等。地下水中溶质在岩石裂隙内沉淀或结晶,构成脉体。如由碳酸钙组成的方解石脉,由二氧化硅组成的石英脉。含铁、锰的沉淀物在裂隙面上呈柏叶状,称假化石。饱含重碳酸钙的地下水,沿岩石的裂隙或断层流入溶洞,压力降低,二氧化碳逸出,水分蒸发,碳酸钙沉淀。沉淀物呈锥状、柱状,横切面具圈层构造,称为溶洞滴石,包括石钟乳、石笋和石柱。含有溶质的地下水流出地表,在泉口处沉淀形成的化学堆积物,称为泉华。泉华疏松多孔。成分为碳酸钙的称钙华或石灰华,成分为二氧化硅的称硅华。

4.1.6.2　地下水类型及特征

由于地下水的作用引发的滑坡地质灾害占绝大多数,55%以上的滑坡是地下水的作用引起的。通常说的水主要包括地表水和地下水,均来自于大气降雨的补给。这里所说的水指的是地下水,其特点是在滑坡体内能贯通流动,有统一的水位流线。在我国南方,尤其在长江中上游地区发生的大量大型或巨型滑坡,都与长期降雨特别是突发性暴雨(多数属于 50 年一遇或 100 年一遇的情况)密切相关;在我国的冰冻寒区发生的滑坡大多数与冰雪冻融作用密切相关;在库区发生的滑坡多数与库区水位的变化(骤降或骤升)密切有关。

地下水的赋存和运移是对滑坡稳定性产生影响的主要自然因素之一。我国大多数滑坡灾害都是以降雨入渗引起地下水状态变化为直接诱导因素,三峡库区的地下水以大气降雨就地补给为主,因为长江河谷地带,降水量丰富,降雨集中,时有暴雨出现,而且在长江河谷岸坡中上部,特别是一些宽缓背斜组成的单面山近轴部地带,基岩风化裂隙发育,易于接受大气降水补给,这样当坡体长期具有地下水补给或地表水长期直接补给时,库区地下水丰富,而且非常活跃,地下水交替循环作用强烈,极易引起库区滑坡的发生。三峡水库蓄水后,库水位周期性变化引起的地下水波动成为影响滑坡稳定性的另一个重要因素。

地下水的分类主要按地下水在滑坡中赋存介质类型进行划分:一类是按地下水的埋藏条件分类,另一类是按含水层空隙特征对地下水进行分类。

　　1.按地下水的埋藏条件分类

　　地下水埋藏条件是指滑坡体内含水层在地质剖面中所处的部位及受隔水层限制的情况。可分为上层滞水、潜水、承压水三类。前者存在于包气带中,后二者则属饱水带水,是我们主要研究的对象。这三种不同埋藏类型的地下水,既可赋存于松散的孔隙介质中,也可赋存于坚硬基岩的裂隙介质和岩溶介质中。

　　2.按含水层空隙特征分类

　　(1)孔隙水。分布广泛,以沉积盆地与平原中松散沉积物中的孔隙水资源最为丰富,土质滑坡中主要研究的就是这种水。在松散岩土层中,由于空隙分布连续均匀,易于构成统一水力联系、水量分布均匀的层状孔隙水系统。其中包括堆积平原冲、洪积层孔隙水;山间盆地冲积层孔隙水;滨海平原冲、海积层孔隙水;内陆盆地山带冲、洪积层孔隙水;黄土高原黄土层孔隙水等。

　　(2)基岩裂隙水。裂隙水按其赋存的裂隙成因不同分为成岩裂隙水和构造裂隙水。包括丘陵、高原碎屑岩裂隙水;山地、丘陵岩浆岩裂隙水;山地变质岩裂隙水;熔岩孔隙裂隙水。

　　(3)岩溶水。岩溶水具有以下特点:①岩溶水不断改变着自己的赋存与运动环境,通过差异溶蚀作用,可使可溶岩中原有的空隙"管道化",尽可能将大范围内的水汇集成为一个完整的地下河系;②岩溶水在一定程度上带有地表水的特点,即空间分布极不均一、时间上变化强烈、流动迅速、排泄集中;③岩溶水可以是潜水,也可以是承压水,其潜水也往往局部承压。

4.1.6.3　地下水对隧道施工的影响

　　作为隧道施工的一个老大难问题,地下水不仅影响隧道的正常施工,也会影响隧道的正常使用。在施工期间,地下水的作用不仅降低围岩的稳定性(尤其是对软弱破碎围岩影响更为严重),使得开挖十分困难,而且增加了支护的难度和费用,需采取超前支护或预注浆堵水和加固围岩,有时甚至会使施工被迫停工,影响工程进展。由于地下水渗流的影响,大量的隧道涌、突水将对隧道建设造成严重影响,甚至埋施工人员和机具,在隧道运营阶段,地下水的渗漏则对结构稳定、洞内设施运转、行车等产生诸多不良影响甚至造成安全威胁。因此,如何查明地下水的分布规律,经济、合理地处理好地下水问题,往往关系到隧道工程的成败。

　　1.地下水对隧道围岩作用的基本原理

　　在隧道施工过程中,为了保证施工质量,处理好地下水是不可回避的问题,这就需要我们对地下水隧道围岩的作用机制有个清楚的认识。地下水与隧道围岩的作用一般包括物理作用、化学作用和力学作用三个方面,其作用直接导致岩石介质的物理性质和物理环境的变化及岩体力学性质的变化。

　　地下水对围岩的影响则主要表现在:①软化围岩,使岩质软化、强度降低,对软岩尤其突出,对土体则可促使其液化或流动,但对坚硬致密的岩石则影响较小,故水的软化作用与岩石的性质有关;②软化结构面,在有软化结构面的岩体中,水会冲走充填物或使夹层软化,从而减少层间摩阻力,促使岩块滑动;③承压水作用,承压水可增加围岩的滑动力,使围岩失稳。

2. 隧道工程中地下水引起的主要灾害及致灾机制

水,作为地球上最为普遍的流体介质和最主要的液相成分,广泛地参与了工程体的各类地质作用。隧道作为地下线性建筑物,修建过程中不可避免地穿越不同水文地质,从而形成集水廊道,通常有"十隧九漏"之说,涌水是隧道施工中常见的地质灾害,也是隧道运营中的主要病害。同时,是其他地质灾害的最主要的触发和诱发因素之一。隧道施工以及运营阶段,渗漏水将会造成开挖时的突水、突泥、翻浆冒泥、塌方、浅层地下水及地表水枯竭、地表塌陷、对衬砌产生化学腐蚀等。隧道灾害后果严重,危害巨大,延误工期,降低了经济效益,造成不良的社会影响,严重的会造成生命财产的损失。

隧道岩体结构失稳与水的作用关系密切,地下水对岩体强度的影响不仅与水的赋存状态有关,还与岩石的性质和岩体的完整程度有关。有的岩体浸水后强度降低或丧失强度,主要是胶结物被水溶解,充填物中的细小颗粒被水潜蚀,岩石软化、疏松,充填物泥化等所致,有的岩体浸水后强度降低是水起润滑剂作用加速岩体变形与破坏,有的岩体漫水后强度降低是水与矿物发生化学反应的结果。地下水的改造作用有静水压力作用和动水压力作用。这两种作用都使岩体发生水力劈裂,使裂隙的连通性增加,张开度增大,从而增加渗透能力,除此之外,动水压力作用还能使裂隙面上的充填物发生变形和位移,尤其是剪切变形和位移,由此导致裂隙的再度扩展。从地下水作用致灾机制看,有静水推力、有效应力变化,渗透压力增大,水力楔入,冰劈,水的加载,水化,水击,土体冻融、淋溶和沉淀等作用。

岩石在一定的水压力下所产生的物理的、化学的作用过程是导致工程岩体发生变形破坏的根本原因之所在。其结果是:第一,在降低结构面及岩体强度的同时,削弱岩块之间的联系,增加岩块的自由度及活动度,加快岩体向破碎、松散介质转换的进程,从而使岩体的强度和变形特性发生根本性的变化;第二,由于化学作用主要发生于不同成因、不同规模的结构及其附近,因此可以显著提高岩体的有效空隙度,增强其贮水和导水能力,从而提高岩体应力场及稳定性对渗流场变化的敏感度。化学作用是地下动态剧变诱发岩体失稳的前提与基础。

水、岩之间的力学作用对工程体的影响主要是通过地下水水量动态剧变使工程体应力环境恶化来体现。在绝大多数情况下,岩体漫水后强度降低与孔隙水压力作用是分不开的。通常情况下,岩土体中渗流场和应力场通过某种方式维系着一种动态平衡关系,当其中任何一方发生变化时,另一方都会通过他们之间的联结方式自动调整,以达到新的平衡。如果某一方的变化超过一定幅度,这个平衡体系就有可能被破坏,从而诱发工程体地质灾害的发生。

已有的研究成果表明,岩土体的失稳破坏机制可以采用突变理论来加以解释。当结构的演化已经处于临界状态时,微小的扰动便可诱发结构的失稳,这种结论可以很好地解释隧道围岩失稳的发生与外界因素的相关性,如隧道围岩经过水的软化等作用后,处于临界稳定状态,在应力调整、放炮扰动等外界因素的影响下,发生的塌方、层状围岩地下洞室的弯折内鼓破坏。

4.2　隧洞超前地质预报内容

(1)灾害地质预报。预报隧洞掌子面前方一定范围内有无突水、突泥、塌方、岩爆等地质灾害,查明其性质、范围与规模。

(2)不良地质预报。预报隧洞掌子面前方断层、破碎带、岩溶等不良地质体,查明其性质、位置、规模与产状。

(3)水文地质预报。预报隧洞掌子面前方水文地质情况,预测围岩富水性以及可能发生突涌水的类型、位置及水量。

(4)围岩类别预报。预报隧洞掌子面前方围岩的完整性,预测围岩类别。

(5)有害气体预报。预报隧洞掌子面前方有害气体含量、成分及其危害性。

4.3　隧洞超前地质预报方法分类

4.3.1　工程地质分析

工程地质调查、地质编录与推断是传统的隧道地质超前预报技术,最早是由中国科学院地质研究所于20世纪80年代中期在军都山引水隧道开始采用的。通过地表和隧道内的工程地质调查、编录与分析,了解隧道所处地段的地质结构特征,推断前方的地质构造发育情况。调查的内容包括地层与岩性的产出特征;断裂构造与节理的发育规律;岩溶带发育的部位、走向、形态等。根据地质调查结果结合施工开挖断面揭露的地质信息,预测隧道开挖面前方可能出现的不良地质的类型、部位、规模,以便隧道施工中采取合理的工艺与措施,避免事故发生。在隧道埋深较浅、构造比较简单的情况下,这种预报方法有很高的准确性,目前这种方法仍在使用。但对于构造比较复杂的地区和隧道深埋的情况,该方法工作难度较大,准确性难以保证,必须借助于地球物理方法才能取得较好的效果。

4.3.2　超前钻探法

超前地质钻探是利用钻机在隧道开挖工作面进行钻探获取地质信息的一种超前地质预报方法。它适用于各种地质条件下的隧道超前地质预报。富水软弱断层破碎带、富水岩溶发育区、煤层瓦斯发育区、重大物探异常区等地质条件复杂地段必须采用超前钻探法。加深炮孔探测适用于各种地质条件下隧道的地质超前探测,尤其适用于岩溶发育区。利用钻机在隧洞掌子面进行超前水平钻探,探明隧洞前方的地质及地下水情况。超前水平钻探法主要用于探测断层、溶腔、突水、涌泥、瓦斯等不良地质,具有直观、准确的特点。

4.3.3　地球物理探测方法

地球物理勘探法简称物探,是利用地质体物理特征的差异来找寻和勘探矿床的方法群。常用地面物探法有激发激化法、电阻率法、磁法、地震法以及重力法,甚低频法;地下物探有电阻率测井、自然电位测井、井中激发激化及磁化率测井;常用的航空物探法有航空磁法、航空电磁法及航空红外测量。岩石和矿石在磁性、电性、密度、弹性等物理性质方面有很大差异,可以用来寻找矿体或解决有关地质问题。矿体往往受地质构造、岩石和岩层控制,不同的岩石具有不同的物理性质,如重力、磁性、电性、弹性、放射性和导热性等。

　　测量这些物理性质,可获得分析构造、岩石和岩层的资料,达到找矿的目的。为了寻找埋藏较深的隐伏矿体,开发物探法是各矿种普查勘探工作的发展趋势。由于多金属矿床常伴生有各种硫化矿物,这给应用地球物理探测方法间接寻找矿产提供了可能性。地球物理探测方法在多金属矿床的普查勘探工作中有如下用途:探测矿床的伴生金属硫化物,间接寻找多金属矿床;追索与围岩有一定物理性质差异的含矿地层;探索与金属矿化有关的岩脉和断裂破碎带;进行覆盖地区地质填图,划分不同岩层或岩体的接触界线,为普查选区提供依据;探测盆地基底起伏,寻找赋存矿体的有利地段。

　　而在隧洞内采用地球物理勘探方法,可以对隧洞施工掌子面及周围邻近区域进行探测,根据围岩与不良地质体的物理特性差异,查明不良地质体的性质、位置及规模。目前,应用于隧洞超前预报的地球物理勘探方法主要有地震负视速度法、TSP(tunnel seismic prediction)隧洞超前预报技术、TRT(true eflection tomography)层析扫描超前预报技术、TGP(tunnel geologic prediction)超前预报技术、探地雷达法、红外探测法和 BEAM(bore-tunneling electrical ahead monitoring)法等。

4.4　隧洞超前地质预报方法

4.4.1　隧洞探测预报方法

4.4.1.1　地震负视速度法

　　负视速度法是我国较早开展的隧道地震反射超前预报方法,铁路系统在 20 世纪 90 年代初开设科研课题进行了专门研究。铁道部第一勘测设计院的曾昭璜等 1994 年在地球物理学报上发表的《隧道地震反射法超前预报》研究成果比较有代表性,国内将这种方法称为“负视速度法”,国外称其为“隧道 VSP”方法。

　　负视速度法的基本原理是利用地震反射波特征来预报隧洞掌子面前方及周围邻近区域的地质情况。该方法在已开挖洞段靠近掌子面的侧壁或底板一定范围内布设一个激震点和一系列接收点,选用多炮共道或多道共炮方式记录地震波信号,当隧洞掌子面前方反射界面与隧洞直立正交时,所接收的地震反射波同相轴在记录上呈负视速度。通过分析地震反射波及其同相轴的特征,预报隧洞掌子面前方岩性界面、断层带和破碎带等位置。

　　“负视速度法”的资料处理是首先读取地震反射波走时,然后反演反射界面位置,但处理中一般只能读取几组主要的反射波震相,缺乏直观性,对于多界面的复杂构造很难给出完整形态。虽然应用比较简便,但由于不能进行速度分析,对前方岩体工程类别的变化很难提供更可靠的信息,加之目前该方法缺乏可视化商业处理软件,应用和推广普及受到限制。

4.4.1.2　TSP 隧洞超前预报技术

　　TSP(tunnel seismic prediction)超前预报系统是 20 世纪 90 年代初由瑞士 Amberg 测

量技术公司开发的隧道超前预报技术,在美国、欧洲、亚洲都有广泛应用,中国也先后引进了该公司的 TSP202、TSP203、TSP200 等超前预报系统。也是一种隧道内地震反射预报方法,但处理方法有独到之处。TSP 的接收传感器是一个三分量检波器,埋入隧道侧壁岩体中 1.5~2.0 m,激发点布置在隧道同侧边墙岩体内 1.5 m,等间距排列,激发点与接收点布置在一条平行于隧道轴线的直线上,这与"负视速度法"的观测方式基本相同。但 TSP 技术与"负视速度法"在资料处理方法上有本质的不同。TSP 不采用读取走时曲线数据反演方法,使用了深度偏移成像方法。在偏移成像之前进行二维 Radon 变换,利用视速度的差异消除了与隧道走向近乎平行界面的反射波。

TSP 系统的处理分析软件为 TSPwin,能对接收到的反射纵波 P、横波 SV、横波 SH 进行分离后分别处理。但在进行纵横波分离时需要假定岩体的泊松比,这在很大程度上依赖于经验和对围岩所处地质条件的了解,参数选取得是否合理、正确,将直接影响横波速度分离和分析的效果。另外,由于观测呈一字形直线布置,波速分析和反射层的定位精度不够。TSP 技术的最大特点是资料处理采用了地震偏移成像技术,直观性好,操作方便,强弱反射震相都参与成像计算,适合复杂地质条件,实用性较好。TSP 方法的不足之处也很明显。第一是呈一字形的观测方式过于简单,不利于波速确定和分析扫描,因而影响到反射面的定位精度;第二是横波分离依赖于泊松比的选取,如何正确选取泊松比缺乏科学依据。

目前,国内使用 TSP 系统在铁路、公路和水利水电领域的隧道工程施工中全程进行超前地质预报,结合地质调查和地质雷达等方法进行综合预报取得了较好的地质效果。

4.4.1.3　TRT 反射地震层析成像方法

TRT(true reflection tomography)技术是在 20 世纪末由美国 NSA 工程公司研究开发的,其全称为"真正反射层析成像",21 世纪初在欧洲、亚洲开始应用。TRT 也是基于地震反射原理,但其在观测系统的布置和数据资料的处理上与"负视速度法"、TSP 等地震反射预报方法有很大的不同。TRT 的观测系统布置呈空间分布,该方法采用空间多点激发和接收的观测方式,充分获取隧洞掌子面及附近空间地震波场信息,利用速度扫描和偏移成像技术,确定岩体中反射界面的位置,提取围岩波速,划分围岩类别。

TRT 在观测系统的布置和数据资料的处理方面有明显的改进。TRT 资料处理分析的主要技术环节是速度扫描和偏移成像,不需要读走时进行反演。这种探测方法对围岩中反射界面位置和岩体波速的确定都有较高的精度,应该说较其他地震反射法都有较大的提高和改进。TRT 技术进行隧道超前预报的第一个实例是在 Blisadona 隧道。TRT 技术在该隧道的超前预报试验表明,在坚硬的结晶岩地段采用 TRT 技术预报长度可达 100~150 m,在软弱土层或破碎岩体地段可预报 60~90 m。TRT 技术成功应用的另一例子是在奥地利阿尔卑斯山的铁路双线隧道,隧道全长 1 076 m,隧道施工中全程进行了超前预报,对岩性变化界面和断裂破碎带进行了成功预报,预报结果与施工揭露的地质情况基本一致。

4.4.1.4　TGP 隧道超前预报技术

TGP 隧道超前预报系统是北京水电物探研究所刘云祯教授研发的一套超前预报技术。该方法与"负视速度法"基本相同,但其数据处理采用了速度扫描和深度偏移成像。

该系统具有超长距离采集隧道信息和与以前探测信息进行相关的功能,实现了预报信息的连续、重复采集和相关分析,有助于剔除随机干扰和几何形态造成的假异常。该功能用于隧道 TBM 施工,可以实现施工过程中实时监测的目的。

TGP 隧道超前预报技术是地震反射波技术的一种应用,在隧洞掌子面及侧壁以规则排列方式激发与接收地震波,采集地震波的多波列信号,研究地震波的多波列震相特征信息及与地质体的相关性,预报隧洞掌子面前方及周围临近区域的地质情况。TGP 处理系统设置人机交互方式追踪资料之间的源生关系,用地震波同相轴的连续性、衰减特征等基础资料检验、评价构造偏移归位成果的可靠程度,提高了预报成果的准确性。

4.4.1.5　探地雷达法

探地雷达法利用发射天线将高频电磁波以脉冲形式由隧洞掌子面发射至地层中,经地层界面反射返回隧洞掌子面,由另一天线接收反射电磁波信号,进而通过对反射电磁波信号进行处理、分析与解释,达到预报隧洞掌子面前方地质与地下水的目的。

4.4.1.6　瞬变电磁法

瞬变电磁法探测是通过控制与隧道施工开挖面耦合的一个大线圈(发射线圈)产生电磁波,前方含水构造或富水带受此电磁波感应而产生感应涡流,接收线圈接收感应涡流产生的感应电磁场,通过分析感应电磁场的变化推断前方围岩含水情况,前方围岩含水构造或富水带在剖面图上呈现低电阻反映。

由于隧道内的探测是在全空间环境下进行的,不同于在地表勘探的半空间情况,所以,隧道内的探测必须采用全空间条件下的理论与方法。在目前的瞬变电磁法探测中,处理解释使用的等效导电平面法是建立在全空间理论基础上的,是根据视纵向电导曲线的特征值直观地划分地层的一种近似的分析解释方法,因此等效导电平面法又称"视纵向电导解释法"。该方法可以形象地理解为随着时间 t 的增减,等效导电平面以 $1/\mu_0\sigma$ 的速度上下"浮动",所以又称"浮动薄板解释法"。该方法对低阻、导电的薄层反应比较灵敏,有利于探测富水断层和饱水破碎带。

4.4.1.7　陆地声呐法

陆地声呐法也是我国较早进行隧道超前地质预报的一种方法,20 世纪 90 年代初期由中国铁道科学研究院钟世航教授研发,实际上是一种极小偏移距单点反射连续剖面法。探测时在隧道开挖面上布设测量剖面,测点点距 30 cm 左右,用锤击方式激发地震波,在激震点旁设置检波器接收被测物体的反射波,得到各测点的反射波时间剖面,根据反射波同相轴的形态特征和频谱变化解释推断构造、岩层界面、岩脉、饱水体、溶洞等不良地质体。探测时一般布置水平和铅垂两条测线,以便准确确定反射体的空间位置。

陆地声呐法在铁路和公路隧道进行超前预报获取地震反射记录。通过提取不同频段的反射波图像进行对比分析,可以分辨不同尺寸的不良地质体。高频段的反射波可对应薄层构造、节理和小溶洞等,低频段的反射波可反映较大规模的断层带、较厚的岩层和大溶洞等。作为极小偏移距(炮检距)的地震反射法,反射波是续至波,可避开声波、面波和直达波的干扰,不仅可探测断裂带等近似平面形的地质体,还可探测节理、溶洞等有限大小的地质体。

4.4.1.8　HSP-水平地震剖面法

水平地震剖面法也是一种地震反射方法,是由西南铁道科学研究院 20 世纪 90 年代初研发的。其观测方式与"负视速度法"略有不同,它是在隧道的一个侧壁上规则布置炮点,在另一侧壁上规则布置检波点,接收开挖面前方的地震反射信号,根据反射信息确定前方不良地质体的位置。其资料处理过程与"负视速度法"基本相同,也是先读取地震反射波走时数据,然后反演计算反射界面位置。同"负视速度法"相比,观测系统的横向展布增大,对提高速度分析和定位的精度有利。由于最终的处理结果缺乏直观性,能确定的反射界面少,不能满足复杂地质条件隧道超前预报的需要,缺乏商业化软件,难以推广普及,国内目前仅铁道系统内使用。该方法与"负视速度法"和陆地声呐预报法在宝鸡至中卫铁路老爷岭隧道、侯月铁路的云台山隧道、朔黄铁路的长梁山隧道、南昆铁路康牛隧道和米花岭隧道以及福建飞鸾岭公路隧道等都有比较成功的应用。

4.4.1.9　红外探测法

地质体向外发射红外辐射时必然会把其内部的地质信息以红外电磁场的形式传递出来。红外探测法就是通过接收和分析开挖面前方、侧壁、拱顶、隧底围岩红外辐射信号进行超前地质预报的一种物探方法。

当隧道开挖面前方和隧道外围介质相对比较均匀且不存在隐蔽灾害源时,探测所获得的红外探测曲线具有正常场特征。当隧道开挖面前方或隧道外围空间 30 m 范围存在隐蔽灾害时,隐蔽灾害源产生的灾害场就一定会叠加到正常场上,使正常场中的某一段曲线发生畸变即红外异常,根据红外异常曲线就可以推断含水带的位置和大致范围。

探测时在开挖面后方 60 m 处向开挖面方向每隔 5 m 对隧道周边探测一次,每次探测顺序依次为左边墙脚、左边墙、拱顶、右边墙、右边墙脚和隧底中线,共探测 13 个断面,这样沿隧道轴线方向就得到 6 条探测曲线,分别为左边墙脚探测曲线、左边墙探测曲线、拱顶探测曲线、右边墙探测曲线、右边墙脚曲线和隧底中线探测曲线。然后在开挖面上沿水平方向自上而下布置 4 条测线,每条测线上布置 6 个测点。这样在隧道开挖面上就自上而下得到 4 条红外探测曲线。红外探测就是根据红外异常来确定隐蔽灾害源的存在。隐蔽灾害源是指构造裂隙、断层、溶洞等富水构造和地下暗河等。

4.4.1.10　BEAM 法

BEAM 是基于电法原理开发的超前预报方法,通过外围的环状电极发射屏障电流和在内部发射测量电流,使电流聚焦进入隧洞掌子面前方岩体中,通过测量与岩体孔固有的电储存能力的参数 PFE(percentage frequency effeet)的变化,预报隧洞掌子面前方岩体的完整性和富水性。

4.4.2　隧洞预报方法应用条件

隧洞预报方法基于不同的物性差异,充分了解各种隧洞超前预报的应用范围及适用条件是开展隧洞超前预报的基础与前提,各种物探方法的适用范围及条件总结如下:

(1)地震负视速度法。测量物性参数为波速和波阻抗,目标体与围岩的波阻抗差异较大,目标体具有一定的规模或延伸长度,现场无振动干扰,适用于中长距离预报。主要应用于探测喀斯特、断层、破碎带等构造。

（2）TSP 隧洞超前预报技术。测量物性参数为波速和波阻抗，目标体与围岩的波阻抗差异较大，目标体具有一定的规模或延伸长度，现场无振动干扰，适用于中长距离预报。主要应用于探测喀斯特、断层、破碎带等构造，判断富水性。

（3）TRT 层析扫描超前预报技术。测量物性参数为波速和波阻抗，目标体与围岩的波阻抗差异较大，目标体具有一定的规模或延伸长度，现场无振动干扰，适用于中长距离预报。主要应用于探测喀斯特、断层、破碎带等构造，判断富水性。

（4）TGP 隧洞超前预报技术。测量物性参数为波速和波阻抗，目标体与围岩的波阻抗差异较大，目标体具有一定的规模或延伸长度，现场无振动干扰，适用于中长距离预报。主要应用于探测喀斯特、断层、破碎带等构造，判断富水性。

（5）探地雷达法。测量物性参数为介电常数，目标地质体与围岩的介电常数差显著，适用于短距离预报，主要应用于探测喀斯特、断层、破目标地质体与围岩的介电常数差异显碎带、裂隙及地下水。

（6）红外探测法。测量物性参数为温度，地下水与围岩存在温度差异，适用于短距离预报，主要应用于探测地下水。

（7）BEAM 法。测量物性参数为电阻率和极化率，适用于 TBM 掘进施工方式，围岩电阻率较高，游散电流小，主要应用于探测地下水，判断地层富水性。

4.4.3　地质雷达探测预报方法

4.4.3.1　地质雷达基本原理

地质雷达是目前工程地球物理方法中分辨率最高的探测方法之一，雷达探测在工程质量检测、场地勘察中被广泛采用。近年来，国内一些物探技术人员将其用于隧道超前预报工作中，而在国外还没有见到使用雷达进行隧道超前预报的相关报道。探地雷达通过定向发射和接收高频电磁波来实现探测目的。其工作原理是电磁波在不同岩土介质中传播时，由于介质的电磁波阻抗不同，遇到波阻抗界面发生反射，根据接收到的反射波走时信息可推断和确定界面的位置。介质的波阻抗大小主要取决于介电常数（与介电常数的平方根成反比）。空气是自然界中介电常数最小、电磁波速最大的物质，介电常数为 1，电磁波速为 0.3 m/ns。各类干燥的岩石与土的介电常数介于 3~9，电磁波速为 0.1~0.2 m/ns。水是自然界常见的物质中介电常数最大、电磁波速最低的介质，介电常数为 81，电磁波速约 0.03 m/ns。水和空气与岩土介质的介电常数差异很大，电磁波在它们的接触界面会产生较强的反射，所以岩体中的饱水带、破碎带、溶洞很容易被地质雷达探测发现。

地质雷达探测能较好地识别开挖面前方的围岩变化、构造带，特别是饱水破碎带和空洞，在隧道深埋、富水地段和溶洞发育地段，探地雷达是一种较好的预报手段。但是，其目前的探测距离较短，一般在 20~30 m 以内。对于长隧道的预报只能进行短距离的分段预报，同时雷达探测易受隧道侧壁、金属构件、机电设备、车辆、机具、电线等产生的反射干扰，处理分析中要特别注意剔除干扰和波相识别。

4.4.3.2　地质雷达的优点及局限性

探地雷达超前预报的应用效果受到多方面因素的影响，其应用具有以下优点及局限性：

（1）有效探测距离一般为 10～30 m，适宜于短距离预报。

（2）适用于探测界面两侧介电常数差异较大的地质界面。

（3）对规模大、延伸长的地质体探测效果较好，对规模较小的地质体探测效果较差。

（4）对张性结构面探测效果较好，对闭合结构面探测效果较差。

（5）对充水、充泥或空腔的地质体探测效果较好。

（6）适宜于探测与测线平行或以小角度相交的结构面，与测线以大角度相交的结构面探测效果较差，甚至无法探测。

（7）在掌子面适宜探测与隧洞轴线呈大角度相交的结构面，在侧壁或底板适宜探测与隧洞轴线以小角度相交的结构面。

（8）对不规则形态的地质体，如溶洞、暗河等不良地质体的探测效果较好。

4.4.3.3　现场探测方法

（1）测线布置。表面雷达测线一般沿施工掌子面及左、右侧壁布置 U 形或在掌子面布置十字形、井字形测线，测线宜保持在同一高程；若有必要，应在掌子面、侧壁不同高程及底板增加布置测线。

（2）现场测试。用罗盘测量洞向，用红外测距仪测量基准点到掌子面的距离，确定左、右侧壁测线端点位置。描述掌子面地质现象，绘制地质素描图，拍摄施工掌子面照片。一般情况下，探地雷达宜选用 100 MHz 左右屏蔽天线，时窗长度宜设置为 500～1 000 ns。采用剖面法点测，并多次叠加，叠加次数一般不宜小于 64 次。

（3）滤波设为全通，增益适中，确保不出现削波现象。天线应紧贴岩壁，水平测线高度基本一致，垂直测线应保持垂直，采集数据时保持天线静止。

4.4.3.4　探地雷达资料处理

（1）进行频谐分析、滤波、增益恢复等分析处理。

（2）选择多种参数处理分析雷达图像，识别反射波同相轴。

（3）根据岩性及地层选择合适的介电常数进行时深转换，确定起始点位置，输出雷达图像。

（4）根据掌子面及测线平面位置，在 CAD 图中建立连续的雷达图像。

（5）确定各雷达反射波同相轴及位置，根据同相轴角度计算结构面视走向，分析各同相轴所对应的地质体及性质。

（6）在具备条件时，运行结构面求解软件，输入同一结构面的各雷达同相轴要素，计算结构面产状，确定地质体的空间位置。

（7）编制预报成果报告，报告内容主要包括掌子面地质素描图、测线布置图、雷达图像、地质推断解释图、预报结论等。

4.4.3.5　探地雷达资料处理

1. 雷达同相轴方位校正

雷达图像中的反射波同相轴是地质解释的基础。根据电磁波反射原理，雷达图像中同相轴与测线的夹角和所探测结构面与测线的夹角之间存在一定换算关系。当雷达同相轴夹角大于 20°时，两者的差值将逐步增大，因此当雷达同相轴夹角大于 20°时，在地质解释时必须进行角度校正。

2.地质体雷达图像识别

从雷达图像中识别可能或潜在的不良地质体是雷达资料解释的重要步骤,各种不良地质体的雷达图像一般具有如下特征:

(1)断层、节理及岩性界面等面状构造的雷达同相轴一般为直线或折线状,张性结构面反射波能量强,闭合结构面反射波能量弱。

(2)规模较小的溶蚀通道一般表现为点状反射,规模较大的岩溶一般表现为"双曲线"同相轴。

(3)软弱破碎带及断层破碎带内雷达同相轴杂乱,信号衰减较快。

3.地下水雷达图像识别

(1)断层、破碎带或张性节理富水时,反射波能量增强,同相轴呈"亮线"反射,雷达反射波的首波相位与入射波反向。

(2)富水溶蚀通道呈"亮点"反射,充水、充泥的岩溶一般表现为强"双曲线"反射,其雷达反射波的首波相位与入射波反向。若溶蚀通道或岩溶为空腔,则雷达反射波的首波相位与入射波同向。

(3)富水构造规模越大,周边结构面越发育,岩体越破碎,则发生突涌水的可能性越大。

(4)由于突涌水的发生不仅与富水构造有关,还与地下水的补给、连通性等水文地质条件有关,突涌水的发生受到多方面因素的控制,因此在分析与判断突涌水时应综合多方面因素进行综合分析。

4.4.4　TSP 超前地质预报

近几十年来,国内外广泛开展隧洞超前预报技术的研究与应用,基于地震反射波法原理发展了地震负视速度法、TSP 隧洞超前预报技术、TRT 层析扫描超前预报技术、TGP 超前预报技术、陆地声呐法等隧洞超前预报方法,其中 TSP 隧洞超前预报技术具有一定的代表性。

4.4.4.1　TSP 超前预报的优点及局限性

TSP 隧洞地质超前预报技术的应用效果受到多方面因素的影响,其中包括目标体的性质、形态、规模及产状。TSP 超前预报具有以下优点及局限性:

(1)有效探测距离一般为 150~200 m,适宜于中、长距离预报。

(2)适用于探测掌子面前方波阻抗差异较大的地质界面。

(3)对规模大、延伸长的地质界面或地质体探测效果较好,对规模小的地质体容易漏报。

(4)对位于隧洞掌子面正前方的地质体探测效果较好,对位于隧洞侧壁的地质体探测效果较差。

(5)对软弱破碎带、断层破碎带及岩性界面等面状构造探测效果较好,对不规则形态的地质体,如溶洞、暗河等不良地质体的探测效果较差。

(6)对与隧洞轴线呈大角度相交的构造探测效果较好,而对与隧洞轴线以小角度相交的构造探测效果较差。

4.4.4.2 TSP 超前预报原理

TSP 超前预报根据地震反射波法原理设计,利用人工激发的地震波在波阻抗差异界面上产生反射的原理,对隧洞掌子面前方及周围邻近区域地质状况进行预报。

在隧洞侧壁人工激发的地震波向掌子面前方及周围岩体各个方向传播,当遇到波阻抗不同的地质界面时,会产生反射波和透射波。其中反射波将按照反射角等于入射角的规律返回掌子面,由埋设在隧洞侧壁的接收传感器接收,记录地震反射波信号;透射波继续向前传播,遇到新的波阻抗差异地质界面时,又一次产生反射波并返回掌子面,被接收传感器所接收。而透射波继续前行,遇到新的界面再次反射,直至地震波信号衰竭。

根据地震波传播理论,当地震波纵波在垂直界面入射的情况下,其反射系数 R_{12} 为

$$R_{12} = \frac{p_1 v_{p1} - p_2 v_{p2}}{p_1 v_{p1} + p_2 v_{p2}} \tag{4-1}$$

式中:p_1、p_2 为反射界面两侧介质的密度,kg/m^3;v_{p1}、v_{p2} 为反射界面两侧介质的地震波纵波速度,m/s;$p_1 v_{p1}$、$p_2 v_{p2}$ 为介质的波阻抗。

由式(4-1)可以看出,反射系数的大小与界面两侧介质的波阻抗差异程度有关,反射系数的绝对值决定反射波的能量,反射系数的正负决定反射波首波的相位。因此,根据地震反射波的能量及首波相位的变化可以推断反射界面两侧地质体的性质。现场需要采用三分量检波器实现空间地震回波的矢量检测和纵横波采集,保证处理系统利用多波多分量进行全波震相分析和极化波计算,获得 2 维和 3 维空间的偏移归位图、断面扫描图,获得界面回波位置和界面空间分布,以及界面间岩体性质等预报资料。

4.4.4.3 TSP 超前探测方法

1. TSP 探测区域划分

TSP 超前预报将隧洞的施工掌子面前方划分为左右 2 个区域,根据隧洞的轴向和主要结构面的产状,确定布置爆破孔的隧洞侧壁。如探测的主要结构面在掌子面的左侧首先揭露,选择左区作为主要研究区,将爆破孔布置在隧洞的左侧壁;反之,若探测的主要结构面在掌子面的右侧首先揭露,选择右区为主要研究区,将爆破孔布置在隧洞的右侧壁。

2. 激发孔与接收孔布置

在隧洞同一桩号的左、右侧壁对称布置 1 个接收孔,再依据探测区域划分确定的隧洞侧壁布置 21~24 个激发孔。接收孔与各激发孔布置在同一高程上,孔口距洞底板高约 1.0 m。第一个激发孔与接收孔的间距宜为 15~20 m,最后一个激发孔尽可能靠近施工掌子面。激发孔直径宜为 42~50 mm,孔深为 1.5 m,钻孔垂直隧洞轴向,向下倾斜 $10'' \sim 20''$,激发孔间距 1.5~2.0 m,一般为 1.5 m,目标预报距离较大时取大值。接收孔距施工掌子面 50~80 m,接收孔直径宜为 48~50 mm,孔深为 2.0 m,钻孔向洞口、向上倾斜 5°~10°。

3. 传感器安装

在接收孔内注入环氧树脂或锚固剂,然后将 TSP 特制套筒插入接收孔,用风枪转动套筒使其缓慢贯入,当套筒出露约 10 cm,套筒内两卡槽处于垂线位置时结束。环氧树脂或锚固剂自然养护 12 h,使套筒与围岩牢固黏结。将接收传感器插入套筒,使传感器底部黑色磁铁(另一个为白色),对准施工掌子面方向,保证连接后的传感器端头指向施工掌

子面方向。

4. 炸药埋置

根据围岩硬度和完整程度确定每个激发孔炸药用量,应使用 1 号或 2 号岩石乳化炸药,一般为 20~50 g,硬岩、岩体完整时取小值,软岩、岩体破碎时取大值。炸药和雷管的领用、运输、使用与保管必须符合相关规定。

根据炸药用量分割制作药包,将瞬发电雷管插入药包内,然后将药包送入激发孔底部,雷管引爆线引至孔口短接。

5. 炮孔激发与数据采集

选择安全位置放置仪器,仪器操作员能够通视各激发孔。仪器准备妥当后,连接电雷管引线与起爆线,向激发孔注水,逐一引爆各激发孔,确认接收传感器信号正常有效后存盘,直到最后一炮记录结束,有效激发孔数不宜少于 20 个。在采集信号时,应暂停周围 300 m 范围内一切施工干扰及人员活动,保证仪器显示噪声小于 64 dB。

4.4.4.4　TSP 资料处理

(1)数据处理程序为:数据调整—带通滤波首波拾取—拾取处理—炮能量平衡—直达波损耗系数 Q 估算—反射波提取—P 波、S 波分离速度分析—纵向深度位置搜索—反射界面提取。

(2)在波形图上识别反射波波形、能量强度及相位,剔除无效波形道,分析 P 波和 S 波波场分布规律。

(3)通过分析反射波速度进行时深转换,由隧洞轴的交角及掌子面的距离来确定反射层所对应界面的空间位置和规模,绘制二维平面图、TSP 深度偏移剖面图、反射层展示图,估算岩石物理力学参数表。

(4)结合工程地质资料及工程地质宏观预测进行综合分析,判断施工掌子面前方的地质状况,推测不良地质体特性及位置,分析水文地质条件,预测围岩类别。

(5)编制预报成果报告,报告内容主要包括二维平面图、TSP 深度偏移剖面图、反射层展示图及岩石物理力学参数表以及资料分析、地质解释和预报结论等。

4.4.4.5　TSP 资料解释

1. 影像点解析

反射影像点图主要表现为由不同能量点环组成的弧形带。通常将弧形带分为红带和蓝带,红带反映由硬岩变为软岩的界面,蓝带反映由软岩变为硬岩的界面。能量点环越大,表示界面越明显、软硬岩的强度差别越大;反之亦然。每一个弧形带都是由走向接近的不同界面系列能量点环组成。每一个界面系列表现为带内由小点环到大点环、再到小点环的过程。多数点环弧形带反映 2~3 个界面系列。像点连接要穿过一个界面内的最大能量点环,尽量包含界面内的较大能量点环。

2. 影像点识别特征

(1)断层破碎带。红点环带与蓝点环带相邻,先红点环带后蓝点环带,红点环带明显,能量点环大,蓝点环带不明显,能量点环小。

(2)节理。孤立的红点环带或孤立的蓝点环带。

（3）特殊硬岩带。明显、孤立的较大蓝点环带。

（4）特殊软岩带。孤立或系列红点环带。

（5）溶洞、暗河。不规则的红点分布。

3.地质解释准则

在 TSP 成果解释中,以压缩波（P 波）资料为主对岩层进行分层,结合剪切波（S 波）资料对地质现象进行解释。TSP 资料地质解释应遵循以下准则:

（1）正反射振幅表明硬岩层,负反射振幅表明软岩层。

（2）若 S 波反射较 P 波强,则表明岩层饱水。

（3）v_p/v_s 增大或泊松比突然增大,表明岩层可能存在地下水

（4）若 v_p 下降,则表明裂隙或孔隙度增加。

4.4.5 红外探测法

4.4.5.1 红外探测法的优点及局限性

红外探测法的应用效果受多方面因素的影响,其中包括地下水与围岩的温差、施工热辐射源干扰等。红外探测法应用具有以下优点及局限性:

（1）有效探测距离一般小于 20 m,适宜于短距离预报。

（2）适用于探测与围岩具有较大温差的地下水或富水构造,但无法确定具体位置与方位。

（3）掌子面附近施工热源辐射干扰较强时,探测效果较差。

4.4.5.2 红外探测原理与方法

温度超过绝对 0 度的物体都能产生热辐射,而温度低于 1 725 ℃ 的物体产生的热辐射光谱集中在红外光区域,因此自然界的所有物体都能发射红外热辐射。红外热辐射的强度主要取决于物体的温度。

一般情况下,在隧洞开挖掘进过程中,地下围岩的温差变化缓慢,红外热辐射强度变化很小或呈缓慢变化趋势。当地质体中富含地下水,且地下水与围岩存在温差时,围岩与地下水体之间将存在热传导和热对流作用,改变地下水体周围围岩的温度分布。利用红外探测方法测定隧洞掌子面的红外辐射强度,通过研究掌子面围岩的温度变化或红外辐射异常场的分布规律,推测或预报隧道掌子面前方隐伏的富水构造或地下水。

4.4.6 BEAM 法

4.4.6.1 BEAM 法的优点及局限性

BEAM 法即隧道掘进电法超前监视,其应用具有以下优点及局限性:

（1）有效探测距离一般在 30 m 以内,适宜于短距离预报。

（2）适用于探测掌子面前方富水构造或地下水。

（3）适用于 TBM 掘进施工方式的地质超前预报。

（4）地下水与围岩的电性差异越大,探测效果越好。

（5）探测掌子面前方的富水构造效果较好,对于与洞轴向呈小角度相交的富水构造

探测效果较差,或甚至无法探测。

4.4.6.2　BEAM 法原理与方法

一般情况下,隧洞围岩具有与地下水不同的电阻率和极化效应特性。将两种不同频率的交变电流聚焦后输入掌子面前方的围岩中,测量其供电电流和电位差,计算围岩视电阻率 R 和变频极化效应参数 PFE,BEAM 法探测时,在隧洞掌子面外沿等间距布置环形供电电极 A1,电极数量不少于 9 支;在半径小于供电电极 1 m 左右布置环形测量电极 A0,电极数量为 6 支,无穷远极布置在隧洞后方 300~600 m 处,与 A1、A0 电极构成回路。利用 A1、A0 电极的同性相斥原理形成流向掌子面前方的聚焦电流,按照规定的控制程序测量供电电流和电压,得到视电阻率 R 和变频极化效应参数 PFE。通过分析研究围岩视电阻率 R 和变频极化效应参数 PFE 的变化规律及空间分布,预测预报隧洞掌子面前方的富水构造与地下水。

BEAM 法适用于 TBM 掘进施工方式,在 TBM 刀盘安装供电电极 A1 和测量电极 A0,随着 TBM 掘进动态观测沿隧洞掌子面的供电电流和电位差,连续测量围岩视电阻率 R 和变频极化效应参数 PFE,达到追踪预报的目的。

4.5　隧洞超前预报方法技术的发展方向

目前的隧洞地质超前预报技术在实际工作中积累了许多成功的经验,也暴露出了不少问题:一是不能准确预报开挖面前方围岩的富水性,误报、漏报导致由于围岩富水诱发的隧洞突泥、涌水等工程地质病害事故时有发生;二是对构造带、断层、溶洞等不良地质体的预报没有明确的判读指标,多是依赖个人经验;三是对不良地质对象的定位精度不够,特别是对与隧洞轴线呈小交角度相交的软弱构造带、断层带和饱水破碎带等不能准确定位;四是对岩体工程类别评价缺乏判识指标,导致预报的可信度不高。

造成以上这些问题的主要原因是:在隧洞内探测时观测系统的布置空间受施工条件限制,只依靠洞内观测很难提高超前预报的可靠性和准确性;数据处理和资料分析方法比较简单,只利用地震反射波走时进行反演,界面位置定位不准,而且不能准确确定岩体波速进行速度扫描。目前为止,国内外的隧洞超前预报探测大多都局限于洞内,数据采集缺乏横向波场信息,导致波速分析不准和反射体定位的精度不高;在探测方法上主要局限于地震反射法,地震波对于围岩介质的力学差异反应敏感,能可靠探测地层界限与构造界面,但对于前方围岩的富水程度反应不敏感,容易造成漏报、误报。

另外,现有预报方法、技术在地震数据资料处理中,多数仅局限于地震记录的运动学特征,即走时信息,对于记录的动力学特征应用、分析较少。对地震记录中包含的振幅衰减、频谱变化等动力学特征缺乏研究,特别是对不同频率地震波的吸收特性和岩体的孔隙率、完整性的关系等还缺乏定量研究分析。因此,要想提高超前预报的可靠性和精度,就必须引入新的超前预报理念和技术,对现有的预报方法进行改进和完善,所以综合超前预报技术就成了隧洞超前预报方法技术的发展趋势。

综合超前预报技术的要点主要是以下三个方面的结合:

（1）不同物探方法相结合，即地震方法与电磁方法相结合。以往的方法仅局限于地震方法，对前方围岩含水性的问题不能很好地解决。地震方法对地质体的完整性和力学强度的差异反应敏感，对软弱构造带、断层、溶洞、破碎带等不良地质体的预报效果较好；电磁方法对地质体的电导率、介电常数的差异反应敏感，能准确探测和预报前方围岩富水地段和饱水破碎体的位置及范围。各种物性差异在岩体的结构、成分、流体含量、构造效应等背景下应相互统一。利用电磁法探测，通过岩体的电导率变化能灵敏地反映岩体含水性的不同。地震方法与电磁方法结合，对低波速、低电阻率的"双低"区进行重点分析就能确定饱水断层带、破碎带和富水溶洞的位置，对围岩含水构造和富水地段做出比较准确的预报。

（2）隧洞内观测与地表探测和调查相结合。隧洞内的构造发育与隧道区域构造有很大的相关性，地表调查、推断对隧洞内的探测有重要指导作用。隧道内的观测布置受施工条件和空间限制，观测布置范围小，有效立体角小，定位精度不高。而洞外探测观测系统的布置不受限制，观测方式灵活，可在地表沿隧道轴线布置探测剖面，有利于提高定位精度。对于深埋长大隧道应结合工程地质研究，采用长距离的预报法（负视速度法、TSP、TRT、TGP）和短距离的预报法（GPR、红外线探水）相结合；对于浅埋隧道，可以通过地表的高密度电法或地震 CT 探测，探明隧道洞身围岩的工程水文地质情况，并结合隧道内的跟踪地质调查，预报精度高于隧道内的超前探测。

（3）多种处理手段和分析方法相结合，工程物探与地质解释分析相结合。工程物探与地质解释分析相结合对于提高隧洞超前预报的合理性、可靠性有重要作用。在早期的超前预报中仅依靠地质调查分析进行推断预报，后来认为地质推断预报结果不准而只依赖工程物探手段，实际上两者都有片面性。超前预报研究的对象是地质体，要解决的问题是地质体的现状和不良地质体的位置及分布。工程物探是根据探测到的物性参数分布规律来推断地质体的状态和不良地质体的位置，物探解释必须符合地质规律。由于地质条件的复杂性，分析推断难度大。地质分析对于研究地层与岩性分布、断层与节理构造的分布规律具有绝对优势，是物探方法不能代替的，地质分析对物探解释有指导作用。地质分析对于地表以下和隧道前方是由点及面、利用已知推断未知，要推断得合理、可靠，需要借助物探测线数据和剖面资料。两者有机地结合能极大地提高超前预报的合理性、科学性和准确性，减少误报、漏报的概率。

在超前预报数据处理和资料分析技术方面还有很多工作需要深入研究，对基础理论研究要加强，要进一步研究不同岩性界限和地质界面的特征，建立相应的识别模式，排除多解性，提高判别的准确性；加深研究速度变化、频谱吸收特性与岩体完整性、工程类别之间的定性与定量关系，提供更可靠的岩体工程类别识别和定量化指标。此外，应加速国内超前预报仪器研制和软件的应用开发，降低隧道超前预报施工成本，适应不断发展的隧道超前预报工作迫切需要。

第 5 章　水利工程运营期探测

5.1　大坝渗漏探测技术

我国大部分中小型水库是 20 世纪 50~70 年代由群众施工建造而成的,没有经过严格的勘察设计,施工质量水平低下,且基本上没有施工过程中的质量监督控制,很多水库出现了质量问题,如坝底清基处理不彻底,有些混凝土结构中砂料为当地不符合标准的土砂等现象。诸多情况都影响了水库的正常使用,同时这些小型水库常常防渗体系不完善,据统计,全国大概有 1.8 万座小型水库存在不同程度的渗流问题。导致大坝渗漏的原因众多,加大了病险水库改造工作的难度。

5.1.1　大坝渗漏原因分析

大坝在建设前期,除要考虑地基强度、两岸山体的支撑能力和变形等问题外,还要考虑大坝的渗漏问题,这是大坝和其他建筑的不同之处。渗漏量太大,不仅仅是水资源流失的经济问题,也会因为渗漏的作用力对大坝的安全造成影响。一些事例表明,许多大坝的破坏,往往不是大坝本身的质量和地基强度不够,而是一些地基土或防渗体系没有能够挡住水的作用力。

大坝的渗漏一般不外乎几种情况:一是大坝地基没有处理好,通过连通水库内外的岩体缝隙流出或者通过地基土的渗透;二是从大坝的两岸山体连接处或直接绕过大坝从两侧的岩体渗漏;三是大坝的防渗体系有薄弱环节,水体沿着连接缝等薄弱部位渗漏。

水的物理特性是流动性强,几乎没有抗剪强度,黏度低,黏滞作用很微弱,并且不可压缩。这些特性使得水能够从很微小的裂缝中渗漏,在水体有一定压力的情况下,沿着裂隙渗出的水量也会有相应的变化。渗漏需要两个条件:一是存在过水的通道;二是蓄水后水库内外存在着较大的压力差,也就是常说的水头。通道的大小和水头的高低与渗漏量的大小成同向增减关系。

沉积岩地层中,砂卵石和土砂颗粒之间通常存在着彼此连通的孔隙,沉积物的颗粒越大、级配越差、密实度越小,则透水性就越大。

5.1.1.1　地基的渗漏特征

大坝坝基渗漏,绝大多数是在大坝开始拦洪蓄水时出现的,随着库水位的升高和蓄水时间的增长,渗漏量逐渐加大。产生坝基渗漏的主要原因是对坝基透水层没有采取有效的防渗措施,或者在施工过程中没严格按照设计的要求,或者勘察资料不足,没有能够提供可靠的地质资料。如水平防渗的长度或厚度不够,土工布的接缝没有处理好,防渗墙存在薄弱环节,垂直防渗没有做到基岩上或留有"天窗",库区存在和坝后连通的断层,库区调查没有查清楚地下暗河、溶洞的分布情况等。

1. 覆盖层地基渗漏特征

第四系地层比较松软,力学强度低,压缩变形大,而且透水性较强,容易受到水的冲蚀破坏。作为大坝的基础,处理起来一般有两种方式:一是将所有覆盖层挖除,在基岩上建筑大坝;二是在开挖到一定程度且保证荷载允许的情况下,做好垂直防渗。所谓垂直防渗方案,是指用防渗墙处理地基,将趾板直接置于覆盖层地基或风化岩层上,并用趾板或连接板将防渗墙与面板连接起来,接缝处设置止水,从而形成完整的防渗系统。趾板与防渗墙之间的连接方式一般有柔性和刚性两种,柔性连接是趾板或连接板与防渗墙顶采用平接的形式,其接缝按周边缝处理,板间设置伸缩缝;刚性连接是趾板通过混凝土垫梁固定在防渗墙顶部的连接,刚性连接一般有两道防渗墙的形式。针对不同的坝型,处理的情况会有所不同。如果在不开挖到基岩的情况下施工,应从两个方面防止渗流引起的问题:一是集中渗流量大引起的地基及坝体的冲刷破坏;二是内部孔隙水压力太高,引起砂土性地基的管涌和液化等,从而造成坝体的破坏,一般发生在由细颗粒土组成的砂层中。

第四系覆盖层的透水性取决于地层物料的颗粒大小、级配状况及其密实度,在主要有极细颗粒(黏土)组成的地层中,每个颗粒的表面包裹着一层高黏滞性结合水膜,大多数连通的孔隙也不连通了,因此有时尽管有孔隙却不透水。在粗大的颗粒之间若依次被小颗粒充填,形成密实级配良好的土砂岩石层,其透水性将大大减小,成为相对不透水层。

绝大多数的深厚覆盖层都是经过多次沉积而形成的,形成的覆盖层具有各向异性和不均匀的特性。在不同深度,同样粒径的沉积由于压力的作用,一般埋得越深越密实,透水性越小;上部的覆盖层给下部沉积层一定的渗漏防护,上部的层厚越厚,对下部的防护效果就越好,因此下部沉积层漏水就要两次穿过上部厚的防护层,阻力增加、渗径延长、渗流量将减小。由此可以得出,深厚覆盖层的防渗重点是透水性较大的浅部。当一个大坝的地基土处在液化状态下时,如不加固处理,大坝将受到安全威胁,细小颗粒可能先被冲走而形成空洞,发展下去就形成了通道,连通性的增强缩短了渗径,增大了水力梯度,使渗流进一步增大、发展,将会危及大坝的安全,有可能导致溃坝。

渗透破坏有以下几种情况:

(1)管涌。在渗流作用下土体中的细颗粒沿着骨架颗粒的孔隙向下游移动,并随水体的流出而流失,导致土体被淘空塌陷,这种现象称为管涌。管涌是大坝渗漏的进一步发展,使坝下游产生承压水头引起渗漏破坏,或使大坝土体不断流失,严重的则直接威胁大坝的安全。有的管涌直径和涌水高度可达0.5 m,带出的泥沙上千立方米,引起了大坝的塌陷。

(2)流土。在渗流作用下,地层中的水压力超过土重量时,土体的表面降起、浮动或某一类颗粒同时起动而流失的现象称为流土。在黏性土中的流土变形,表现为土块隆起、膨胀、浮动、断裂等;在砂土中表现为土体被托起,发生砂粒跳动和砂沸。流土常发生在闸坝下游地基的渗流出口,地基土壤内部不会发生。由于流土发展速度快,一经出现必须及时抢护,延误时间就会造成更大的破坏。

(3)接触冲刷。渗流沿着两种不同粒径、不同土层接触面流动,沿接触面带走细颗粒的现象称为接触冲刷。

(4)接触流土。当渗流垂直于两种不同土层流动,其渗透比降超过临界渗透比降时,渗透系数小、颗粒较细的土层被渗流带入渗透系数大、颗粒较粗土层中的现象称为接触流土。

上述几种渗透破坏的现象和机制各不相同,但造成的危害是一致的。我国有不少堤坝因为渗漏影响了大坝的安全,最后进行了加固处理,一般处理方法是截断上游渗水通道,增加渗漏的路径,减小渗漏压力,同时做好下游反滤排水,增设减压井和增加盖重等。

2. 基岩地基渗漏特征

基岩地基大坝渗漏一般是因为地基中存在连通库区大坝防渗体系内外的裂隙或通道,在水库水压力的作用下水体沿着裂隙流出。国内外有很多大坝是建在可溶性基岩(灰岩等)上的,发育贯通的溶洞或裂隙即使经过灌浆处理也可能有较大的渗漏量。大量的渗漏降低了水库的经济效益,却很少酿成大坝的危险毁坏,也有个别基岩坝基渗漏量过大而导致大坝失事的实例。

其他因素引起的渗漏及变形会造成病险大坝。黄壁庄水库位于滹沱河干流的出口处,是海河流域大(1)型水利枢纽工程,总库容 12.10 亿 m^3。黄壁庄水库拦河主坝为水中填土均质土坝,上游设浆砌石防浪墙,大坝上下游均为干砌石护坡,副坝亦为水中填土均质坝(部分坝体为碾压式均质坝),重力坝为常态混凝土坝,内含输水洞和发电洞。覆盖型岩溶坝基渗漏及其引起的坝体大规模塌陷,副坝在 1999—2001 年施工过程中出现 6 次塌坑,基岩裂隙和溶洞发育是黄壁庄水库副坝塌陷的客观地质基础,没有重视实际地质条件而依据经验采用在其他段成功的加固方法是黄壁庄水库副坝塌陷的直接诱因。这说明,基岩中的渗流量大,并不一定能对大坝的稳定造成危害。但在一定的地质条件下,还是会有一定的影响,需要谨慎对待。

当坝基基岩成分含可溶性岩类矿物时,渗透水流可能会将其逐渐溶解、流失,形成空洞。这种化学侵蚀作用的影响,大概只有在以岩盐和石膏为主要成分的坝基上才能在短时间内表现出来,而对于石灰岩、白云岩,因为溶解速度很慢,用漫长的地质年代计算才能显示出来。因此,在大坝有限的运行期间这些问题不用考虑。

含有大量黏土矿物的岩石地基,如页岩、泥岩、黏土质粉砂岩和泥质沉积物形成的软岩,在正常情况下其力学强度很高,大多能够满足工程建设的需要。但一些外在因素引起外围压力降低,在卸荷等条件下可能产生一些裂隙,如果在有较多裂隙的情况下有水向其渗透,岩石就会进一步吸水膨胀、软化乃至破碎,进一步发展会影响到坝基的安全。潘家铮院士指出,当软化系数(单轴湿、干抗压强度之比)小于 0.75,且抗压强度小于 30 MPa 时,一般不宜用作重力坝基础,局部的需要进行改善处理后才能应用。这类大坝基础如果在建设初期没有进行适当的处理,在运行期间出现渗漏问题就值得重视。

5.1.1.2 大坝坝体渗漏的特征

相对于大坝地基的渗漏,土石坝的坝体渗漏现象不算很多,毕竟是能看得见的工程部位,设计、施工、监理和验收都有比较成熟和严格的流程。土石坝坝体渗漏的原因主要有:

(1)填筑土石料不合适,如铜陵市牡丹水库坝体心墙材料为砾质土,砾石含量大于 20%,而黏粒含量小于 15%,渗透系数过大,导致汛期坝体内浸润线过高,坝体外坡大面积散浸。

(2)施工质量差、碾压不实、土工布接缝不严密、坝体内有松散土层。

（3）涵闸本身断裂或涵闸不均匀沉降引起闸体变形，并导致水流从涵闸四周接触带流出。

（4）收缩缝止水材料老化、覆盖层没有清理好、坝体与库岸接触部位清理不到位等，致使坝体产生不均匀沉陷而产生裂缝，形成漏水的通道。甚至有的水库在施工过程中取消了防渗心墙而造成坝体渗漏。

土石坝坝体一旦出现渗漏，将会挟带坝体的细颗粒流出，形成坝体空洞，乃至破坏大坝造成溃坝，危害较大。对这类渗漏的处理办法，一般是在上游增筑防渗体，在坝内灌浆堵缝或增建混凝土防渗墙，同时在下游做好反滤排水等。

混凝土坝坝体产生渗漏，主要原因是混凝土抗渗性能差，横缝止水系统质量差，或存在裂隙和架空形成渗水通道。20 世纪 40 年代建设的吉林省丰满大坝，高 90.5 m，为重力坝，坝体混凝土量 194 万 m^3，已浇筑的混凝土质量差，廊道里漏水严重，坝面冻融剥蚀成蜂窝状。大坝处于危险状态，后经几次浇筑修补。早期建设的大坝，横缝止水片有的使用铝片或黑铁片，在大坝运行不久开始出现渗漏，或者大坝坝体反复遭受冻胀、冻融的破坏，经过长期的运行，会使大坝出现渗漏或者使原有渗漏加大。加拿大曼尼托巴省北部的 1 200 MW 长枫水电站建于 20 世纪 80 年代，运行中发现在大坝的上中部坝体和大坝身之间存在着严重的渗漏问题，为了弄清渗漏的原因，在上中部坝体与大坝之间沿着长度和宽度方向上埋设了温度传感器及位移传感器，用了两年多的时间测量冬季和夏季环境引起的非均匀温度分布，正是温度分布的严重不均匀造成上中部坝体发生了两种截然不同的变形，导致上中部坝体与大坝身之间发生了渗漏。

一些大坝在渗漏的作用下，有的库水具有溶出性侵蚀，坝体水泥中的 CaO 溶化析出变成 $Ca(OH)_2$，在出水口处与空气中的 CO_2 反应形成白色的碳酸钙，发生"析钙"现象，运行多年的大坝很多有渗水析钙现象，混凝土已经发生病变，降低了大坝的耐久性，还有可能直接危及大坝和水电厂发电设备的安全运行。由于坝体渗漏水为有压渗流，仅从廊道或下游坝面堵塞渗漏逸出点，往往达不到防渗止漏处理的目的，应设法从源头封堵住渗漏的入渗点，增强坝体和横缝的防渗能力，同时适当辅以引排措施。渗漏引起的大坝坝体扬压力增大是混凝土大坝很重要的危害因素。

梅山水库位于鄂、豫、皖三省交界处的大别山腹地、淮河支流史河上游，坐落于安徽省金寨县县城南端。1956 年 4 月建成，1958 年 9 月开始下闸蓄水，1959—1961 年遭遇干旱，水库基本上在死水位下运行。1962 年来水较丰，9 月 28 日水位达到建库以来最高蓄水位 125.56 m，库水位在 125.0 m 左右持续了 1 个多月，11 月 6 日库水位为 124.89 m，该日凌晨，突然发现右岸坝基三坡大面积漏水，最大漏水量达 70 l/s 左右，部分坝基发生 20 mm 以内不同程度的剪切错动和陡裂隙，部分帷幕受损。12#垛、13#垛、14#垛和 15#垛发生不同程度的偏移，其中 13#垛向左偏移较大，同时坝基上抬，右岸坝基、坝体许多部位出现了裂缝，最严重的 15#拱拱冠拉开了一条长 28.0 m、最宽 2.0 mm 的大裂缝，后经放空水库检查，发现大坝上游面沿拱台前缘与基岩接触面附近自 16#拱至 13#垛，并贯穿 14#拱拱台一延伸百余米的连续裂缝。1963—1965 年进行多项目的加固处理后，经 1969 年洪水验证达到预期效果。分析梅山大坝 1962 年右坝肩事故原因：右坝肩存在产生滑动的客观条件是事故发生的基本原因，持续高水位运行是事故发生的诱因，排水设施不全是引起事故的又一重要原因。

5.1.1.3　绕坝渗漏的特征

水库蓄水之后,水流绕过大坝两端的岸坡,进而渗往下游,这种渗漏现象在目前被称为绕坝渗漏。

绕坝渗漏的原因,主要是坝头与山体的接合面或山体岩层的破碎裂隙带未进行严格防渗处理;在大坝施工的过程中,坝头与岸坡接头防渗处理措施不严谨,造成施工质量不达标,不符合设计要求;在土石坝施工的过程中,对土体物理学指标分析不当,使得在施工之后常常会出现浸润线高于设计浸润线的位置,这就造成了水流通过渗漏方式从下游的岸坡溢出,进而导致岸坡失稳。这种渗漏问题一般出现在砂砾岩石层、透水性较大的风化岩层、含有石块的泥土和岩层破碎地区。小浪底反调节水库西霞院水利枢纽大坝蓄水后,由于蓄水压力形成透水层,从而产生了绕坝渗流,伴随着库区水位抬高,大坝下游滩地及居民区的地下水位也随之升高,对房屋等建筑地基造成不利影响,西霞院大坝下游村庄的地下水明显抬升,能够看到低洼地段和部分农田被水淹没。

石膏山水库位于灵石县南关镇岭口村上游的石膏山狭谷内,控制流域面积 110 km,总库容 473 万 m³,是以城镇、工业和农村人畜供水为主,兼顾防洪、发电、灌溉等综合利用的水库工程。水库建成后,年供水量 480 万 m³,改善灌溉面积 3 495 万亩;水电站总装机容量 200 kW,年发电量 80 万 kW·h。石膏山水库为混凝土重力拱坝,坝顶高程 1 146 m,最大坝高 68 m,坝顶长度 164.6 m,节理裂隙较发育,绕坝渗漏是大坝工程的主要工程地质问题之一,直接影响大坝的蓄水效果。

闹德海水库位于辽宁省阜新市彰武县西北部柳河中游,界于内蒙古通辽市库伦旗与辽宁省阜新市彰武县之间,坝长 165 m、高 32 m、底宽 34.2 m、顶宽 4 m,坝底有 5 个泄水孔,坝中有 2 个泄水孔,挡水坝段坝顶高程 187.5 m,水库功能为防洪滞沙,保护沈山、郑大铁路线路安全。经过三次加固改造,挡水坝段坝顶高程达到 194 m,1994 年 10 月,开始向阜新市提供工业供水和生活供水。由于辽西地区连续干旱少雨,为保证阜新市供水,经过对水库多年泥沙资料的研究与探讨,省防汛指挥部批准水库 2001 年汛期防洪限制水位为 172.5 m,水库从 2001 年起全年蓄水,水库在较高水位运行的时间较过去大大加长。大坝每年蓄水后,下游两岸陡坡均有渗漏发生,左岸尤为严重。1994 年曾进行过帷幕灌浆处理,虽取得一定效果,但岸坡布孔为单排,目前两岸绕渗现象仍很严重,两岸绕坝渗流出露点较多,主要分布于坝下游 150 m 范围内,左岸多于右岸,出露高程一般在 155.0 m 以下。产生绕坝渗漏的原因主要是坝基岩体完整性差,库水沿裂隙渗漏,渗漏量加剧不利于大坝的安全与稳定。

绕坝渗漏的处理办法多数是采取灌浆、铺设防渗层、反滤排水等。其他建筑物渗漏主要是指溢洪道和输水洞的渗漏。其原因主要有涵管制造和砌筑质量差,建筑物基础处理以及与山体接合面的防渗处理不好,设计布筋强度不够而断裂,伸缩缝止水材料老化,灌浆封孔不够严密等。对这类事故的处理办法,主要是采用止水防渗和加固补强,如用化学材料灌浆或用钢板或钢管内部衬砌等。

5.1.2　大坝渗漏探测方法

中小型病险水库多数是土石坝,其发生的病害中最影响运行安全的是渗漏,大坝防渗加固工作分为垂直防渗和水平防渗。垂直防渗与水平防渗相比,截流效果好,主要的垂直防渗措施有:混凝土防渗墙(普通混凝土、黏土混凝土和塑性混凝土等)、薄壁混凝土防渗墙、深层搅拌连续墙、高压喷射防渗墙(定喷、摆喷和旋喷)、垂直铺塑防渗、冲抓套井防渗、振动沉模防渗、各类灌浆方法等。

当防渗体系存在弱点或薄弱环节时,在特定的条件下就会形成渗透带,渗透带在一段时期的水流挟带作用和侵蚀作用下,会慢慢地将一些细颗粒带走,或将一些容易侵蚀剥离的岩层成分溶解在水中挟带流走,渐渐形成了渗漏通道,长此下去就会影响大坝的安全运行。目前有很多大坝出现了问题,一些已经成为病险水库,在汛期只能低水位运行,影响了使用功能,对下游安全构成威胁。

对于目前的大坝渗漏,一般情况下需要进行探测,查明渗漏的位置和特点,结合设计部门的建议,有针对性地进行加固处理,排除隐患,确保下游人民生命财产安全。渗漏探测的方法主要有自然电位法、充电法、温度场测试法等,通过一种或几种方法的组合,相互验证能够较好地解决大坝的渗漏问题。

5.1.2.1　自然电位法

在岩土体内产生的自然电位有三种原因:一是水与固体物质产生化学反应;二是地电流产生的电位;三是水中的离子随水流动产生的电位等。由于水流电动势与水的流动密切相关,测量水流的电动势就可以知道地下或建筑物中水的流动情况。这种方法是土石坝探测渗漏的重要方法之一。

1. 过滤电场

一般情况下,物质是电中性的,但在一定条件下会发生自然极化,形成一定的电位差。地下水在岩石中流过时将带走部分阳离子,于是上游就会留下多余的负电荷,而下游有多余的正电荷,破坏了正负电荷的平衡,形成了极化。这种结果将使沿水流方向形成电位差。在电法勘探中称之为过滤电场。自然电场法就是利用形成电场的条件,通过测试过滤电场的电位,确定地下水流向及地下水与地表水的补给关系。

2. 扩散-吸附电场

当不同浓度的溶液接触时,溶质由浓度大的溶液扩散到浓度小的溶液,以达到浓度平衡。通常情况下,由于正负离子质量不同,它们的迁移速度也不同,其结果是在不同浓度的界面上形成双电层,产生电位差。由此形成的电场就是扩散电场。

在自然条件下,地下水中的扩散运动是在岩石孔隙、裂缝中进行的,而岩石颗粒表面具有吸附离子的特性,吸附作用必然对扩散作用产生影响,所以把在吸附作用影响下因扩散作用产生的自然电场称为扩散-吸附电场。一般情况下,在浓度小的溶液中有多余的负离子呈负电位,浓度大的溶液有多余的正离子呈正电位。

河流和水库中的水体矿化度一般较低,沿着堤坝横断面由上游至下游矿化度逐渐升高,到下游排水系统最高。因此,堤坝扩散-吸附电场的电位沿堤坝断面从上游至下游逐渐增大,在排水系统处达到最大。

3. 氧化还原电场

地下岩矿石中电子导电体由于氧化还原反应而产生的电场称氧化还原电场。在氧化还原过程中,由于被氧化的介质失去电子而带正电,被还原的介质得到电子而带负电,这样在两种介质之间便产生了电场。

堤坝或渗流中的物质在氧化还原环境中进行氧化还原电化学反应时,便形成了氧化还原电动势,氧化环境呈负电位,还原环境呈正电位。形成氧化还原电场最有利的条件是,电子导体赋存在含孔隙水的围堰中,且一部分处于地下水面之上的氧化环境里,另一部分处在地下水之下的还原环境里。

4. 工作方法

在野外观测时通常采用两种方法:电位法和梯度法。电位法以固定点作为基点,沿测线按照合适的间距测量自然电位,通过绘制自然电位的曲线或等势图,确定渗漏区域的位置。梯度法是将测量电极放置在同一条测线的相邻 2 个测点上,观测它们之间的电位差。

实际工作中多采用电位法,因为电位法观测比较准确,技术上也较简单,观测结果的整理也不复杂,只有当大地电流和游散电流干扰很大、应用电位法观测有困难时,才采用梯度法。

5. 仪器设备

自然电位法所用仪器设备比较简单,一对测量电极、导线与仪器相连便构成了测量回路。为保证对自然电场进行可靠观测,要求具有较高输入阻抗的直流激电仪或直流电法仪。测量电极则必须使用不极化电极来代替铜电极,以减小两极间的极差。常用的不极化电极有 $Cu-CuSO_4$ 和 $Pb-PbCl_2$。

不极化电极用底部不涂釉的瓷罐盛硫酸铜饱和溶液,将纯铜棒浸入溶液中,铜棒上端可以连接导线。当瓷罐置于地表土壤中时,硫酸铜溶液内的铜离子可通过瓷罐底部的细孔进入土壤,使铜棒与土壤之间形成电的通路。铜棒浸在同种离子的饱和溶液中,并不与土壤直接接触,因此在土壤和电极之间不会产生极化作用。由于作为测量电极的 2 个不极化电极中,2 个铜棒与硫酸铜之间产生的电极电位是基本相等的,因此它们之间的极化电位差接近于零(实际工作中要求两电极间的极化电位差小于 2 mV)。可见,采用这种电极能避免电极的极化作用和电极间产生的极差对测量的影响,使测定值只与自然电场的电位差有关。

6. 在渗漏水流方面的应用

过滤电场的方向与地下水流的方向有关。在地下水埋藏不深、流速较大和地形比较平坦的条件下,应用自然电场法可以确定地下水的流向。野外观测方式常采用电位梯度环形测量法,即在一个测点上用 2 个不极化电极沿直径 2 倍于地下水埋深的圆周,观测不同方位的自然电位差,然后将观测结果绘成极形图。正常情况下,在地下水流方向上测得的电位差最大;而在与其垂直的方向上,电位差观测值应为零,故电位差极形图呈"8"字形。在自然条件下,由于地下水运动的不均匀性和其他干扰,实测极形图多呈椭圆形,其长轴方向为地下水运动的轴向;而水流方向由沿长轴方向获得的电位差的极性确定,即水流方向由负电位指向正电位,利用这种测试水流方向的方法可以间接地探测出测点是否存在渗漏。

另外,还可以在无穷远处埋设一个不极化电极 N,方向最好是垂直于大坝,在条件不允许的情况下,可以适当改变;然后用不极化电极 M 在计划探测的测线上按照既定的点距测量电位。如果是土石坝渗漏的探测,则沿探测的目标体,也就是大坝的坝轴线布置测线,一般情况下,需要基本平行于防渗轴线在坝前、坝顶、坝后布设至少3条测线。测点的点距根据精度的需要和现场情况确定,一般设定为0.5~2 m,确保测得的数据能够覆盖整个大坝,这样在渗漏点上方的测线上测得的电位值会随着测点位置的不同而不同。

资料整理时,建立自定义坐标系或者利用现场测量的坐标,将测量数据归一后绘制曲线,画出异常带,以整条测线的背景值为参考,异常幅度以达到背景值的1.5倍为宜。由于出现异常电位的大小或者曲线上的形态与渗漏的埋深有关,在渗漏位置会出现较大的电位数值,或者是渐渐地增大并在某处形成局部跳跃的弧状峰值,因此根据电位曲线大致确定了渗漏对应的水平位置和埋深。在判断渗漏范围时,要综合考虑工作时的水库水位、测线所处的位置,以及测点所处的高程,考虑这些因素后就能够比较准确地画出渗漏的位置,并初步判断其所在的高程。

由于大坝的规模比较大,而渗漏点往往比较小,要想确定渗漏的通道位置,仅仅一个渗漏异常位置是不行的,需要在大坝的前后布置多条测线并获取渗漏异常位置,将渗漏异常位置连接起来就是获得的渗漏通道,当然需要其他方法的佐证来提高可信度,避免一些人为因素或干扰造成误判。

7.影响因素

(1)自然电位法受到地下工业游散电流的影响,因此在工作时需要注意数据的可靠性。

(2)不极化电极的极差,按照规程要求不能大于2 mV。

(3)不极化电极的接地条件要保障,不然接地问题会引起假异常,由此异常判断渗漏时会发生错判。

5.1.2.2　充电法

充电法是一个比较常用的电法,在很多方面都有应用。矿藏勘察中,如果发现矿脉露头,可以把供电的一个电极连接到露头上进行充电,整个矿脉形成一个等势体,利用充电法追踪整个矿脉的走势。

充电法的原理是当某个物体具有良好的导电性时,将电源的一个极直接连接到导电体上,而将另一极置于无限远的地方,该良导电体便成为带有积累电荷的充电体(近似等位体),带电等位体的电场与其本身的形状、大小、埋藏深度有关。研究这个充电体在地表的位置及其随距离的变化规律,便可推断这个充电体的形状、走向、位置等。

充电法可以解决的地质问题有:确定露头矿脉的形状、产状、规模、平面分布情况,利用单井测试地下水的流速、流向,追踪地下金属管线等。

1.观测方法和方式

充电法中主要有电位法、电位梯度法和直接追索等位线法三种观测方式。

电位法是将一个测量电极N固定在远离测区的边缘,作为电位零值点;另一测量电极M则沿测线逐点移动,观测其相对于N极的电位差,作为M极所在测点的电位值U,同时观测供电(充电)电流,计算归一化电位值U/I。

电位梯度法是使测量电极M和N保持一定距离(通常为1~2个测点距),沿测线一起移动,逐点进行电位差ΔU和供电电流I的观测,计算归一化电位梯度值$4U/(M.I)$。记录点为MN的中点。由于电位梯度值有正、负之分,故观测时要注意待测电位差4U的符号变化。

直接追索等位线法是利用测量电极 M、N 及连在其间的 10～20 m 导线和检流计组成的追索线路,在测区内直接追索充电电场的等电位线。

前两种观测方式是目前野外生产常采用的方式,特别是电位梯度法,其装置轻便、梯度曲线分辨力较强,故在充电法中最常用。直接追索等位线法生产效率较低,又仅能获得等电位线资料,故很少用于面积性测量,只在用充电法确定地下水流向和流速时应用。

2. 在渗漏探测中的应用

1) 地表充电

充电法通常假定良导体为理想导体或近似看作理想导体,在局部地表出露或被某种勘察方法揭露后,如果向这种天然或人工露头充电,并观测其电场的分布,便可据此推断地下良导地质体(矿体或高度矿化地下水)及其围岩矿石的电性分布情况,解决某种地质问题。在渗漏点设置供电电极 A,设置两个无穷远(一个供电无穷远 B,一个测量无穷远 N),用另一个测量电极 M 测试测线上的电位,进行归一化处理,就可以判断渗漏的位置。

2) 钻孔中充电

当导电球体的规模不大或埋藏较深时,可用"简单加倍"的方法近似地考虑地球空气分界面对水平地表电场的影响。理想导电球体的充电电场实际上与位于球心的点电源场没有区别,后者乃是充电法的正常场。

在钻孔中充电,N 极放置无穷远,这样孔中的充电点可以认为是一个点电源,常规的面观测的等位线是以钻孔位置为中心的同心圆。根据这一特性,充电法还可以利用水文勘探孔观测地表电位,用来确定地下水的流速及流向。具体做法是:把食盐作为指示剂投入井中,盐被地下水溶解后便形成随地下水移动的良导盐水体;然后对良导盐水充电,并在地表布设夹角为 45°的辐射状测线;最后按一定的时间间隔来追索等位线,地面观测到的等位线反映了盐晕的形态,根据不同时间里地面等位线的形态变化,便可了解地下水的运动情况。为了便于比较,一般在投盐前进行正常场测量,若围岩为均匀和各向同性介质,则正常场等位线应近似为一个圆。投盐后测量异常等位线,含盐水溶液沿地下水流动方向缓慢移动,因而使等位线沿水流方向具有拉长的形态。

另外,从正常等位线的中心与异常等位线中心的连线便可确定地下水的流向。在探测坝体渗漏时,多个钻孔可以判断流速最大的位置和流向,据此就能确定出来渗漏的位置。

3) 渗出点充电

充电法还常用在地下暗河的追踪上,在渗漏探测的时候可以把渗漏通道看作地下暗河,把充电的点放在渗漏出口处,然后沿着平行于大坝坝轴线的方向布设测线,沿着测线的方向进行电位或梯度测量,并根据测试点的位置绘制出电位曲线图或梯度曲线图,经过简单的处理就可以得到渗漏通道在平面的投影位置。

5.1.2.3　高密度电法

自然界中所有物质都有属于自身独特的电性特征,其中电阻率和介电常数是很重要的物理量,它不仅与介质本身的性质有关,而且与介质中含水量关系密切。介质中的含水量增大,电阻率明显减小而介电常数变大。岩层地质体和其自身电阻率的相关性就是开展电法工作的基础,常规的电阻率法有三极、四极、偶极等装置形式。野外工作需要几个工作人员按照电极装置参数要求的位置跑极,效率比较低。

高密度电法的工作原理与传统的电阻率法完全相同,它仍然是以岩矿石的导电性差异为基础的一种探测方法,研究在施加电场的作用下,地下传导电流的分布规律,其技术核心是在观测上采用阵列电极系统、数据处理上实施二维或三维反演,由实测的视电阻率值得到真电阻率的分布图像。相对于传统的直流电阻率法来说,高密度电法的优点主要体现在一次敷设电极,多种装置数据采集,滚动前进,自动采集,是自动化技术和直流电阻率法的完美结合。由于它采集数据量大、信息丰富,因而对地分辨率高,并兼有剖面和测深的特点,大大提高了野外工作效率和解决实际问题的能力。其优点是图像清晰直观;缺点是探测深度较浅(不超过 200 m),且到了一定的深度,精度受到影响。

1. 仪器设备

高密度电法自动采集起源于 20 世纪 70 年代末期,英国学者所涉及的电测深偏置系统实际上就是其最初模式。20 世纪 80 年代中期,日本地质计测株式会社曾借助电极转换板实现了野外高密度电法的数据采集,只是由于整体设计得不够完善,并没有充分发挥高密度电法的优越性。到 80 年代后期,我国原地质矿产部系统率先开展了高密度电法及其应用技术研究,通过不懈努力,研制成多款不同型号的仪器。

目前,研究高密度电法技术和仪器的主要有中国地质大学等,生产仪器的有吉林、重庆的有关仪器厂家。近年来,该方法先后在重大场地的工程地质调查、坝基及桥墩选址、采空区及地裂缝探测等众多工程勘察领域取得了明显的地质效果和显著的社会效益、经济效益。

2. 高密度电法的装置情况

高密度电法的排列方式有 α、β 和 γ 等多种,但基本的排列是对称四极(Schlumberger)、偶极-偶极(dipole-dipole)、单极-偶极(pole-dipole)、单极-单极(pole-pole),其他的排列形式是从这些基本形式演变出来的。

高密度电法野外采集是通过电极的滚动铺设呈阵列装置形式实现的,排列的长度和电极距大小影响着数据剖面对目标体深度和规模的反应能力。一般情况下,电极距越小,探测的精度相对越高;如果电极数固定不变,电极间距减小,排列的长度也相应减小,这样就减小了剖面的探测深度,也就影响了对深埋地质体的探测能力,一般情况下,最小极距应为探测深度的 1/10～1/15,如果极距太小而超出了这个范围就有可能出现随机的假象。因此,在野外采集资料前应先收集目标的基本资料,对其大小和空间分布有初步的了解,然后做试验,根据试验情况设计合适的数据采集排列参数,使探测采集的数据能反映出目标体规模大小和空间分布的情况。

3. 高密度电法的数据反演

对于采集回来的数据,需要经过简单的预处理,即进行单条测线数据的拼接,按照一定的格式编辑测量地形数据、剔除畸变点等,以使其能够适应反演处理软件的需求。目前,常用的高密度反演软件有国外 M. H. Loke 工作组开发的 Res2dinv 软件,中国地质大学研发的 2.5 维反演软件和河北廊坊中石油物探所研发的电法工作站。

采用 Res2dinv 软件进行高密度电法数据反演,主要基于圆滑约束最小二乘法,使大

数据量的计算速度比常规的最小二乘法快 10 倍以上,且节省内存。原理如下:

在进行反演二维的模型时,把地下介质分为许多模型小块,然后确定这些子块的电阻率,反演就是使计算出的视电阻率拟断面与实测拟断面的电阻率相吻合。每一层的厚度与电极距之间设定一定的比例关系,通过迭代最小二乘法调整模型块的电阻率来减小正演电阻率值与实测值之间的差异,这个差异一般用均方误差来衡量。但是在多数情况下,最低均方误差值的模型却不一定是最符合实际的模型。一般衡量标准是选取迭代后均方误差不再明显改变的模型。

4. 在渗漏探测方面的解释

大坝的建设选用的材料具有一定的物性特征,特征是分层碾压的土石坝,分层比较明显,同一层的物性差异很小,在正常情况下所表现出来的电阻率也比较稳定,在水平方向的变化基本不大,在垂直方向会显示较明显的物性分层。

一般而言,漏水地段的电阻率与其周围有着明显的降低,如果是断层或破碎带引起的漏水,应该是线状或条带状形态散射;如果岩性层面引起漏水,出现的异常应该是随高程变化的片状异常,片状异常多呈现高、低电阻层互现的特征。在堤坝的渗漏探测方面,主要是通过对地层结构或大坝的材料构成的探测,从中发现一些物性参数不同于基本材料的地方,确定这些区域为异常区,再利用其他方法相互验证,以达到确定渗漏空间位置的目的。高密度电法可以获取这些物性参数,测得的数据经过处理后,绘制成一定比例的电阻率拟断面图,假如在某处发生了渗漏,坝体中的含水量就会在渗漏部位发生变化,本应该成层的拟断面图就会有比较明显的破坏,在该区域显示出低阻的特征,就可以基本确定该处是渗漏异常,结合其他物探方法获取的资料就可以确定渗漏的空间位置。

5. 需要注意的问题

由于高密度电法测试的是坝体的电阻率,在大坝特定的环境中就要注意一些影响测试电阻率的因素,这样才能达到预期的目的:

(1)测试深度问题。大坝往往建在两岸是山坡的峡谷中,高密度电缆的铺设就可能存在难度,能否测试到需求的深度是测试的关键。因此,可以考虑改变装置,常用的四极装置测试深度较浅,可采用三极、二极装置等,同时考虑和能够测试一定深度且不受场地影响的其他方法配套,比如大地电磁法或者瞬变电磁法。

(2)接地问题。多数土石坝用砌石护坡和混凝土坝顶路面,这给常规的插电极的高密度电法带来了困难,可以考虑使用一些方法减小接地电阻。

(3)雨季坝体电阻低。我国南方一些区域的土石坝黏土成分很高,在雨季地表的电阻很低,测量电场电流受到影响集中在地表,另外,由于大坝存在着斜坡,有可能整体电阻偏低,影响测试的效果。另外,在渗漏比较集中的地方,坝体基本会被渗漏水充填至饱和,测试显示的电阻率都很低,很难区分出渗漏的具体位置,甚至连基本的位置也确定不了,因此选用高密度电法需要考虑这些因素的影响,可以作为一个参考。

(4)渗漏过大坝的水可能还会有一些水头压力存在,在经过帷幕、黏土心墙、土工布等防渗措施后,不仅会向下渗流还会向四周漫流,造成渗流到的区域都在剖面上显示低阻,因此在防渗措施后布置测线解释时要考虑这些问题。

5.1.2.4 探地雷达法

探地雷达法是目前物探方法中具有较高探测精度的方法,该方法已成为探测任务中的首选,它有着分辨率高、效率高、快捷准确、抗干扰能力强、受场地地质条件影响少、不受机械振动干扰的影响,也不受天线中心频段以外的电磁信号的干扰影响、剖面图像直观等特点。探地雷达探测地下介质时有两种工作模式:一是利用反射电磁波,发射和接收天线位于同一平面或者在某一平面的同一侧,探测平面下方的目标体结构等;二是利用透射电磁波,发射和接收天线分别位于探测目标体的两侧。

1. 工作原理

探地雷达是根据高频(偶极子)电磁波在地下介质传播的理论,以宽频带短脉冲电磁波经由地面的发射天线将其送入地下,经地下地层或目的体的电磁性差异反射回地面,由接收天线接收其反射电磁波信号。电磁波在介质中传播时,发生发射及透射的条件是相对介电常数发生明显改变,其反射和透射能量的分配主要与异常变化的电磁波反射系数有关。通过对返回电磁波的时频特征和振幅特征进行分析,便能了解到地下地质特征信息,从而探测堤坝隐患的位置、判断渗漏通道等。介质的电导率和介电常数决定着雷达波的传播速度。

2. 仪器设备

探地雷达有美国微波联合体(Microwave Associates)的 MK Ⅰ 和 MK Ⅱ、加拿大探头及软件公司(SSI)的 Pulse EKKO 系列、美国地球物理探测设备公司(GSSI)的 SIR 系列、瑞典地质公司(SGAB)的 RAMAC 钻孔雷达系统、俄罗斯 XADAR Inc. 的 XADAR 系统和英国 ERA 工程技术部的雷达仪。

3. 资料的处理解释

由于探地雷达所采用的电磁波频率很高,雷达波在通常的目标介质中传播时以位移电流为主,并满足波动方程。因此,探地雷达方法与地震方法具有相似之处;二者均采用脉冲源激发波场;雷达波与地震波在地下介质中传播均满足波动方程;二者都是通过记录来自目标介质内部物性(电性或弹性)分界面上的反射波或透射波来探查介质内部结构或确定目标体位置。由于雷达波与地震波在运动学上的相似性,当探地雷达与地震勘探采用相似的数据采集系统工作时,可借用目前地震勘探中已发展成熟的数据处理与显示技术来处理和显示探地雷达数据。

探地雷达资料的地质解释就是拾取反射层,主要是利用钻孔揭露地层结构和其他物探结果与雷达图像对比,识别各地质结构层的反射波组特征。主要判断依据是:①反射波组的同相性。只要地下介质中存在电性差异,就可以在雷达影像剖面中找到相应的反射波与之对应,同一个波组的相位特征,即波峰、波谷的位置沿测线基本上不变化或以缓慢的视速度传播,因此同一个反射体往往有一组光滑平行的同相轴与之对应。②反射波形的相似性。相邻记录道上同一波组形态的主要特征保持不变。③反射波组形态特征。同一地层反射波组的波形、波幅、周期(频率)及其包络线形态等有一定特征,不同地层的反射波组形态将有差异。④地下介质电性及几何形态将决定波组的形态特征。确定具有一定形态特征的反射波组是反射层识别的基础,而反射波组的同相性和相似性为反射层的追踪提供了依据。

4. 大坝渗漏探测及其解释特征

电导率是决定雷达波在地层中被吸收衰减的主因,而介电常数对雷达波在地层中的传播速度起决定作用。介电常数增大,传播速度降低,因此该方法最大的问题是在坝体含水情况下其探测深度大为降低,对于深部的渗漏就无能为力了。在相对较深部位有人利用地震反射波法、面波法、瞬变电磁法等来达到探测的目的,具体方法应该根据现场的地形地质条件、坝体的结构、坝体的类型综合考虑。

对于土石坝而言,其主要的组成材料包括块石、黏土、砂砾石等。坝体防渗体较单一、土质干容重较大,雷达在密实坝体部分反射波很弱,反射波同相轴连续,视频率基本相同。当坝体局部发生渗漏时,在水的作用下,渗漏通道及其周围的黏土等材料处在相对的饱和状态,介电常数增大和电阻率减小,与不渗漏的部位存在明显的电性差异,形成雷达波的强反射区,在雷达剖面上的表现就是反射波强度加大、同相轴基本不连续或局部连续。

另外,超高频宽频带短脉冲电磁波在地下介质传播过程中,地下介质电性的不同改变了反射信号的频率。实践证明,雷达波在含水量较大的介质中传播时,高频信号具有更大的衰减,反射波视频率降低,信号"变胖",频谱分析中,优势能量集中在低频段,频带相对变窄。

5. 瞬变电磁法

瞬变电磁法是利用不接地回线或接地线源向地下发送一次脉冲磁场,在一次脉冲磁场的间歇期间,利用线圈或接地电极观测二次涡流场的方法,可以分为时间域电磁法(TEM)和频率域电磁法(FEM),从方法机制来说,两者没有本质的不同。TEM 研究谐变场特点,FEM 研究不稳定场特点。两者可借傅里叶变换相联系。在某些条件下,一种方法的数据可以转换为另一种方法的数据。然而仅仅从一次场对观测结果的影响而言,两种方法具有不相同的效能,TEM 方法是在没有一次场背景的情况下观测研究二次场,大大简化了对地质对象所产生异常场的研究,对于提高方法的探测能力更具有前景,因此常用的方法是 TEM。

TEM 具有勘探深度大、体积效应小、工作效率高、纵向分辨率高、受地形影响小等优点。由于观测的二次场是由地下不同导电介质受激励引起的涡流产生的非稳定磁场,它与地下地质体物性有关,根据它的衰减特征,可以判断地下地质体的电性、规模、产状等。一般情况下地质体越大,导电性越好,二次场衰减越慢。

TEM 尽管有各种各样的变种方法,但其数学物理基础都是基于导电介质在阶跃变化的激励磁场激发下引起的涡流场的问题。研究局部导体的瞬变电磁响应的目的在于勘察良导电体,研究水平层状的瞬变电磁场理论的目的在于解决地质构造测深问题。发展和推广 TEM 的实践表明,它可以用来勘察金属矿产、煤田、地下水、地热、油气田及研究构造、裂隙充水带等各类地质问题。

1)仪器设备与装置

加拿大 Geonics 公司销售的 PROTEM47、PROTEM47HP(井下探水系统)、PROTEM 57-MK2 和 PROTEM67 瞬变电磁仪,以及 PHOENIX 公司生产的 V6、V8 系统在国内应用较多。关断时间是瞬变电磁仪的重要技术指标之一,关断时间长,将失掉浅层信号,减弱二次场强度,直接影响探测效果。关断时间取决于发射机性能、发射电流大小和发射线圈尺寸。分辨率高,动态范围大,所以要求信号分辨率和动态范围都要高;此外还要求信噪比高,能够压制一定的工业干扰;重复观测一致性好。

按 TEM 应用领域可以把工作装置分为以下两类:

(1)剖面测量装置。主要用来勘察金属矿产地质构造和地质填图的装置,分为同点、偶极和大定回线源三种。同点装置中的重叠回线是发射回线(Tx)与接收回线(Rx)相重合敷设的装置;由于 TEM 方法的供电和测量在时间上是分开的,因此 Tx 和 Rx 可以共用一个回线,称为共圈回线。同点装置是频率域方法无法实现的装置,其与地质探测对象有最佳的耦合,是勘察金属矿产及低阻异常体常用的装置。偶极装置与频率域水平线圈法相类似,Tx 与 Rx 要求保持固定的收、发距 r,沿测线逐点移动观测 dB/dt 值。大定回线源装置的 Tx 采用边长达数百米的矩形回线,Rx 采用小型线圈(探头)沿垂直于 Tx 长边的轴线逐点观测磁场三个分量的 dB/dt 值。

(2)测深装置。常用的测深工作装置为重叠回线和中心回线装置。中心回线装置是使用小型多匝 Rx(或探头)放置于边长为 L 的发送回线中心观测的装置,这两种装置常用于探测 1 km 以内浅层的测深工作。

2)资料处理反演

国内瞬变电磁法的反演研究方法主要有以下几种:浮动薄板解释法、烟圈理论解释法、人工神经网络解释法、联合时频分析解释法等。

(1)浮动薄板解释法是一种根据视纵向电导曲线的特征值直观地划分地层的近似解释方法,也称为视纵向电导解释法。

(2)烟圈理论解释法在均匀大地上,当发送回线中电流突然断开时,在下半空间中就要被激励起感应涡流场以维持在断开电流以前存在的磁场,大地感应涡流在地表面产生的电磁场可近似地用圆形电流环表示。这些电流环就像由发射回线吹出的"烟圈",其半径随着时间增大而扩大,其深度随时间延长而加深。这就提示我们:当计算均匀半空间的地面瞬变电磁响应时,可以用某一时刻的镜像电流环来代替。

(3)人工神经网络解释法是模拟人脑机制和功能的一种新型计算机和人工智能技术,在数据处理中采用拟人化的方法进行处理,特别适合不确定性和非结构化信息处理。它不要求工作人员有丰富的工作经验,避开了具体复杂的电磁场计算,只要经过适当的学习训练就能够解决复杂的实际问题,而且具有学习记忆功能,它一边工作一边学习,使得瞬变电磁法的反演工作具有延续性和继承性。随着专家系统的不断完善,该方法将有广阔的发展前景。

(4)联合时频分析解释法是借助信号分析领域内的新成果发展而成的技术,它同时分析 TEM 信号的时间和频率域响应曲线特性,从而进行定性和定量分析解释瞬变电磁场资料的联合时频分析解释。TEM 接收到的电压衰减曲线形态比较相近,一般情况下计算出全程视电阻率及其他电性参数,再进行分析解释,这种常规方法对 TEM 信号的利用率不高。联合时间频率分析可以表示涡流场不同时刻、不同频率分量在地下激发和衰减过程。设观测的时间曲线和由此进行快速傅里叶变换所得的频率曲线为已知,给定初始反演参数,采用广义逆矩阵迭代超定方程,结果表明,用两种曲线进行联合反演所得的参数精度比常规解释精度高。

瞬变电磁法的资料处理主要是根据瞬变电磁响应的时间特性和剖面曲线特性,以及工区的地质地球物理特征,通过分析研究,划分出背景场及异常场。在有条件的情况下,应该进行数据全区转换、时间域中心方式全程视电阻率的数值计算,小波去噪等处理。很有必要利用一维、二维、三维正演数值计算得到工作地区的先验知识,便于资料分析解释,尽可能地利用钻井资料、区域地质资料。目前的瞬变电磁探测方法对地下目标体的评价精度低,对于所绘制的电性参数图件,一般采用二次电压衰减曲线和由此算得到的视电阻率值及视纵向电导参数来进行解释。对瞬变电磁法测深资料定量解释还局限于单点一维反演,且反演效果不佳,很多情况下是靠解释人员的工作经验及地质先验知识来对测深结果做出判断,人为性较大。

瞬变电磁系统野外观测的参量为发送电流归一的感应电压值 $V(t)/I$,单位为 $\mu V/A$,但是观测值一般要换算成瞬变值,然后换算成 $p(t)$、$h(t)$ 等。所有资料全部由计算机计算、处理完成,运算及成图过程较复杂,主要步骤如下:数据回放,原始资料的编辑预处理,几种重要参数计算,网格等级划分,网格加密圆滑处理,分析计算绘制定性—定量解释图 $p-h$,拟断面灰阶或色谱图。

瞬变电磁法解释的主要图件是电阻率拟断面图,它是利用计算机对视电阻率进行数理统计处理后划分出等级强度的断面图,打印成黑白图像时,称为灰阶图,打印成彩色图像时,称为色谱图,能够形象地绘制地电剖面的结构与分布形态。

基岩中裂隙发育较集中时,电磁波的能量衰减加大,干扰加强,地层的导电性明显减弱,电阻率增大,但是当裂隙充满水后,导电性加强,电阻率减小,表现为局部的低电位高阻异常或高电位低阻异常。当岩体均匀无裂隙时,图像成层分布,视电阻率等级变化从地表向下呈均匀递减或递增趋势,表明浅部干燥、风化严重、密实度小,下部密实度增加、基岩完整;当岩体存在裂隙时,图像中层状特征遭到破坏,出现条带状或椭圆形高阻色块,使得某些层位被错开、拉伸发生畸变。如果这些裂隙充水,将表现为低阻带。在大坝上的资料解释,可以参见高密度电法的解释,二者基本一致,在此不过多重复。

6. 堤坝渗漏示踪法

1) 环境同位素示踪

温度是影响环境同位素分布的重要因素,在应用热源法研究堤坝渗漏时,环境同位素法可以起到很好的补充和验证作用。氧是地壳中分布最广的化学元素,它和氢元素生成的水构成了整个水圈,因此研究氢氧同位素的分布及变化规律对于调查堤坝渗漏问题具有重要的意义。

常用的环境同位素检测有氚和氚,环境同位素作为天然示踪剂参与了地下水的形成过程,研究它们的分布规律及分馏机制,有可能直接提供地下水形成和运动的信息。例如:氚是氢的另一种放射性同位素,它在大气层中形成氚水后遍布整个大气层,对水起着标记作用。一般来说,河水中氚的含量主要取决于它的补给来源,由大气降水补给的河水的含量较高,而由地下水补给的河水氚含量较低,并且地下水中的氚值含量还取决于含水层的补给来源、埋藏及径流条件。潜水和浅层承压水属于现代循环水,其氚值含量高,深层承压水一般属于停滞水,含氚量低。因此,通过对不同来源的水中的氚值分析可以研究地下水的补给、排泄、径流条件,探索地下水的成因,确定地下水与地表水之间的水力联系,确定水文地质参数等。

水样中氚的含量只会按照放射性衰变量而减少,所以根据含水层中氚的含量计算出地下水的年龄,然后根据地下水中氚含量资料作出氚含量的等值线图,确定地下水的流向,分析地下水的径流条件。研究地下水氚含量及其动态,与地表水的资料相对比,就可以判断出它们之间互相补给的关系、研究水的来源及冲水途径,在某些情况下还可以进行补给量的计算。

2)水化学分析

对水化学成分(如氯离子、硫酸根离子、重碳酸根离子、钙离子、镁离子、钾和钠离子等)的分析对于水库或堤坝的渗漏调查有很重要的意义。水中化学成分的形成是水与地层间长期相互作用的结果,它包含了地下水的历史及地层构造等方面的诸多信息,是分析地下水补排的重要依据。由河、湖或水库逃逸出来的水进入地层后化学成分的变化可以知道水渗漏经过的一些地层的天然性质,在许多情况下对下游钻孔或泉中水的化学成分进行测量可以探明已存在的渗漏路径。通过水化学可以知道钻孔与泉水是来自于地下水还是库水,因而在堤基渗漏评价时,可以利用地下水化学成分特征分析堤基渗流场发生渗漏的部位、强度等。

3)人工示踪法

人工示踪法是检测大坝渗漏的一种基本方法。为了减少渗漏,通常采用一定的加固补强措施降低地层的渗透性。此时,就需要查清水库和下游渗水相连通的地下水渗漏通道。在各种水利工程渗漏测试技术中,示踪法占有特殊的地位,这种方法可以直接地了解地下水的运动过程和分布情况。放射性示踪法就是采用具有放射性的溶液或固体颗粒模拟天然状态水和泥沙的运动规律特性,并用放射性测量方法观测其运动的踪迹和特征。追踪地下水的示踪剂要求尽可能同步地随同所标记地下水一起运动,放射性示踪剂分为直接和间接两种。常用的示踪剂有饱和食盐水、碘-131、萃胺墨及易于分辨的颜料等。

4)全孔标注水柱法

全孔标注水柱法是建立在对全孔水柱标注的基础上。将直径 8~10 mm 的塑料管插入孔底,一个重物绑在它的下端有助于插入孔底,管的两端都是开口的。将从孔水位到孔底一段的塑料管内体积相等的示踪剂溶液通过管上不得另一端注入管中。然后匀速将塑料管取出,使示踪剂均匀分布在全部水柱中。一旦注入示踪剂,通过在水柱中的上下移动探头测定到连续的示踪剂浓度垂直分布曲线。测量通过不连续的上升或下降探头进行。浓度分布曲线的测量次数必须与示踪剂稀释的速率相一致。示踪剂的注入通常是利用重力的作用,注入示踪剂溶液之前,要先通过漏斗将注入管灌满水,为投源做准备。为了避免示踪剂溶液被漏斗中水稀释,示踪剂溶液应在漏斗刚开始变空时注入。

7.渗漏探测新方法及发展

大坝渗漏探测技术,主要是利用大坝材料本身的物理性质在渗漏后的改变,如砂砾层在含水情况下电阻率明显减少,或者饱和砂砾石中细小颗粒的流失又造成电阻率的相对增大等;或者是利用在渗漏过程中水体对于周边各种物理场的影响,如温度测试等技术,每一个物体都是热源,或者说是被动热源,各自的吸收和辐射热能量的能力是不同的,在不同的时段进行测试获得的温度场就会有所不同,这些不同可能就是渗漏引起的;还有直接利用其他物质的特性来观测的,示踪技术就是这样的方法,这种方法本身可能跟水和建筑材料本身没有任何关系,但它是利用示踪剂的特性来进行观测的,可以说是一种比较直接的方法,不论是放射性的试剂还是带有颜色的试剂,都可以给观测者很明确的启示,在渗漏探测上具有很大的优势。

当前用于渗漏探测的方法比较多,几乎涵盖了除重力和磁法外所有能用的物探方法,包括地震勘探中的反射,电法中的直流电法、高密度电法、瞬变电磁法、地质雷达法等,还有一些衍生发展出来针对渗漏的方法,比如直流电流场法、声波波场法等。

当前渗漏探测研究发展趋势是朝着定量和数值方法计算的方向,多数科研工作者的研究是以建立数学模型、理论推导和数值计算为方向与目标,希望通过了解已有的理论和方法,通过模型的建立,进行正演模拟和反演计算,得到问题的解析解,对于无法得出解析解的问题,提供数值最优化的方法;还有学者提出了仿真模型和工程应用研究目标专家系统,为探测研究提供了新的思路。

5.2　根石探测技术

河道整治工程是黄河防洪工程的重要组成部分,主要包括控导工程和险工两部分。控导工程和险工由丁坝、垛(短丁坝)、护岸三种建筑物组成,一般以坝垛为主。坝垛结构包括土坝体、护坡(坦石)、护根(根石)3 部分,现有坝垛护岸多为旱地或浅水条件下修建,或虽经抢护,但基础仍较浅。土坝体、护坡的稳定依赖于护根(根石)的稳定。根石是坝、垛、护岸最重要的组成部分,也是用料最多、占用投资最大的部位,它是在丁坝、垛、护岸运用期间经过若干次抢险而逐步形成的,只有经数次不利水流条件的冲淘抢护,才能达到相对稳定。为了保证坝垛安全,必须及时了解根石的分布情况,以便做好抢护准备,防止垮坝等严重险情的发生。因此,根石探测是防汛抢险、确保防洪安全的最重要工作之一。

5.2.1　根石探测的意义

5.2.1.1　黄河防洪的意义

黄河洪水历来被人们视为江河洪灾之首,有历史记录以来,从公元前 602 年至 1938 年花园口扒口的 2 540 年间,黄河发生决口的有 543 年,决口次数多达 1 590 余次,故有"三年两决口"之说。洪水泛滥的范围北抵津沽、南达江淮,纵横面积 25 万 km^2,给黄淮海平原地区的人民群众曾带来过深重的灾难。

目前,黄河下游两岸人口稠密,交通发达,是我国重要的粮棉基地,郑州、开封、济南紧靠黄河,胜利油田、中原油田位于河口地区和滞洪区之内,有 200 余万 hm^2 的农田靠黄河水灌溉。一旦决口泛滥成灾,将会打乱我国国民经济的整体部署,因此黄河在国民经济发展中具有十分重要的战略地位。

对于黄河的洪水问题,党和国家历来十分重视,中华人民共和国成立以来,为了解决黄河洪水问题,国家投入了巨大的人力物力,多次加修堤防,进行了河道整治,开辟了滞洪区,修建了水库,初步建成了"上拦、下排,两岸分滞"的防洪工程体系,同时加强了防洪非工程措施建设,从而有效地防御了洪水,创造了黄河下游60余年伏秋大汛不发生决口的奇迹。

黄河是一条极其复杂难治的河流。黄河来沙量之大、含沙量之高是世界上绝无仅有的,黄河下游河道不断淤积抬升,使黄河河床高悬于两岸地面之上,现临河滩面一般高于背河地面3~6 m,最大者达10 m,致使防洪形势十分严峻,洪水常年威胁着两岸广大地区的安全。在黄河下游修筑有1 400 km的黄河大堤,将洪水束范于两岸堤防之间,成为黄河洪水的重要屏障。目前这道重要的屏障存在众多的隐患,部分堤段还达不到设计防洪标准,在河势演变的过程中还会直接危及堤防,不能确保黄河防洪安全,因此必须继续加强防洪工程建设,并加大科研力度、组织技术攻关,解决防洪中的重大技术难题。

当前,我国社会、经济正在高速发展,给黄河防洪提出了更高的要求,确保黄河防洪安全不仅涉及数千万人民的生命、千亿元左右的财产安全,而且是关系我国政治、经济和社会安定的大事,因此黄河防洪意义重大。

5.2.1.2　河道整治的作用

历史上黄河下游堤防决口主要有漫决、溃决、冲决三种形式。河道整治是防止堤防冲决、减少堤防险情的关键措施,河道整治工程是黄河下游防洪工程体系的一个重要组成部分。河道整治工程在防洪、护滩、引水和交通等方面都发挥了较好的作用。

(1)防洪方面。河道整治以前,河势得不到控制,主流在宽浅的河道内摆动不定,经常形成横河和畸形河湾。这样,在洪水期不仅影响排洪,加重险情,而且在这种河势下险点位置多变,防守没有重点,抢险战线过长,最终使大堤上布满险工,造成严重浪费,形成"背着石头撵河"的被动防汛抢险局面。例如,郑州京广铁路桥至中牟九堡由于上述原因,已修建有9处险工,造成长达49 km的大堤布满险工的局面。河道整治后,由于边界对水流的约束作用增加,一定程度上控制了河势和险工的靠溜位置,减少了横河和畸形河湾的形成概率,使险情位置相对固定,防守有了重点,抢险战线缩短,临时过渡性工程减少。大洪水时,即使控导工程漫顶,护坡和根石的石料仍能对河势起一定的控导作用,大水过后,仍可修复。1976年、1982年洪水期间,虽有大量的控导工程在洪水期漫顶,并冲毁了部分坝垛,但洪水过后河势没有发生大的变化。实践表明,河道整治在防洪保安全方面的作用是明显的。"96·8"洪水是近30年来出现的一次较大洪水,洪峰传播速度特别慢,洪水持续时间长,但洪水过后河势仍未发生较大的变化。

(2)护滩保村方面。河道整治前,陶城铺以上河势游荡多变,造成村庄和滩地大量坍塌。据统计,仅1960—1964年,花园口至陶城铺河段就塌掉滩地60万亩;河南原阳县1961年、1964年、1967年的三年中塌失高滩18万亩,落河村庄7个。河道经过整治后,村庄和滩地得到了保护,过去塌失的部分高滩逐渐淤高还耕,增加了耕地面积。近十几年来,滩区村庄没有落河,耕地还有所增加。

(3)灌溉引水方面。中华人民共和国成立后,尤其是20世纪60年代后半期以来,引黄事业迅速发展,黄河已经成为两岸工农业生产和人民生活的重要水源。目前,下游共有引黄涵闸94座,年引水量约100亿m³,灌溉农田3 000余万亩。过去由于河势多变,许多闸门距水边太远,难以引水,每年都要花费很大的人力和物力开挖引渠,造成严重的浪费。河道整治后,河势得到一定控制,提高了闸门的引水保证率。

（4）交通方面。黄河下游航运事业很不发达,主要是因为河槽宽浅,河势多变,水深太小。通过河道整治,归顺了主槽,稳定了河势,增加了水深,从而有利于航运事业的发展。目前,下游已建跨河桥梁20多座,河势的稳定不仅可减少桥梁的造价,而且有利于桥梁的安全。

5.2.2　根石探测技术研究状况

5.2.2.1　根石探测需要穿透的介质

根石探测需要穿透的介质主要为:含泥沙的黄河浑水、河水底部的沉积泥沙、硬泥等介质。

含泥沙的黄河浑水介质并不均匀,从水面到底部泥沙颗粒逐渐增大,其相应的物性参数特征值也逐渐变化,但水底面与沉积泥沙接触面存在突变;黄河河床底部沉积泥沙、硬泥从上到下硬度逐渐增加,相应的物性参数也逐渐变化,但与根石接触的界面存在物性参数的突变。因此,在对根石进行探测时,必须穿透浑水、沉积泥沙或硬泥等介质。

5.2.2.2　常规探测方法及存在的问题

长期以来,对黄河下游河道整治工程的维护和及时管理是防洪工程管理者急需解决的问题,而根石探测技术一直是困扰黄河下游防洪安全的重大难题之一。在黄河上采用的常规探测方法均是采取直接触探或凭借操作者的感觉判断水下根石情况,其方法有:

（1）探水杆探测法。由探测人员在岸边直接用6~8 m标有刻度的竹制长杆探测。这种探测方法,长杆入水后并不垂直,探测深度误差大。

（2）铅鱼探测法。在船上放置铅鱼至水下,用系在铅鱼上标有尺度的绳索测量根石的深度。这种方法误差也较大,若船没停稳,绳长往往是不垂直的。

（3）人工锥探法。该法靠锥杆长度确定根石深度。对不靠水的坝垛根石可以采用此法探测,3~4人在地面打锥即可。对于浅水下的坝垛根石,打锥人站在浅水中打锥,直到锥到根石顶面。人们的工作环境很差,只能在水深小于1.2 m的情况下采用。对位于水深大、流速快的水下坝垛根石,需要在船上3~4人打锥,靠人的感觉确定是否到达根石顶面,这种方法停船较困难,且人的安全条件差。

（4）活动式电动探测根石机。其工作原理是模仿人工探测根石的提升、下压、冲进的工作原理设计的。该机采用双驱动的两个同步旋转滚轮,靠一端能自锁的偏心套挤压探杆,两滚轮驱动探杆向下探测。当探杆碰到块石时,探杆不能继续下进,会将机器顶起,此时操作者立即松开操纵杆,两滚轮与探杆即可自行分离,停止下进,然后操纵反转开关,使探杆拔出地面,即可完成根石探测。

以上几种方法均受很多条件制约,如水流影响、操作不便、船定位困难、感觉不准等,虽然现在主要依靠人工锥探进行根石探测,但它也存在以下问题:一是费工费时,劳动强度大;二是探测深度和水面探测范围有限,一般情况下探测深度只能达到10余m,锥探20 m左右深度的根石有一定难度,水面探测范围受探测船长度限制,一般在15 m以内;三是水流较急水域探测船定位困难,探测人员的安全不易保证,而此类水域的水下根石却需要重点探测。另外,探水杆探测法和铅鱼探测法只能探测浑水厚度,遇到有淤泥层时,尚不能探测真正的根石埋深。

5.2.3　声呐探测根石的原理

5.2.3.1　水声学原理

频率在 20~20 000 Hz 范围内,是人耳能听见的声波,称为可闻声波,常简称为声波。声波是由于机械振动产生的,振动源即为声源。最简单的声源是均匀脉动球,该球面上各点作谐和振动,各点振速大小相同,相位一致,振速的方向指向辐射方向,即振速方向与球面相垂直。介质受到声源振动的扰动,介质中各点也必然作谐和振动,各点处的介质被压缩或拉伸(稀疏)。介质受压产生超压,称为声压。振动状态在介质中的传播速度称为声速。波阵面的传播速度即为声波的相速度,简称为声速度。

众所周知,在讨论光的传播现象时,有光的射线说和光的波动说两种。光的射线理论认为光的能量是沿着光线传播的,在均匀介质中光线是直线。下面简要地叙述声传播的射线理论。声的射线理论认为:声能沿着声线传播,声线与波阵面相垂直,一系列的声线组成声线束管,从声源发出的声能,在无损耗介质中沿着声束管传播,其总能量保持不变,因而声强度与声束管截面面积成反比。

下面用射线理论来考察脉动球的声场。前面已说明了脉动球声场的波阵面是一系列的同心球面。声线即为一系列由声源发出的辐射线,它们与波阵面相垂直。因而声线束管的截面面积随距离增加按其平方规律增加,声强度按其平方规律减小。由于波阵面的扩展而导致的声强度减小被称为"几何损失"。

5.2.3.2　浅地层剖面仪的工作原理

浅地层剖面仪一般由甲板单元和水下单元(拖鱼)两部分组成(见图 5-1)。拖鱼与一条电缆连接悬在水中,它装有宽频带发射阵列和接收阵列。发射阵列发射一定频段范围内的调频脉冲,脉冲信号遇到不同波阻抗界面产生反射脉冲,反射脉冲信号被拖鱼内的接收阵列接收并放大,由电缆送至船上单元的数控放大器放大,再由 A/D 转换器采样转换为反射波的数字信号,然后送到 DSP 板做相关处理,最后把信号送到工作站完成显示和存储及数据处理。

5.2.3.3　水下根石探测新技术原理

水下根石探测新技术原理:在岸上固定好断面,插上花杆,探测设备在水中沿着断面方向进行探测,探测数据经处理后绘制根石断面图或在坝垛附近水域随测量定位给出坝垛根石等深线图,按需要截取不同的根石断面图。由于河水、沉积泥沙、根石界面之间存在着很大的波阻抗差异,当声波入射到水与沉积泥沙界面及沉积泥沙与根石界面时,会发生反射,仪器记录来自不同波阻抗界面反射信号,同时将 GPS 定位系统测量的三维坐标记录到采集的信号中,对信号进行识别、处理,得到水下根石的分布信息,把探测到的根石分布信息输入黄河河道整治工程根石探测管理系统中,对根石进行网络动态实时管理。

5.2.4　小尺度水域的精细化探测技术

5.2.4.1　小尺度水域精细化探测概念的引入

根据黄河下游河道整治工程水下根石分布的特殊状况,引入小尺度水域的精细化探测概念,所谓小尺度水域的精细化探测就是在小范围水域内,对水下目标体进行详细探

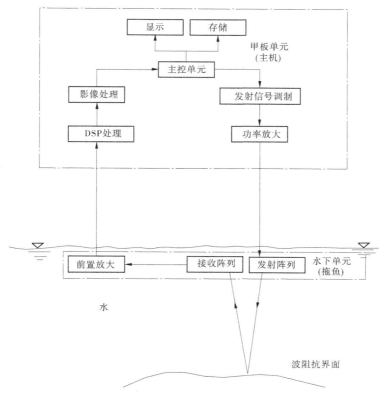

图 5-1　浅地层剖面仪的工作原理

测,以求了解目标体在水下的详细分布状况。

　　小尺度水域精细化探测的概念是相对海洋调查勘探而言的,在海洋调查勘探工作中,其工作水域一般是以千米计,探测范围大,分辨率要求不高,而黄河下游河道整治工程根石探测的工作水域,是由建坝和长期运行后水下根石的分布区域决定的。根据黄河下游河道整治工程坝体结构设计资料,各类型坝在建坝时的设计根石水下分布的水面平距不超过 30 m。根据现有探测资料,已探测到的根石最大深度不超过 20 m,按照 1:1.5 的稳定根石坡比降,其水面最大平距不超过 30 m,因此长期运行后根石水下分布的水面平距一般不超过 30 m。

5.2.4.2　小尺度水域精细化探测的技术要求

　　精细化探测是相对以往的水下根石探测技术而言的。依据《黄河河道整治工程根石探测管理办法(试行)》,根石探测"水下部分沿断面水平方向每隔 2 m 探测一个点。遇根石深度突变时,应增加测点。在滩面或水面以下的探测深度应不少于 8 m,当探测不到根石时,应再向外 2 m、向内 1 m 各测一点,以确定根石的深度。

　　因此,现行水下根石探测的水面测点间距是 2 m。按照 1:1~1:1.5 的坡比计算,水面 2 m 点距对应的水下根石坡面长度是 2.4~2.8 m,在这一范围内,没有探测数据显示水下根石的真实状态,两测点间形成了长度为 2.4~2.8 m 的探测真空区。

　　黄河河道整治工程根石是由散石构成的,散石的粒径一般不大于 0.5 m,与探测真空区相差一个数量级。在强水流的冲击作用下散石会走失,从而形成根石面的冲刷坑。在以水面 2 m 点距开展水下根石探测工作时,冲刷坑完全可能被跨越,从而导致探测数据不能反映水下根石的真实状态。

为此,在研究水下根石探测新技术时,必须加密测点,使测点间距与散石粒径处于同一数量级或小于散石粒径,彻底消除探测真空区,确保探测数据能够真实反映水下根石的分布状态。因此,小尺度水域精细化探测的技术要求是:水面测点间距小于或等于 0.5 m,平面定位坐标误差不超过 5 cm。

5.2.4.3　利用小尺度水域精细化探测技术探测根石

在黄河上采用的常规根石探测方法是采取直接触探或凭借操作者的感觉判断水下根石情况,其方法有:探水杆探测法、铅鱼探测法、人工锥探法、活动式电动探测根石机。以上几种方法探测均为 2 m 点距,测点之间的根石情况则靠线性插值获得,它们属于小尺度水域探测,但不是精细化探测。不适应黄河水下根石精细化探测的要求。

为了解决根石探测问题,黄委组织技术人员进行了多次研究和试验,最终采用 3200-XS 浅地层剖面仪+GPS 定位仪+小型水面载体的组合方式,沿设定根石断面进行探测,能够准确探测水下根石的坡度与分布状况,实现小尺度水域精细化探测。

河道整治工程中的水下根石探测区域一般围绕坝、垛、护岸 20～30 m 范围内开展,探测深度大多在 30 m 以内,对于水下浅地层剖面仪器而言属于小尺度水域的精细化探测问题。为了满足探测精度与数据密度的需要,采用控制航迹沿既定断面缓慢前行配合高速采样的方法探测,来实现小尺度水域的精细化探测。

小尺度水域的精细化探测确保航迹控制与设定断面偏差不超过 1 m,人工探测时 2 m 一个测点,仪器探测时测点间隔与船的速度及仪器发射探头的频率有关,测点间隔 $\Delta S = v/N$,v 为船移动的速度,一般取 0.2～0.8 m/s,N 为发射频率,范围为 0.5～12 Hz,测线采样密度达到分米级;水面定位精度达到厘米级;探测深度误差不大于 20 cm。根据现有探测资料,水下根石探测新技术在黄河正常浑水中探测深度大于 20 m,泥沙穿透厚度大于 10 m(仪器设计探测能力,穿透深度:粗砂 30 m,软泥土 250 m;最大水深 300 m)。各项数据指标完全适应并满足黄河下游河道整治工程水下根石探测工作需求。

5.3　堤防隐患探测技术

黄河下游堤防隐患探测已经成为了堤防养护工程的一种必要手段,是为堤防维修加固提供技术支持的重要资料。目前,常用的探测技术主要有地质雷达、高密度电法、面波等方法。

5.3.1　地质雷达检测技术

5.3.1.1　基本原理

地质雷达(ground penetrating radar)是利用电磁波束的反射来探测地下地质体。当其工作时,发射天线向地下介质定向发射一定强度的高频短脉冲宽频带电磁波,电磁波脉冲在向下传播过程中遇到不同电性介质的地层或目标体界面时即产生反射波,反射波被接收天线接收形成雷达记录,通过分析雷达记录来实现对地下目标体进行探测的一种电磁勘探方法。

5.3.1.2　仪器选择

目前国内较多使用的是国外设备,如美国 GSSI 公司、瑞典 MALA 和意大利 RIS 公司的地质雷达,主要性能应满足下列要求:

(1)仪器增益不小于 150 dB。

(2)模数转换不小于 16 bit。

(3)记录时长 0~3 000 ns。

(4)天线频率 16~1 500 MHz。

(5)脉冲重复率 3~100 kHz。

(6)具有 30 次以上的信号叠加功能。

5.3.1.3　野外工作流程

1. 准备工作

(1)仪器应有绿色准用合格标识。

(2)出工前应测试仪器设备性能并做好记录,确保设备正常。

(3)准备好地质雷达现场工作班报。

(4)开始探测前,调查探测堤段的设计、施工、加固,以及历次洪水期的出险和穿堤建筑物等情况,探测时作为重点段探测,探测时应在班报备注中记录堤防外观情况。

2. 测线布置

(1)普查时:在堤顶、迎水面和背水面,按顺堤方向布置平行测线,测线间距不大于3 m,详查时进一步加密测线,详查时点测模式点距应为 0.1~0.5 m。

(2)可根据追踪隐患分布需要,增加垂直堤身方向的测线。

3. 测量定位

(1)测点桩号应与堤身桩号相对应,测线方向应与堤身桩号的递增方向一致。经过管理桩时,在雷达图像上打标,经过百米桩时在班报上记录打标位置和对应桩号。

(2)没有管理桩的堤防,需要先埋设管理桩,或者和管理部门协商后采用相对桩号,然后进行探测工作。

(3)当沿堤坡或堤脚布置测线时,应使用 GPS 对测线进行定位测量,定位点密度应满足确定隐患准确位置。

4. 仪器参数设置

(1)中心频率的选择应兼顾探测深度和分辨率两个方面。

(2)探测护坡脱空及破坏范围时,宜选用中心频率不小于 250 MHz 的天线。

(3)记录时窗宜选取最大探测深度与介质平均电磁波速度之比的 2.5~3 倍。

(4)采样率宜选用天线频率的 15~20 倍。

(5)发射与接收天线间距宜小于探测目标埋深的 20%。

(6)介质介电常数用钻孔或已知深度的目标体标定。

5. SIR-3000 仪器操作步骤

(1)仪器连接:连接主机、电缆、天线、标记器、测量轮。

（2）开机：安装电池或者外接电源，仪器自动开机；在主菜单下选择 TerraSIRch 按钮，进入仪器采集状态。

（3）设置参数：设置天线、测量模式、采样点数、记录长度、介电常数、扫描速度等，确定信号位置以及选择滤波参数。

（4）数据采集和保存文件：调整仪器参数，按 RUN/SETUP 进入单窗口屏幕，开始移动天线采集数据；再次按下此按钮，选择右键盘打钩保存数据文件到仪器中。

（5）数据回放：按 PLAYBACK 按钮，弹出对话框，利用上下键找到相应的文件，利用中间的选择键 ENTER 选中文件，利用右键确认，再次按 RUN/SETUP 按钮来回放数据。

（6）数据传输：利用 CF 卡传输数据文件。OUTPUT->TRANSFER->FLASH。按中间的选择键 ENTER，弹出对话框，利用上下键找到相应的文件或者全选，利用中间的选择键 ENTER 选中文件，利用右键盘确认，开始传输数据。传输完毕后关机，取出 CF 卡，利用读卡器，把 CF 卡上的数据文件复制到计算机上。

（7）关闭仪器：如果不在野外拷贝数据，关闭仪器，然后取下电缆等连接线。

6. 成果质量检查

（1）野外资料应经过初步编辑，编辑内容含测线号、剖面桩号、测线长度、深度等。

（2）检查原始记录包括仪器检查、生产前试验记录、生产记录和班报。

（3）复测图像与首测图像的异常形态和位置应基本一致，且两次观测的同一异常水平位置误差不超过 10 cm，深度误差不应大于异常深度的 10%。复测长度不小于总量的10%。

（4）干扰背景强烈影响有效波识别或准确读取旅行时的记录，以及时窗未满足探测深度要求的记录必须重测。

7. 现场作业注意事项

（1）测点桩号与堤防桩号的关系。

（2）非空气耦合天线应紧贴地面匀速移动。

（3）时间模式测量时，最大速度应满足最低测点密度要求。

（4）尽可能使用高的发射电压和低的信号脉冲发射频率。

（5）在保证探测深度的情况下，尽可能使用高频率的天线。

5.3.1.4　数据处理与资料解释

1. 数据处理

数据处理的一般步骤为：

（1）编辑头文件，每个数据文件都有一个文件头，用来描述雷达系统采集期间的数据采集参数。需要编辑的参数有介电常数和信号位置：介电常数可以计算和显示深度信息。选择适当的介电常数对于获取深度信息非常重要，利用信号位置参数来移动时间零点。例如：把它设置到地面或者时间窗口的顶部。

（2）数据处理包括压制干扰，突出异常信号、地形校正等，处理方法可选用数字滤波、绕射偏移、图像增强等技术。

（3）资料解释包括识别和追踪有效波的同向轴、有效波的确定、隐患分类。

（4）依据上覆地层的电磁波速度参数进行深度转换，确定隐患埋深，隐患的性质宜结合地质资料确定。

（5）绘制雷达解释剖面图，图上应表明与堤身相同的高程和桩号，以及隐患的位置、性质、埋深等结果。

2. 资料解释

（1）异常分析。经过处理的雷达图像能够直观地反映异常，雷达图像中，同一连续界面的反射信号形成同相轴，依据同相轴的时间、形态、强弱、方向反正等进行解释判断是地质解释最重要的基础。同相轴的形态与埋藏物的界面形态并非完全一致，特别是边缘的反射效应，使得边缘形态有较大的差异。对于孤立的埋设物，其反射的同相轴为向下开口的抛物线，有限平板界面反射的同相轴中部为平板，两端为半支下开口抛物线。

（2）堤身浅部质量评价。堤身浅部质量良好段指堤身土质优良、均匀、未发现隐患的堤身；隐患相对发育段指堤身浅部含沙量较高但未成层，或者土质整体均匀性稍差的堤段；隐患发育段指堤身浅部发现洞穴、裂缝、松散体、高含沙层等隐患的堤段；当隐患宽度小于 5 m 时，按 5 m 记，当隐患宽度大于 5 m 时，按实际长度记，定为隐患相对发育段或隐患发育段，当两个隐患段之间的距离小于 5 m 时，应予合并，视为一个隐患发育段。

5.3.2　高密度电法检测技术

5.3.2.1　基本原理

高密度电法的基本工作原理同常规电阻率法基本相同，它是以岩土体的导电性差异作为基础的一种电探方法。其由 A、B 两电极向大地供高压直流电，通过 M、N 电极测量目标体的视电阻率，由于不同的地质体对电流的传导效果不同，由此可确定地质异常体。高度的电阻率法集电测深和电剖面技术于一体，具有小点距、数据采集密度大和分辨率高等特点，对地电结构具有一定的成像功能，可以在无损堤防隐患探测的前提下，较为直观地反映各种隐患。

在人工施加电场作用下，传导电流的分布和地下介质（裂缝、土性、孔洞等）的性质、大小、埋深等各赋存状态因素存在着密切的关系。因此，根据探测到的传导电流的分布规律，可以分析出地下电阻率在不同区域间的变化，从而能够反演推测地下的地质情况。尤其是地下裂缝、松散带、孔洞等不良地质体发育的情况。

在堤防隐患探测中，高密度电法的隐患探测主要表现为：对于均质地层，电阻率的变化比较平缓均匀；而对于隐患部位，则表现为局部电阻异常。比如对于裂缝、空洞等隐患，主要表现为高电阻（若空洞充水或者充泥则表现为低电阻）、低密度与低介电常数等；而对于渗漏通道、软弱层或软弱体等，主要表现为低电阻、低密度与高介电常数等。由此根据所测视电阻率的大小及曲线形态，结合相关资料，可以推断堤防隐患的性质、部位和埋深。

5.3.2.2　野外工作流程

1. 分析探测对象

堤防是重要的水工建筑物，其主体一般为土质，经过碾压施工而成。堤防隐患是指那些可能造成堤防破坏但又尚未发现的天然地质缺陷，堤防施工过程中的质量缺陷，生物破坏引起的洞穴、空隙、裂缝以及修建、补强和抢险堵口时产生的薄弱环节。有的隐患存在于堤基内,有的存在于上部的堤身内。归纳起来,堤防隐患分为 3 类:①洞,蚁穴、鼠洞、烂树根、塌陷产生的空洞以及浅层基础内细颗粒土被冲走形成的孔洞等;②缝,纵缝、横缝、斜缝、隐蔽缝、开口缝等;③松,密实度低(孔隙率大)或填料为沙土的区域等。

2.收集相关资料

野外探测开始前,应详细调查收集被探测堤段的设计、施工、加固以及历次洪水期的出险和穿堤建筑物的施工与运行状况等资料,探测时应在班报备注中记录堤防外观情况。

3.确定适宜的布线条件

当堤顶宽度不大于 4 m 时宜沿堤顶中线或迎水面堤肩布置一条测线,当堤顶宽度大于 4 m 时宜沿迎水面和背水面堤肩各布置一条测线,沿堤肩布置时要求测线距堤顶边缘不小于 0.5 m。可根据追踪隐患分布的需要,在堤坡、堤脚处,或垂直堤身轴线布置测线。

4.测点定位

(1)当测线沿堤顶布置时,测点应根据堤防桩号(管理桩上标注的桩号),附以皮尺或测绳进行定位,当堤防桩号与实测桩号之差大于 1 m 时,要以实测桩号为准,并在报告中予以标注和说明。同时应使用 RTK 对每个公里桩和百米桩进行定位测量。

(2)没有管理桩的堤防,需要先埋设管理桩,或者和管理部门协商后采用相对桩号,然后进行探测工作。

(3)当沿堤坡、堤脚,或垂直堤身轴线布置测线时,应使用 RTK 对每个电极进行定位测量。

5.确定观测装置及电极间距

高密度电法的装置类型较多,常用的有温纳、偶极、二极、三极和施伦贝格等,不同采集装置对堤身隐患的反应能力不同,其中施伦贝格装置具有抗干扰能力强、数据信息丰富以及分辨率高等特点,是堤防隐患探测中常用的装置形式。其工作方式为:供电电极 A、B 对称等距离布置在测量电极 M、N 的两侧,四极皆在一条直线上,测点 O 位于中心,$AO = BO$,$MO = NO$。剖面测量时,装置按设定的层数移动,同层 AMNB 保持不变,横向移动;层数增加,AB 扩大,MN 不变。

应根据实际需要来选择电极间距大小,以兼顾探测效果和探测效率。电极间距一般为 2 m,MN 一般等于测点距。

6.确定探查深度和测线长度

对于高密度电法来说,探测深度与最大供电极距 AB 有关,供电极距 AB 越大则其深度便会越大,反之则勘探深度越小。而在实际探测中,探测深度在一定程度上还与地下介质的电性有关,相同极距的情况下,地下介质中高阻的探测深度要大于低阻。模拟试验和野外实践证明,通常情况下,采用施伦贝格装置进行隐患探测时,AB/2 一般取堤身高度的 70% ~ 140%。

7.电极布设

根据现场条件和探测目的确定测线的布设位置,测线可以布设在堤顶、堤肩、堤坡等位置。测线一般沿堤防延伸方向布设,如果探测任务需要,也可以垂直于堤防布设。具体布设步骤如下:

(1)确定探测的起始桩号位置。即在大堤上找到本次要求探测的起始桩号。

　　如本次要求的探测起始桩号为 K50+350,则应从 K50+300 桩号位置,利用测绳或皮尺向大桩号位置量 50 m,即为本次要求探测的起始位置。

　　(2)第一个电极位置的确定。第一个电极的位置与测试点距、扫描层数及装置形式均有关系。当装置形式为施伦贝格装置时,第一个电极相对于探测起始桩号位置后移距离的计算公式为:

$$后移距离 d = 测试点距 \times 扫描层数 + 1 \tag{5-1}$$

　　如测试点距为 2 m,采用 15 层扫描,则第一个电极相当于探测起始桩号位置后移的距离为 $2 \times 15 + 1 = 31(\mathrm{m})$。

　　(3)电极布设。第一个电极位置确定好后,就可利用测绳或皮尺,按照计划好的电极间距依次布设,一般应沿小桩号往大桩号方向,所有的电极应在一条直线上,对于弯曲堤段应分段探测。

　　(4)打入电极。确定好电极位置后,应使用铁锤将电极打入堤身一定深度(一般为电极长度的 2/3),使电极和堤身之间紧密接触,以保证电极接地条件良好,并尽可能使整个排列的电极打入深度基本一致。

　　(5)电极打好后,按照顺序依次连接每一道电缆(中间不能有漏道),并使电缆接仪器端位于排列的小桩号端。

　　(6)遇障碍物时,电极应垂直于测线方向并对准量具刻度挪动,挪动距离不应大于电极距的 5%;当只能沿测线方向挪动时,挪动距离不应大于电极距的 1%,否则应按实际极距计算视电阻率。

　　(7)过路口时应使用专用电缆保护橡胶保护好电缆线以防被压,同时使用搬运泥土及浇水等办法改善接地条件,必要时用电钻钻开硬化层,使电极打入堤身土层中以保证接地条件良好。测试过程中留专人负责看守,条件允许时应拦住跨线车辆,测试完成后再放行。

　　8.测线检查及仪器设置

　　实际工作中根据需要将布设的电极依次与电缆线接口相连,确保电极接地良好;还要检查电缆外部的绝缘皮是否损伤有漏电的可能;主机所用电池的电量是否满足仪器要求等;检查电极与开关电缆、电极与堤身以及电极开关与电缆线之间的接触情况,若有问题,及时检查电法仪上显示的电极编号,问题排除后重新检测,直到所有电极完全接通。

　　高密度电法仪工作参数主要包含装置形式、工作电极数、电极间距、扫描层数、剖面模式、供电模式、供电电压/电流、供电时间、自电补偿等,一般应根据具体的探测任务来设置。

　　9.现场作业注意事项

　　(1)进行测量时如仪器显示自电电压过大,这时在检查测线没有短路的情况下,应适当调小供电电压;如测量时电法仪显示 AB 供电开路,在检查测线连接良好的情况下,要适当增大供电电压。

　　(2)注意测点桩号与堤防桩号的关系。电极布设过程中应注意记录测点桩号与堤防桩号(公里桩号和百米桩号)的对应关系,每 100 m 校对一次。

　　(3)对于探测过程中发现的异常段(点)、畸变线段,或者仪器工作参数(如供电电压、供电时间等)改变时,应进行重复观测。重复观测的平均相对误差应小于 5%。

(4)应进行检查观测,工作量不应少于总工作量的 5%。检查点应在测区范围内均匀分布,异常地段、可疑点及突变点应有检查点。检查观测的平均相对误差应小于 5%。

(5)采集过程中如发现测量电压 ΔU 小于 3 mV 或者供电电流 I 小于 3 mA,应加大供电电压或者改善电极接地条件,并进行重复观测。

5.3.2.3　数据处理与资料解释

1. 数据处理

高密度电法数据处理包括预处理、单条电阻率曲线的数据处理和整个剖面的数据处理。

1)预处理

首先对照班报,对原始数据进行全部核查。同时检查原始数据的质量、班报填写是否齐全,必要时查看视频资料。检查完成后将同一探测段的数据拼接到一个数据文件中,供下一步处理。

2)单条电阻率曲线数据处理

根据探测数据,选取中间层的探测数据(如 $AB/2=15$ m),利用 Excel、AutoCAD、Suffer 或 Graph 等软件绘制整个探测段内的视电阻率曲线图,并通过 7 点绘制出视电阻率圆滑后的曲线,根据圆滑曲线的起伏形态,将探测段划分为若干电阻率范围较为接近的小段,并确定每个小段的大堤视电阻率背景值(平均值法或众数法)。

分好段后,再按照出图大小(一般为 A3 或 A4 幅面)按一定长度截取视电阻率曲线,A3 图幅每张长度宜为 300 m,A4 图幅每张长度宜为 200 m,横比例尺为 1:1 000,纵比例尺为 1:1。同时在横坐标上标明测点桩号与堤防桩号的对应关系。

3)高密度电法剖面数据处理

高密度电法剖面数据处理的方法为:将原始数据从仪器回放到计算机,在计算机内拼接,剔除畸变点,最后利用 AutoCAD 或 Suffer 软件绘制色谱图。

要特别注意的是,成图时同一分段内应使用相同的色阶,色阶的选择方法如下:

首先将选好的单层探测数据(如 $AB/2=15$ m)拷贝到 Excel 表格中,然后利用 Excel 的频率统计函数 FREQUENCY()统计出该段单层数据的视电阻率值分布情况,绘制本段视电阻率值正态分布图,根据正态分布图确定色阶。

图幅的大小与单条曲线的长度相一致(A3 图幅每张 300 m,A4 图幅每张 200 m),同时写清应标注的内容(图名、图例、桩号等)。

2. 资料解释

1)对称四级剖面解释

提取 $AB/2=15$ m 层的探测数据,绘制视电阻率曲线图,根据视电阻率值对视电阻率曲线进行分段,分段后确定每段的背景值。

有效异常的确定:堤身隐患主要表现为高阻异常,将异常幅度大于 20%的点作为有效异常点,即

$$\eta = (\rho_s - \rho_0)/\rho_0 \times 100\%, \eta > 20\% \tag{5-2}$$

式中:η 为异常幅度;ρ_s 为测点视电阻率值;ρ_0 为背景视电阻率值。

2）高密度电法剖面解释

当大堤土质均匀无隐患时,图像呈层分布,视电阻率等级强度变化一般从堤顶向下呈降低趋势,但对于某些经过处理(如堤防加固、新筑截渗墙等)的堤段,也会有不同表现,但图像形态是均匀变化的。当大堤存在裂缝时,图像层状特征被破坏,出现条带状或椭圆形高阻色块,使得某些层位发生畸变。这些高阻色块的视电阻率值会大于 1.2 倍的正常背景值。当大堤存在洞穴时,图像层状特征也被破坏,出现近似圆形或椭圆形高阻色块,视电阻率值梯度变化较大,且这些高阻色块的极值接近或大于 2 倍的正常背景值。当大堤存在松散土质等不均匀体时,也表现为高阻色块,只是范围较大,形态不规则,其视电阻率异常值也达到或超过 1.2 倍的正常背景值。如测段内存在旧涵闸(洞)、废弃建筑物或堆石等,则在探测剖面图中会出现不同形态的高阻团块,其极值可达正常背景值的数倍,其视电阻率数值在数十至数百欧姆·米。

通过单条电阻率曲线图和高密度电法色谱图的对比分析,可以剔除部分伪异常。

3）隐患位置及埋深的确定

隐患位置的确定:有效异常峰值对应的桩号即为隐患位置。

隐患埋藏深度的确定:裂缝顶部埋深的计算公式一般取

$$h = (1 - m) \times q, m = \rho_0 / \rho_s \tag{5-3}$$

式中:h 为裂缝顶部埋深;q 为异常半幅值点宽度;ρ_0 为背景视电阻率(正常场)值;ρ_s 为异常峰值视电阻率值。

当 $m < 0.6$ 时,取经验公式 $h = 0.25q$。

不均匀体中心埋深的确定:取经验公式 $h = 0.5q$。

4）堤身质量评价

根据《堤防隐患探测规程》(SL/T 436—2023),将堤防分为未发现隐患段、隐患相对较发育段和隐患发育段三类。未发现隐患段指堤身土质优良、均匀、未发现隐患的堤身;隐患相对发育段指堤身土中含沙量较高但未成层,或者土质整体均匀性稍差的堤段;凡发现洞穴、裂缝、松散体、高含沙层等隐患的堤段,均从隐患边缘向外推 10 m,定位隐患发育段,当两个隐患发育段之间的距离小于 10 m 时,应予合并,视为一个隐患发育段。

典型堤身质量评价成果表见表 5-1。

表 5-1　×××河务局××+×××~××+×××段堤身质量评价成果

序号	起始桩号	终止桩号	长度/m	隐患个数	堤防质量评价	说明
1	××+×××~××+×××	××+×××~××+×××	36	1	隐患发育段	1 个不均匀体
2	××+×××~××+×××	××+×××~××+×××	32	1	隐患发育段	1 个不均匀体
3	××+×××~××+×××	××+×××~××+×××	55	1	隐患发育段	1 个不均匀体
4	××+×××~××+×××	××+×××~××+×××	108	2	隐患发育段	2 个不均匀体
5	××+×××~××+×××	××+×××~××+×××	20	1	隐患发育段	1 个裂缝

续表 5-1

序号	起始桩号	终止桩号	长度/m	隐患个数	堤防质量评价	说明
6	××+×××～××+×××	××+×××～××+×××	84	1	隐患发育段	1 个不均匀体
7	××+×××～××+×××	××+×××～××+×××	20	1	隐患发育段	1 个裂缝
8	××+×××～××+×××	××+×××～××+×××	20	1	隐患发育段	1 个裂缝
9	××+×××～××+×××	××+×××～××+×××	35	1	隐患发育段	1 个不均匀体
10	××+×××～××+×××	××+×××～××+×××	58	3	隐患发育段	3 个裂缝
11	××+×××～××+×××	××+×××～××+×××	20	1	隐患发育段	1 个裂缝
12	××+×××～××+×××	××+×××～××+×××	20	1	隐患发育段	1 个裂缝

　　注意:如果对大堤进行了多条测线的探测,应根据各条测线上的隐患位置对大堤进行综合评判,评价隐患在纵向上是否贯通等。

5.3.3　面波检测技术

5.3.3.1　**基本原理**

　　面波勘探进行堤防隐患探测的基本原理是在堤顶(或堤坡、堤脚处)通过震源(锤击、落重等)激发一个传播的地震波场,根据波场中不同频率面波传播的速度来确定大堤的速度分布,推断堤防隐患的性质、部位和埋深。面波法可用于探测堤防松散体、洞穴、护坡或闸室底板脱空以及堤身或堤基加固效果评价等,也可测定堤防介质的动弹性力学参数并对饱和砂土液化进行判定。

　　面波探测应满足下列条件:①被测地层与其相邻层之间、隐患与背景介质之间存在明显的波速差异。②被探测地层应为横向相对均匀的层状介质。

　　在震源激发面波后,面波沿着一定方向传播,通过在固定方向布置检波器来采集激发的面波信号。

　　把简谐波中任一等相面的传播速度称为相速度。当介质有一覆盖层时,瑞利波就会发生频散现象,即速度与频率有关。对脉冲波而言,构成该波的简谐分量分别以它们的特定的速度传播。经过一定的时间以后,各简谐波有着不同的传播距离,因而由它们叠加而成的波的扰动范围要比开始时有所增大。随着时间的推移,一个脉冲波就逐渐转化成一列波。我们用逐个波列的包络线的传播速度来表示波列本身的传播速度,就称它为波的群速度。

　　很明显,在均匀各相同性的介质中,瑞利波的相速度和群速度相等,但在非均匀介质中就会发生频散,此时瑞利波的相速度和群速度是不同的。

　　当出现频散现象时,瑞利波扰动的形状一般随时间变化。如果初始扰动局限在空间的一个有限范围内,而介质是不随着时间推移的,扰动将逐渐扩展为波列,也就是有很多谐波叠加而成,它们各不相同但频率谱一般是连续函数。因此,当各种不同频率成分的波叠加时,峰相遇就会使振幅增大。反之就会互相抵消而使振幅减小。叠加形成的大振幅度称为群速度。由于波的传播能量都集中于大振幅处,因此群速度也表示波的速度。相速度表示等相位面的传播速度。

由于瑞利波相速度与横波速度相近,可以利用如下公式近似计算视横波速度,其表达式为:

$$V_{S,i} = \left(\frac{t_i \cdot V_{R,i}^4 - t_{i-1} \cdot V_{R,i-1}^4}{t_i - t_{i-1}} \right)^{1/4} \tag{5-4}$$

式中:t 为时间(周期);V_R 为相速度;V_S 为视横波速度。

因此,面波的相速度和横波速度之间有着密切的关系,对堤防的密实性具有比较直观的反映。由于不同频率的面波传播深度不同,所以不同的频率可以带来不同深度的速度信息。通过提取面波中不同频率的速度,则可得到在不同深度中的速度信息。当大堤存在隐患时,会导致该测点的速度发生变化。由此根据所测速度大小及变化情况,结合相关资料,推断堤防隐患的性质、部位和埋深。

面波激发方式一般采用单边激发,可根据不同的现场情况及探测要求,选择不同的道间距。

5.3.3.2　仪器选择

面波勘探仪器由震源装置、地震仪、地震检波器、检波电缆等组成,根据不同组成部分,其应满足的技术指标如下。

1. 震源

震源选择应符合下列要求:

(1)可用锤击震源、落重震源和可控震源。

(2)应能激发所需要的主频地震脉冲,满足勘探深度的要求。

(3)锤击震源和落重震源应操作方便、重复性好。

勘探深度小,需要高频震源;勘探深度大,需要低频震源。

震源的选择应首先根据勘探深度和现场环境条件进行试验。激振效果是通过采集的记录进行频谱分析,检查接收的频带宽度是否满足勘探深度和分辨薄层的需要,据此确定最佳激振方式。

常使用的震源有锤击震源、落重震源和炸药震源三种方式,锤击震源一般可实现勘探深度为 0~15 m,落重震源一般可实现勘探深度 0~50 m,炸药震源一般可实现勘探深度为50 m 及以上。

2. 地震仪

地震仪应符合下列要求:

(1)应选用 12 道及以上浅层数字地震仪,具有信号增强、延时、内外触发、滤波、数据采集、监视等功能。

(2)采样率可选,最小采样率应不大于 0.25 ms。

(3)记录长度可选,应不小于 1 000 ms。

(4)模数转换精度应不低于 16 bit。

(5)放大器动态范围应不低于 96 dB。

(6)放大器频率响应范围应为 2 Hz~2 kHz。

（7）放大器一致性：相位差应不大于 1 ms，振幅差应不大于 10%。

（8）放大器串音抑制比应大于 80 dB。

（9）放大器内部噪声应小于 1 muV。

3. 检波器

（1）应采用竖直方向的速度型检波器。

（2）宜用自然频率不大于 10 Hz 的低频检波器。

（3）同排列检波器之间的固有频率不应大于 0.1 Hz，灵敏度和阻尼系数差不应大于 10%。

4. 检波电缆

进行地面展开排列时可使用带固定抽头的检波电缆，抽头间隔不小于 5 m。

5.3.3.3　野外工作流程

到达现场后详细调查收集被探测堤段的设计、施工、加固，以及历次洪水期的出险和穿堤建筑物的施工与运行状况等资料，探测时应在班报备注中记录堤防外观情况。

1. 干扰波的调查

在面波勘探中面波是有效波，而直达波、折射波、声波、反射波，以及面波的反射、绕射、散射等均为干扰波。

干扰波调查通过展开排列获得地震波记录。展开排列的总长度控制在 2 倍勘探深度即可。在展开排列记录上分析全波列波序的传播时序，根据基阶面波的优势段，权衡选择合理的采集参数，例如偏移距离、道间距离、采样间隔和采集记录长度。

2. 震源试验

（1）面波的频率特性与激发脉冲的能量和激发地点地层的刚度相关。

（2）对于锤击方式，锤子的质量大小、锤子的材质不同会激发不同频响范围的冲击波；对于落重方式，重锤的质量不同、落距不同或者重锤的制作方式不同会激发不同频响范围的冲击波，例如制作由多层钢板和橡皮板相间组合的重锤，由于重锤落地后施加作用力时间的加长，因而可以产生富含低频成分的冲击波。

（3）在刚性锤击点可采用刚性垫板或塑性垫板，以改变冲击震源向着提升高频或者增加低频成分的方向发生变化。

3. 测线布置

测线的布置一般沿着大堤的走向进行布置，测线的布置原则根据堤防隐患探测目的而定。当针对堤防段异常体及松散体进行探测时，测点间距应小于异常体宽度的 1/3。在获得异常体的分布特征后，可根据其分布特征，适当加大测点密度以确定异常位置的边界分布等。

在堤顶布置测线时，当堤顶宽度不大于 4 m 时宜沿堤顶中线或迎水面堤肩布置一条测线，当堤顶宽度大于 4 m 时宜沿迎水面和背水面堤肩各布置一条测线。如堤顶宽度大于 4 m 且只要求布置一条测线，应按照大堤与周围落差最小的一侧布置测线，如图 5-2 所示。

可根据追踪隐患分布的需要，在堤坡、堤脚处或垂直堤身轴线布置测线。

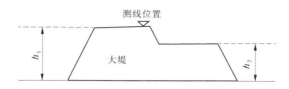

图 5-2　大堤剖面图及测线布置原则

1) 观测系统

面波探测时所有的检波器应布置在一条直线上,对于弯曲堤段应分段探测;遇障碍物时,检波器应垂直于测线方向并对准量具刻度挪动,挪动距离应小于最小道间距的 10%;当只能沿测线方向挪动时,应记录检波器沿测线的实际桩号,在资料处理中将该道数据标注到实际位置。

依据激发点和接收排列的相对位置,面波的观测系统可以分为单边激发排列和双边激发排列两种观测系统。为了降低地层起伏所引起的解释误差,多采用双边激发排列。在地层层界面较平坦时,通常采用单边激发排列。

2) 排列长度与道间距选择

进行面波勘探时,将布置检波器的区段称为接收排列。接收排列的长度(第一个检波器到最后一个检波器的距离)称为排列长度,排列中间位置等效为面波勘探的探点。

排列长度和道间距应符合最佳面波接收窗口、探测深度和探测精度的要求,当记录道为 N,道间距为 Δx 时,排列长度 $L = (N-1)\Delta x$。排列长度的选择主要考虑目的层的最大深度,一般要求排列长度达到 1/2 波长;探测深度较大时,排列与探测深度相当,即排列长度应为探测深度的 1~2 倍。

检波器的道间距应小于异常体规模,检波点间距、排列长度在同一测线上宜保持一致。

为了使检波器接收的信号有足够的相位差,道间距应满足下式:

$$\frac{\lambda_R}{3} < \Delta x < \lambda_R \tag{5-5}$$

则两信号的相位差 $\Delta\varphi$ 满足:

$$\frac{2\pi}{3} < \Delta\varphi < 2\pi \tag{5-6}$$

所以,随着勘探深度的增大,即 λ_R 增大,Δx 的距离也应相应增大。

道间距的大小要适中,一要满足探测最小异常体的需要,二要保证探测深度的需要,同时要兼顾工作效率。一般,在探测深度大于 40 m 时,道间距不大于 3 m;当探测深度大于 40 m 时,道间距大于探测深度与仪器道数的比值;当地质条件复杂时,排列长度和道间距需通过试验确定。

3) 激发点位置及偏移距的选择

面波偏移距应根据试验剖面,选取面波和反射波已经分离的接收地段或在基阶、高阶面波分离的情况下,选取基阶面波明显的接收地段。在探测深度不大于 40 m 时,偏移距为 5~20 m,若探测深度大于 40 m,偏移距根据震源能量确定。

4. 定位测量

（1）当沿堤顶布置测线时，应根据堤防桩号（管理桩上标注的桩号），附以皮尺或测绳进行定位，在测量时，应对面波测线的测点进行标记并利用 GPS 进行测量。为保证异常体的定位精度，需对每个公里桩进行 GPS 测量。当堤防桩号与实测桩号之差大于 1 m 时，要以实测桩号为准，并在报告中予以标注和说明。

（2）没有管理桩的堤防，需要先埋设管理桩，或者和管理部门协商后采用相对桩号，然后进行探测工作。

（3）当沿堤坡或堤脚布置测线时，应使用 GPS 对每个检波器进行定位测量。

5. 现场采集

在面波勘探采集工作中，以激振点分类，一般有单端激振法和双端激振法；面波的排列移动，当所需探测堤防段缺少钻孔、高密度前期等地质勘察数据时，测点间距需不宜大于 20 m。

当有地质钻孔资料或高密度等以往地质勘察资料时，测点间距宜选择为 5~50 m，重点异常或异常目标体较小堤段可适当加密。

对于简单地质地形条件一般采用单端激振，复杂地质地形条件下尽量采用双端激振。当双端激振获得的资料不同时，应分析原因，决定取舍，或者重新采集。

仪器放大器的输入设置为全通状态，不采用模拟滤波器或数字滤波器等限波的方法。对于定点式仪器各道增益设置一致，以利于研究面波的衰减。

面波勘探工作参数设置主要包含炮点位置、检波器位置、检波器道数、采样间隔、采样长度、增益、触发延迟时间等。

面波勘探数据采样时间间隔应满足不同面波周期的分辨率，保证在最小周期内采样 4~8 点；面波勘探数据采样时间长度应满足在距震源最远通道采集完面波最大周期的需要。

5.3.3.4　野外资料评价

1. 观测与重复观测

（1）激发前，操作员应检查每道的通断情况、工作状态和干扰背景。应在背景相对安静时激发和接收地震波。

（2）在同一测点易至少采集两个面波记录，在同一测点使用锤击震源进行多次激发时，操纵员应实时监控前后采集的面波的同相轴是否一致。若不一致，应查明原因。

（3）记录前操作员应现场查看每个记录质量，若不符合要求，应查明原因并及时补测。

2. 野外预处理

在野外现场，对所采集的记录、数据进行预处理，主要检查资料是否达到勘探深度，发现未满足要求的，立即补测。

3. 数据处理与资料解释

资料处理一般包括：数据整理和预处理、时间-空间域提取面波方法、频散曲线提取、频散曲线反演等。

（1）资料预处理，对原始资料进行整理核对、编录，并结合测区不同地质单元对面波

探测资料进行分类

（2）检查现场采集参数的输入是否正确,对错误的输入予以改正;检查记录中的面波发育情况;分析体波与面波以及基、高阶面波的时间域-空间域分布特征,尤其观察基阶波组分和干扰波的发育情况;检查采集记录的质量;根据基阶面波在时间域-空间域中的分布特征提取面波。

（3）面波的频散曲线提取方法较多,如利用小波变换、相移法等,目前主要用于频散曲线的提取方法为频率（F）-波数（K）法。

对面勘探信号进行分析,建立 $F-K$ 域振幅谱图或频率（F）-速度（V）域振幅谱图等,在振幅谱图上圈定基阶面波的能量峰脊（极大值）,提取出频散数据,组成频散曲线。正常频散曲线应遵循收敛的原则,若频散点点距过大则不收敛,变化的起点处一般可解释为地质界线,不收敛的频散曲线段不能用于地层速度的计算。

（4）反演。低频的面波速度不仅包含了深度的速度信息,同时也包含了其上部的速度信息,而面波反演的目的就是获取更为接近实际的速度信息。

面波反演主要分为两大类算法,一类是基于模拟退火或神经网络等的完全非线性的拟合反演算法;一类是基于最小二乘等的拟线性反演算法。当测点缺少前期地质勘察资料时,易选用最小二乘类似线性反演,当测点有钻孔资料时,易于选用模拟退火或神经网络等完全非线性反演。

在反演初始模型的建立时,需结合堤防结构、填土特征及频散曲线等,确定其大致背景速度。

当选择以频散曲线为基础建立初始模型时,应注意以下事项:面波反演初始模型中主要的参数是最大速度的设置以及最薄层厚度的设置。当设置的最薄层的厚度小于一定的限度后,反演结果会趋于极值,从而产生假象。一般除第一层外,设置的最薄层厚度不宜小于道间距的1/2。当反演的速度大于或小于堤防速度分布范围时,易出现错解从而影响对隐患的判断。因此,在反演时,应设置反演结果的最大速度和最小速度限制。

第6章　水利工程物探技术发展趋势

当前我国城镇化比例已经达到 50% 以上,我国水利工程正处在过渡期,这就意味着我国在今后 5~10 年内将迎来一个水利工程建设的高峰期,而国家也将加大对水利的投入,从而使水利工程的整体质量得到改善。

随着我国水利工程的不断发展,对物探技术以及方法提出了更高的要求,在其发挥重要作用的同时,还要具有使用方便、经济实惠等优势。而随着我国科学技术的不断发展,越来越多的高精度勘探工作出现。与此同时,传统的探勘技术已经不能完成如此高精度的工作,为了确保工期顺利准时完成,便更需要应用物探技术。在当今的新形势下,我国对物探技术及方法进行了深入的研究,以期更全面地挖掘其价值并对其价值进行运用,从而促进社会的进步与发展。在勘探过程中,物探技术发挥着极其重要的作用,对于水利工程必须先进行探勘,并对水利工程做前期的了解和普查,最终进行有效的勘探。通过物探技术在水利工程中的运用,并结合高度精密的探测手段,进一步对水利工程所在区域进行评估,并最终找出其地质条件,做好十足的准备,以期能够对在勘探水利工程过程中遇到的问题进行有效的应对与解决。

6.1　水利工程物探新算法、新理论的应用

工程物探作为地球物理学的一个重要分支,广泛应用于地质工程、岩土工程、地下水资源等领域。随着科技的不断发展,工程物探领域涌现出许多新的算法和理论,极大地提高了物探数据的处理效率和精度。本节详细介绍这些新的算法和理论,包括信号处理技术、数值模拟方法、地球物理反演理论、多源信息融合技术、高精度定位技术、人工智能与机器学习、跨学科交叉应用以及几何分型理论、小波的理论体系、混沌的理论体系、神经网络系统的计算理论、地理的信息系统理论。

6.1.1　信号处理技术

信号处理技术在工程物探中发挥着重要作用,主要用于提取和处理地下反射波、折射波等信号。近年来,随着小波变换、傅里叶变换等信号处理技术的发展,物探数据的处理效率和精度得到了显著提高。这些技术可以有效地降低信号的噪声干扰,提取更多有用的信息。

6.1.2　数值模拟方法

数值模拟方法是通过建立物理模型的数值模型来模拟和研究自然现象的方法。在工程物探领域,数值模拟方法主要用于模拟地震波在地下的传播过程,预测地下结构的分布和性质。随着计算机技术的不断发展,有限元法、边界元法等数值模拟方法在工程物探中

的应用越来越广泛。

6.1.3　地球物理反演理论

地球物理反演理论是利用地球物理观测数据来反演地下结构的方法。近年来,随着非线性反演理论的发展,地球物理反演的精度和可靠性得到了显著提高。这些方法可以更好地处理复杂的地质条件和噪声干扰,为地质工程和岩土工程提供更准确的地质信息。

6.1.4　多源信息融合技术

多源信息融合技术是将不同来源、不同类型的数据进行融合处理,以获得更全面、更准确的信息。在工程物探领域,多源信息融合技术可以结合地震波、电磁波、重力等多种地球物理观测数据,提高物探数据的处理效率和精度。同时,多源信息融合技术还可以结合其他领域的数据(如地质数据、地理数据等),为地质工程和岩土工程提供更全面的信息。

6.1.5　高精度定位技术

高精度定位技术在工程物探中发挥着重要作用,主要用于确定地震波的震源位置和地下反射点的位置。随着全球定位系统(GPS)和惯性导航系统(INS)等技术的发展,高精度定位技术在工程物探中的应用越来越广泛。这些技术可以有效地提高地震波震源和地下反射点位置的定位精度,为地质工程和岩土工程提供更准确的位置信息。

6.1.6　人工智能与机器学习

人工智能与机器学习技术在工程物探领域的应用逐渐增加。这些技术可以通过学习和分析大量的物探数据,自动提取有用的特征和信息。例如,深度学习技术可以用于自动识别和处理地下反射波信号,提高数据处理效率和质量。同时,人工智能与机器学习还可以用于预测地下结构的分布和性质,为地质工程和岩土工程提供更准确的预测结果。

6.1.7　跨学科交叉应用

随着科技的不断发展和交叉学科的兴起,工程物探领域与其他领域的交叉应用逐渐增加。例如,工程物探与计算机科学、数学、物理学等领域的交叉应用可以提高物探数据的处理效率和精度;工程物探与地质学、环境科学等领域的交叉应用可以为地质工程和岩土工程提供更全面的信息和解决方案。同时,跨学科交叉应用还可以促进不同领域之间的交流和合作,推动科技的进步与发展。

6.1.8　几何分型理论

其主要揭示自然界存在的不同物体以及不同的现象之间存在的相似性,使局部或者整体的相似性能够显露出来。通过点上信息可以将空间上与面上的信息结合起来进行有效的预测。这种理论常用于研究自然界中存在的最常见且不规则的现象,并能够对复杂的程序进行描述。

6.1.9　小波理论体系

该理论是在旧的理论上形成的一种新型的分支理论,能够对所收集到的信息进行处理,还可以对信号中所掺杂的噪声进行处理,从而得到我们需要的信号。

6.1.10　混沌理论体系

该理论体系普遍应用于非线性系统的描述,与分形理论体系之间的关系密切。

6.1.11　神经网络系统的计算理论

该理论在一定程度上模拟了人类的大脑,并与大脑有着相似的思维,在对资料进行分析和学习的过程中,还可以对未处理过的资料进行识别判断,并对这些资料进行重新处理和计算,在此过程中参与量非常大。

6.1.12　地理信息系统理论

该系统是将计算机作为载体,在计算机硬件的支持下,对信息数据进行采集、储存,并能够在后续中进行管理和查询,而且物探技术中地理信息系统理论的应用,能够对所收集的数据进行快速输出,为后续的数据管理和查询提供了重要的技术支持,未来的发展前景非常可观。

6.2　水利工程物探技术的发展趋势

6.2.1　电磁法物探技术

电磁法物探技术自 20 世纪初诞生以来,经历了漫长的发展历程。从最初的磁法、电法,到后来的电磁法,以及近年来发展起来的复杂电磁法,其技术手段和数据处理方法不断得到改进和完善。尤其是近年来,随着计算机技术和数字信号处理技术的快速发展,电磁法物探技术的数据处理能力和自动化程度得到了极大的提升。

电磁法物探技术是利用电磁场与地下介质相互作用,通过测量和分析电磁场的变化来推断地下地质情况的一种方法。随着电磁测量技术的不断发展,电磁法物探技术的精度和效率不断提高,应用范围也越来越广泛。未来,电磁法物探技术将继续向着高精度、高效率、低成本的方向发展。

随着科学技术的发展和探测需求的不断提高,电磁法物探技术将朝着以下几个方向发展:

(1)高精度和高分辨率。随着探测目标的不断精细化,对电磁法物探技术的精度和分辨率要求越来越高。未来,电磁法物探技术将不断提高数据采集和处理能力,实现更高精度的测量和更高分辨率的成像。

(2)智能化和自动化。随着计算机技术和数字信号处理技术的发展,电磁法物探技术的智能化和自动化程度将不断提高。未来,可以实现自动化的数据采集、处理和分析,提高探测效率和质量。

（3）多方法融合。不同方法的电磁法物探技术具有不同的优缺点，未来将朝着多方法融合的方向发展。通过不同方法的相互补充和优化组合，可以提高探测精度和分辨率，实现更全面的地质信息获取。

（4）实时成像技术。目前电磁法物探技术主要采用离线成像方式，无法实时获取探测结果。未来将发展实时成像技术，实现探测过程与成像过程的同步进行，提高探测效率和准确性。

（5）数据分析与解释智能化。电磁法物探技术的数据处理和分析过程需要专业知识及技能，未来将朝着智能化方向发展。通过引入人工智能和机器学习等技术，可以实现自动化的数据分析和解释，提高数据处理效率与准确性。

6.2.1.1　电磁法物探技术未来展望

随着探测需求的不断提高和科学技术的不断发展，电磁法物探技术将在未来发挥更加重要的作用。未来几年内，电磁法物探技术将重点研究以下几个方面：①提高探测深度和精度；②拓展应用领域，如海洋资源勘探、城市地下空间开发等；③发展新型的电磁法物探技术手段，如复杂电磁法、超高频电磁法等；④加强与其他地球物理方法的融合与合作。同时，随着信息化技术的发展，电磁法物探技术将更多地融入信息化元素，实现数据采集、处理和分析的自动化和智能化。未来还将加强与其他相关学科的交叉融合，拓展应用领域和市场范围。

6.2.1.2　电磁法物探技术与其他技术的融合

电磁法物探技术作为地球物理探测的一种方法，与其他技术（如地震勘探、重力勘探、地磁勘探等）存在一定的互补性和融合潜力。未来将加强与其他技术的融合与合作，形成多元化的地球物理探测方法体系。例如，将地震勘探的深度大、分辨率高的优点与电磁法物探技术的精度高、分辨率高的优点相结合，可以实现对地下目标物的更全面、更准确的探测。此外，将电磁法物探技术与计算机模拟技术相结合，可以实现对地下地质构造的三维模拟与可视化解释，提高探测结果的可视化和直观性。

6.2.1.3　电磁法物探技术面临的挑战与机遇

虽然电磁法物探技术在地质勘探等领域取得了显著的成果和应用效果，但仍面临着一些挑战和机遇。首先，随着探测深度的增加和复杂地质条件的出现，电磁法物探技术的探测精度和可靠性受到了一定的挑战。其次，由于地球物理探测技术的多样性和复杂性，如何实现多种技术的优化组合及综合解释也是一项重要的挑战。再次，随着科学技术的不断进步和应用需求的不断增加，电磁法物探技术也面临着巨大的发展机遇。未来将有更多的新型技术和方法涌现出来，推动电磁法物探技术的不断创新及发展。最后，随着信息化技术和智能化技术的融合应用，可以实现电磁法物探技术的自动化与智能化水平不断提升。

电磁法物探技术在实际应用中具有广泛的应用领域，下面将举例说明其在几个主要领域中的应用。

（1）水利工程勘探。在水利工程勘探中，电磁法物探技术通过测量地磁场和电磁场的分布，可以确定地下构造的位置、埋深和形状，为水利工程的开发和利用提供重要的地质信息。

（2）地质灾害调查。在地质灾害调查中，电磁法物探技术可用于探测地下空洞、裂缝等地质结构变化。通过对这些变化的分析和研究，可以预测和评估地质灾害的风险，为灾害防治提供科学依据。

（3）城市地下空间开发。在城市地下空间开发中，电磁法物探技术可用于探测地下管线、地下通道等。通过精确测量电磁场的分布，可以确定地下空间的位置和形态，为城市规划和管理提供重要的基础数据。

（4）环境保护与治理。在环境保护与治理中，电磁法物探技术可用于探测地下水污染源、污染物扩散等。通过对污染源的定位和扩散趋势的预测，可以为环境保护和治理提供科学依据和技术支持。

6.2.1.4　电磁法物探技术的未来发展前景

随着科学技术的不断进步和应用需求的不断增加，电磁法物探技术的未来发展前景广阔。未来将有更多的新型技术和方法涌现出来，推动电磁法物探技术的不断创新和发展。同时，随着信息化技术和智能化技术的融合应用，可以实现电磁法物探技术的自动化和智能化水平不断提升。此外，随着环保意识的不断提高和可持续发展的要求，电磁法物探技术将在环境保护和治理领域发挥更加重要的作用。未来将加强与其他相关学科的交叉融合，拓展应用领域和市场范围。同时将加强与其他技术的融合与合作，形成多元化的地球物理探测方法体系。此外，还将加强电磁法物探技术的标准化和规范化建设提高其应用水平和可靠性。

总之，电磁法物探技术作为一种重要的地球物理探测方法，在地质勘探、矿产资源开发、环境地质调查、建筑工程等领域发挥着越来越重要的作用。未来将不断加强技术创新和应用研究，推动电磁法物探技术的不断发展，为人类社会的可持续发展做出更大的贡献。

6.2.2　地震法物探技术

地震法物探技术是利用地震波在地下介质中的传播特性，通过测量和分析地震波的反射和折射来推断地下地质情况的一种方法。随着地震测量技术的不断进步，地震法物探技术的分辨率和探测深度不断提高。未来，地震法物探技术将继续向着高分辨率、高探测深度的方向发展。

地震法物探技术经历了多年的发展，从最初的模拟记录到现在的数字化处理，其技术水平和精度不断提高。随着计算机技术和数字信号处理技术的发展，地震法物探技术也得到了更广泛的应用。

6.2.2.1　地震法物探技术发展趋势

1. 高分辨率地震勘探

高分辨率地震勘探是当前地震法物探技术的重要发展方向。它通过提高地震记录的分辨率和精度，能够更准确地识别地下地质情况，为油气勘探、矿产资源调查等领域提供更可靠的数据支持。

2. 多分量地震勘探

多分量地震勘探是利用多个方向的地震波进行勘探的方法。它能够更全面地了解地下地质情况,提高勘探精度和可靠性。多分量地震勘探在油气勘探、矿产资源调查等领域具有广泛的应用前景。

3. 复杂地表条件下的地震勘探

复杂地表条件下的地震勘探是当前地震法物探技术的另一个重要发展方向。在复杂地表条件下,如山区、沙漠等地区,传统的地震勘探方法往往难以获得高质量的地震记录。因此,需要开发适合复杂地表条件下的地震勘探技术和方法,以提高地震记录的质量及精度。

4. 三维地震勘探技术

三维地震勘探技术是利用三维空间信息进行地震勘探的方法。它能够更全面地了解地下地质情况,提高勘探精度和可靠性。三维地震勘探技术在油气勘探、矿产资源调查等领域具有广泛的应用前景。

6.2.2.2　未来挑战与展望

1. 技术挑战

随着地震法物探技术的不断发展,其面临的技术挑战也越来越大。首先,高分辨率地震勘探需要更高的记录精度和更先进的数据处理技术;其次,多分量地震勘探需要更复杂的观测系统和数据处理技术;最后,复杂地表条件下的地震勘探需要更适应复杂地表条件的技术和方法。

2. 行业挑战

随着油气资源开发和矿产资源调查的需求不断增加,地震法物探技术的应用领域也越来越广泛。但是,随着应用的不断扩展,其面临的行业挑战也越来越大。首先,需要不断提高地震法物探技术的精度和可靠性;其次,需要降低地震法物探技术的成本和提高其效率;最后,需要加强与其他行业的合作和交流,推动地震法物探技术的进一步发展。

6.2.3　电磁成像技术

电磁成像技术是一种基于电磁波在地下介质中的传播特性的无损检测技术。该技术利用先进的电磁测量设备和技术,对地下介质进行高精度、高分辨率的成像测量,从而实现对地下地质情况的全面了解。未来,电磁成像技术将继续向着高精度、高分辨率、快速成像的方向发展。

6.2.3.1　高分辨率成像技术

随着硬件设备的不断提升,高分辨率成像技术已经成为电磁成像技术的重要发展方向。高分辨率成像技术能够提供更精确的图像细节,有助于提高诊断准确性和研究精度。未来,高分辨率成像技术将进一步发展,实现更高的空间分辨率和更好的对比度。

6.2.3.2　快速和实时成像技术

快速和实时成像技术是电磁成像技术的另一个重要发展趋势。在医疗领域,快速和实时成像技术能够为医生提供实时的诊断信息,有助于提高治疗效果。此外,在科研领域,快速和实时成像技术可以实时监测试验过程,提高试验效率。未来,快速和实时成像技术将进一步提高图像生成速度,以满足实时应用的需求。

6.2.3.3 功能成像技术

功能成像技术是电磁成像技术的另一个重要发展方向。功能成像技术能够提供关于组织或器官功能的信息,有助于深入了解生理和病理过程。例如,在医学领域,功能成像技术可以用于研究脑功能、心脏功能等。未来,功能成像技术将进一步发展,提供更丰富的功能信息。

6.2.3.4 多模式成像技术

多模式成像技术是电磁成像技术的另一个重要发展趋势。多模式成像技术结合了多种成像模式,如 X 射线、超声、核磁共振等,以提供更全面的信息。这种技术可以用于不同领域的研究和应用,如医学诊断、材料科学等。未来,多模式成像技术将进一步发展,实现更精确的图像融合和更全面的信息获取。

综上所述,电磁成像技术的发展趋势包括高分辨率成像技术、快速和实时成像技术、功能成像技术和多模式成像技术等方面。这些技术的发展将为医疗、科研、军事等领域的应用提供更精确、更快速、更全面的信息。未来,随着科技的不断发展,电磁成像技术将继续进步,为人类社会的进步和发展做出更大的贡献。

6.2.4 高分辨率技术

高分辨率技术是一种提高物探数据精度和分辨率的技术。该技术通过改进数据处理方法和提高测量设备性能,使物探数据更加准确、细致,从而更好地揭示地下地质情况。未来,高分辨率技术将继续向着更高精度、更高分辨率的方向发展。

随着科技的不断发展,高分辨率物探技术已经成为地球物理学、地质学、石油工程等领域的重要研究手段。高分辨率物探技术能够提供更精确的地质信息,对于资源的探测、环境保护、灾害防治等方面具有重要意义。

6.2.4.1 分辨率提升

随着技术的进步,高分辨率物探技术的分辨率不断提升。传统的物探方法往往只能获取较为粗糙的地质信息,而现代的高分辨率物探技术则能够获取更为精细的地质信息。未来,高分辨率物探技术的分辨率将不断提升,能够提供更为精确的地质信息,为资源探测、环境保护、灾害防治等方面提供更为准确的依据。

6.2.4.2 多频段发展

多频段发展是高分辨率物探技术的另一个重要趋势。传统的物探方法往往只使用单一的频率段进行探测,而现代的高分辨率物探技术则能够使用多个频率段进行探测。多频段探测可以获得更为全面的地质信息,提高探测精度。未来,多频段发展将成为高分辨率物探技术的重要研究方向,为地球物理学、地质学、石油工程等领域提供更为全面的数据支持。

6.2.4.3 智能化应用

智能化应用是高分辨率物探技术的另一个重要趋势。随着人工智能技术的不断发展,高分辨率物探技术也开始向智能化方向发展。智能化应用可以提高物探技术的自动化程度,减少人工操作,提高工作效率。未来,智能化应用将成为高分辨率物探技术的重要研究方向,为地球物理学、地质学、石油工程等领域提供更为便捷的技术支持。

6.2.4.4　跨界融合

跨界融合是高分辨率物探技术的另一个重要趋势。传统的物探方法往往只关注某一领域的应用,而现代的高分辨率物探技术则开始向多个领域拓展。跨界融合可以促进不同领域之间的交流与合作,推动技术的发展与创新。未来,跨界融合将成为高分辨率物探技术的重要研究方向,为地球物理学、地质学、石油工程等领域提供更为广泛的应用前景。

6.2.4.5　绿色环保

随着环保意识的不断提高,绿色环保已经成为高分辨率物探技术的重要发展趋势。传统的物探方法往往会对环境造成一定的破坏,而现代的高分辨率物探技术则开始向绿色环保方向发展。绿色环保的物探技术可以减少对环境的影响,提高探测效率,同时可以为环境保护和可持续发展做出贡献。未来,绿色环保将成为高分辨率物探技术的重要研究方向,推动地球物理学、地质学、石油工程等领域向更加环保、可持续的方向发展。

综上所述,高分辨率物探技术的发展趋势包括:分辨率提升、多频段发展、智能化应用、跨界融合、绿色环保5个方面。这些趋势将推动高分辨率物探技术的不断发展与创新,为地球物理学、地质学、石油工程等领域提供更为准确、便捷、环保的技术支持。

6.2.5　智能化技术

智能化技术是一种将人工智能、大数据等先进技术与物探技术相结合的技术。该技术通过自动化数据处理和分析,可以提高物探工作效率和精度,降低人工操作误差。未来,智能化技术将继续向着更智能、更自动化的方向发展。

智能化物探技术逐渐成为地球物理探测领域的重要发展方向。智能化物探技术结合了多种先进技术,如人工智能、机器学习、大数据处理等,使得地球物理探测更加高效、精确和智能化。本节将详细介绍智能化物探技术的发展趋势,包括智能化技术应用、探测深度和精度提升、多样化探测需求满足、数据处理和分析智能化、机器人勘探和无人值守、人工智能和机器学习应用以及跨学科融合和创新发展等方面。

6.2.5.1　智能化技术应用

智能化技术应用是智能化物探技术的核心。通过应用人工智能、机器学习等技术,智能化物探技术能够实现自动化探测、智能化识别和预测等功能。例如,利用深度学习技术对地震数据进行处理和分析,可以更准确地识别地震事件和震源特征。此外,智能化技术还可以应用于数据处理和分析过程中,提高数据处理效率和质量。

6.2.5.2　探测深度和精度提升

随着地球物理探测技术的发展,探测深度和精度不断提升。智能化物探技术通过应用先进的数据处理和分析技术,能够进一步提高探测深度和精度。例如,利用高分辨率成像技术和多频段数据处理方法,可以对地下结构进行更精细的成像和分析。此外,通过应用先进的信号处理技术和算法优化,可以提高地震数据的分辨率和信噪比,从而提高探测精度。

6.2.5.3　多样化探测需求满足

随着人类对地球资源、环境和灾害等问题的关注加深,地球物理探测的需求也越来越多样化。智能化物探技术通过应用多种传感器和数据处理方法,能够满足多样化的探测需求。例如,利用地磁探测技术可以对地下金属矿进行探测;利用地震勘探技术可以对地下油气藏进行探测;利用电磁勘探技术可以对地下水文地质条件进行探测等。此外,智能化物探技术还可以结合其他学科领域的知识和方法,实现跨学科的融合和创新发展。

6.2.5.4　数据处理和分析智能化

数据处理和分析是地球物理探测的重要环节之一。传统的数据处理和分析方法往往需要耗费大量的人力和时间成本,而且容易受到人为因素的影响。智能化物探技术通过应用人工智能、机器学习等技术,能够实现自动化的数据处理和分析过程。例如,利用深度学习技术可以对地震数据进行自动处理和分析,快速提取有用的地震特征和信息;利用数据挖掘技术可以对大量的地球物理数据进行挖掘和分析,发现新的规律和趋势;利用智能算法可以对复杂的地质数据进行模拟和预测,提高勘探的效率和精度。

6.2.5.5　机器人勘探和无人值守

机器人勘探和无人值守是未来地球物理探测的重要发展方向之一。通过应用机器人技术和自动化控制技术,可以实现无人值守的勘探过程。机器人可以携带各种传感器和设备进行自动化探测,采集高质量的地震数据和其他相关信息。此外,机器人还可以进行自动化分析和解释工作,提高勘探的效率和准确性。这种无人值守的勘探方式不仅可以减少人力成本和提高工作效率,还可以避免人为因素对勘探结果的影响。

6.2.5.6　人工智能和机器学习应用

人工智能和机器学习是未来地球物理探测的重要发展方向之一。通过应用人工智能和机器学习技术,可以实现更加智能化的勘探过程。例如,利用深度学习技术可以对地震数据进行自动识别和处理;利用机器学习技术可以对大量的地球物理数据进行挖掘和分析;利用自然语言处理技术可以对地震报告进行自动翻译和分析等。这些技术的应用可以提高勘探的效率和准确性,减少人力成本和提高工作效率。

6.2.5.7　跨学科融合和创新发展

地球物理探测是一个多学科交叉的领域,需要与地质学、物理学、数学等多个学科领域进行融合和创新发展。智能化物探技术通过应用多种学科领域的知识和方法,可以实现跨学科的融合和创新发展。例如,将人工智能技术和地质学知识相结合可以对地质数据进行更深入的分析和处理;将物理学知识和机器学习技术相结合可以对地震数据进行更准确的预测和分析;将数学知识和数据处理技术相结合可以对复杂的地质数据进行更精细的模拟与预测等。这些跨学科的融合和创新发展不仅可以提高勘探的效率和准确性,还可以推动地球物理探测技术的不断发展。

6.2.6　多源信息融合技术

多源信息融合技术是一种将多种来源的信息进行融合处理的技术。该技术通过整合不同来源的物探数据和信息,提高探测效率及精度,降低单一方法的风险与误差。未来,多源信息融合技术将继续向着更高效、更准确的方向发展。在物探领域,多源信息融合技术可以融合来自不同传感器的数据,提高物探结果的精度和可靠性。

6.2.6.1　发展趋势

随着技术的不断进步和应用需求的不断提高,多源信息融合物探技术也在不断发展。未来,该技术将朝着以下几个方向发展:

(1)高精度、高分辨率。随着探测需求的不断提高,对多源信息融合物探技术的精度和分辨率的要求也越来越高。未来的技术将致力于提高数据精度和分辨率,以更好地满足应用需求。

(2)智能化、自动化。随着人工智能和自动化技术的不断发展,多源信息融合物探技术将越来越智能化和自动化。未来的技术将能够自动识别和处理数据,减少人工干预,提高工作效率。

(3)多学科交叉。多源信息融合物探技术涉及多个学科领域,如地球物理学、地质学、计算机科学等。未来的技术将注重多学科交叉,综合利用不同学科的理论和方法,提高技术水平。

6.2.6.2　常见应用领域

多源信息融合物探技术广泛应用于地质调查、矿产资源勘探、工程地质勘察、环境地质评价等领域。通过融合不同来源的信息,可以获得更全面、准确和可靠的数据,为这些领域提供更好的支持。

6.2.6.3　技术挑战与解决方案

多源信息融合物探技术面临的技术挑战主要包括数据获取、数据处理和分析等方面。为了解决这些挑战,可以采取以下解决方案:

(1)提高数据获取质量。采用高精度、高稳定性的传感器和设备,确保数据的准确性和可靠性。同时,加强数据采集和处理过程中的质量控制,减少误差和干扰。

(2)优化数据处理和分析方法。针对不同来源的数据特点,采用合适的数据处理和分析方法,提高数据的处理效率和准确性。同时,加强算法和模型的研究和创新,提高数据处理和分析的智能化水平。

6.2.6.4　未来展望

随着技术的不断进步和应用需求的不断提高,多源信息融合物探技术将在未来发挥更大的作用。未来,该技术将更加注重高精度、高分辨率、智能化和自动化等方面的发展,为地质调查、矿产资源勘探、工程地质勘察、环境地质评价等领域提供更好的支持和服务。同时,多学科交叉也将成为该技术发展的重要方向之一,未来将综合利用不同学科的理论和方法,提高技术水平及应用效果。

多源信息融合物探技术是一种将不同来源的信息进行综合处理的技术,具有广泛的应用前景和发展空间。未来,该技术将更加注重高精度、高分辨率、智能化和自动化等方面的发展,为地质调查、矿产资源勘探、工程地质勘察、环境地质评价等领域提供更好的支持和服务。同时,加强多学科交叉和技术创新是推动该技术发展的重要途径之一。

6.2.7　环保化技术

环保化技术是一种减少物探工作对环境影响的绿色技术。该技术通过优化测量方案、选择环保材料等措施,降低物探工作对环境的影响,促进可持续发展。未来,环保化技术将继续向着更环保、更可持续的方向发展。

　　环保化物探技术是一种利用物理方法进行环境探测和评估的技术。它通过非破坏性的方式,对环境中的物理参数进行测量和评估,从而实现对环境的有效监测和保护。环保化物探技术具有非接触、无损、快速、准确等特点,因此在环境保护领域具有广泛的应用前景。

6.2.7.1　环保化物探技术的应用领域

　　(1)环境保护。环保化物探技术可以用于环境监测、污染源定位、污染物扩散模拟等方面,为环境保护提供科学依据。

　　(2)资源勘探。环保化物探技术可以用于矿产资源勘探、地下水资源的调查等方面,减少对环境的破坏。

　　(3)城市规划。环保化物探技术可以用于城市规划、基础设施建设等方面,避免对环境造成影响。

　　(4)农业领域。环保化物探技术可以用于土壤质量评估、水资源调查等方面,为农业可持续发展提供支持。

6.2.7.2　环保化物探技术的发展趋势

　　(1)高精度化。随着技术的不断发展,环保化物探技术的测量精度将不断提高,为环境保护提供更准确的数据支持。

　　(2)智能化。未来,环保化物探技术将更加智能化,通过人工智能、大数据等技术手段,实现对环境数据的自动分析和处理。

　　(3)综合化。环保化物探技术将与其他技术手段相结合,形成综合性的环境监测系统,提高环境监测的全面性和准确性。

　　(4)便携化。随着应用场景的不断扩大,环保化物探技术的设备将更加便携,方便现场应用。

6.2.7.3　环保化物探技术面临的挑战

　　(1)技术难题。环保化物探技术在某些领域仍存在技术难题,如高精度测量、复杂环境下的数据处理等。

　　(2)数据处理。环保化物探技术涉及大量数据的处理和分析,如何提高数据处理效率和质量是面临的挑战之一。

　　(3)应用推广。目前,环保化物探技术的应用范围相对有限,需要加强推广和应用,提高其在环境保护领域的影响力。

6.2.7.4　环保化物探技术的未来展望

　　(1)技术创新。未来,随着技术的不断进步和创新,环保化物探技术将不断发展和完善,提高其在环境保护领域的应用效果。

　　(2)跨界合作。环保化物探技术可以与其他领域的技术手段相结合,形成跨界合作模式,共同推动环境保护事业的发展。

　　(3)普及推广。未来,环保化物探技术将在更广泛的领域得到应用和推广,为环境保护事业提供更强大的技术支持。

　　(4)国际化发展。随着全球环境问题的日益严重,环保化物探技术的国际化发展将成为未来发展的重要趋势之一。通过国际合作和技术交流,推动环保化物探技术在全球范围内的应用和发展。

物探技术在一些重要的水利工程建设中是必不可少的,在施工之前,需要对该工程所在的区域地质进行勘探,查探该区域的地质是否符合工程的建设,该区域地下是否有危险物埋藏以及地下水、重要管道等分布情况,必须对其详细情况进行查明,这样才能保证工程的顺利开展和实施,这在一定程度上能够确保工程的质量。现在物探技术的发展越来越快,其手段越来越先进,设备能够在计算机的控制下自控进行项目勘探,并能够有效地处理信号,提取出重要的数据。以前所使用的探测仪是插卡式,而现在物理探测仪则大不相同,研发人员逐步通过模块系统,使其结构变得更为精致,从而显著减小探测仪的体积,提高其精确度。同时,在物探技术的发展与应用中,计算机是其强有力的载体和支撑,计算机技术的先进与否,直接关系着物探仪器的精确度和测量效率。

目前,我国物探技术的数据收集、处理以及误差的分析与修复功能是非常健全的。特别是在将接收到的信号进行处理的过程中,由于其处理器处理功能的强大,使得物探勘测仪器的勘测功能也大大提高,从而促进了勘测仪器的发展。随着科学技术的进步,在新技术的大力支持下,我国物探技术也日益变得强大起来。

从物探市场出发,可知物探技术主要包括国内陆地勘探市场、国外勘探市场及海上勘探市场等。从物探技术的发展需求来说,其共同目标是降低水利勘探的复杂程度及勘探技术的使用难度,因此在研究物探技术的发展方向时,应从水利勘探目标出发,只有明确了水利勘探目标,才能推动物探技术的进步与发展。

在"十五"规划中,水利勘探的主攻目标有柴达木盆地西部、酒泉盆地、松辽盆地南部和北部、渤海湾盆地滚动勘探、开拓塔里木盆地台盆区及渤海湾盆地滩海地区等的石油勘探,而天然气勘探主攻的目标有鄂尔多斯盆地、里木盆地库车地区、四川盆地、塔里木盆地塔西南地区、鄂尔多斯西缘及柴达木盆地三湖地区等。从油气勘探及天然气勘探的发展目标出发,可知油气勘探主要集中在我国西部地区,从上述可知,西部地区的地形结构复杂及气候环境恶劣,对物探技术提出了更高的要求。虽然近几年我国物探技术取得了一定的成就,但为了今后长久的发展,必须不断进行物探技术的研究。面对地表、地形条件及地下模型复杂这一难题,要想在这方面有所突破,在物探技术探究思路上就必须先对出现的问题进行分割、简化和模拟,对极为复杂的对象进行条块分割,在简化的前提下,使复杂的条件理想化,采用正演模拟的方式来实现复杂问题的反演,通过将问题量化,与油气勘探的目标进行比拟。由于油气勘探是一项复杂的系统工程,其需要从多学科、多专业进行研究,这就要求在研究物探技术方面需要采用系统思维和定量思维的方式,充分考虑系统的内外关系及内部结构,并对这些问题进行量化,使复杂问题得以解决。然而,在科学技术不断发展的今天,科学技术"组合式"开发已成为主流,将现有的科学技术组合在一起,将产生一种质的飞跃,正如水利勘探而言。面对经济发展对物探技术的需求,在油气勘探技术发展方面,应实现多学科、多专业类型的结合,做到"一个基础,三个三结合"。其中,一个基础包括地表构造、地层及沉积等各个方面的基础研究,而三个三结合主要包括地质、地震、重磁电等地质构造的勘察;地质、地震、测井三个方面的研究;地震、处理、解释等方面的深化研究,只有做到以上几点,才能有效提高物探技术的水平和油气勘探效益。

　　随着科技的不断发展,物探技术也在不断升级和创新。一方面,传统的物探方法如重力勘探、磁法勘探、地震勘探等在理论上和实践中得到了进一步的完善和发展;另一方面,新兴的物探技术如电法勘探、核磁共振勘探等也在不断发展和完善。同时,各种新技术、新方法也在不断涌现,如无人机勘探、智能传感器技术等。这些技术的升级和创新为物探技术的发展提供了新的动力和机遇。多学科融合已经成为物探技术发展的重要趋势。物探技术涉及地球物理学、地质学、物理学、数学等多个学科领域,这些学科的交叉融合为物探技术的发展提供了新的思路和方法。同时,计算机科学、信息科学等学科的快速发展也为物探技术的数字化、智能化提供了有力的支持。随着人工智能、机器学习等技术的不断发展,智能化和自动化已经成为物探技术发展的重要趋势。智能化和自动化可以提高物探工作的效率和精度,减少人为因素对物探结果的影响。同时,智能化和自动化还可以为深部探测、高分辨率和高精度探测等提供更好的技术支持。高分辨率和高精度是物探技术的核心要求之一。随着科技的不断发展,高分辨率和高精度的物探技术已经成为可能。例如,高精度地震勘探技术可以通过采集更高频率的数据来实现更高的分辨率和精度;数字信号处理技术可以通过对数据进行处理和分析来提高分辨率和精度;人工智能和机器学习等技术可以通过对数据进行学习和建模来提高分辨率和精度。这些技术的发展为物探技术的进步提供了有力的支持。环保和可持续发展已经成为全球性的共识。在物探技术的发展过程中,需要考虑到环保和可持续发展的要求。一方面,需要采取有效的措施来减少物探工作对环境的影响;另一方面,需要探索新的方法和手段来实现物探工作的可持续发展。例如,可以使用环保材料和设备来减少对环境的影响;同时,可以探索新的能源和技术来提高物探工作的效率和可持续性。跨界合作与应用拓展是物探技术发展的重要方向之一。通过与其他领域的合作和应用拓展,可以促进物探技术的发展和应用。例如,可以与地质学、环境科学等领域进行合作,将物探技术应用于地质调查、环境监测等领域;同时,可以将物探技术应用于其他领域,如能源开发、城市规划等。这些跨界合作和应用拓展为物探技术的发展提供了更广阔的空间和机遇。人才培养和队伍建设是推动物探技术发展的重要保障之一。通过加强人才培养和队伍建设,可以提高物探技术人员的素质和能力水平,为物探技术的发展提供有力的人才保障。同时,也可以通过引进优秀人才和加强国际交流合作等方式来推动物探技术的发展和应用。

　　水利工程物探技术目前发展方向的特点如下:

　　(1)数据化,随着传感器、互联网和物联网技术的普及,水利工程检测将越来越依赖数字化的数据采集和处理,提高工作效率和减少误差。

　　数据化物探技术已经成为地球物理勘探领域的重要趋势。本节将探讨数据化物探技术的发展趋势,主要包括高效化数据处理、多源数据融合、智能化解释、绿色环保以及数字化勘探等方面。

　　①高效化数据处理。随着勘探数据的不断增长,高效化数据处理成为物探技术的关键发展趋势。通过改进算法和优化计算流程,可以提高数据处理速度和效率,以更快地获取准确的地球物理信息。同时,采用并行计算和分布式存储等技术,进一步提高数据处理能力,满足大规模勘探的需求。

②多源数据融合。是物探技术发展的重要方向。通过整合地震、重力、电磁等多种地球物理数据,利用人工智能和机器学习等技术进行综合分析,提取更多有价值的地质信息。多源数据融合有助于提高勘探精度和降低勘探成本,为油气勘探、矿产资源调查等领域提供更可靠的技术支持。

③智能化解释。是物探技术的另一个重要发展趋势。通过利用人工智能技术,对地球物理数据进行自动分析和解释,提高解释的准确性和效率。同时,结合专家知识和经验,建立智能化解释系统,为地球物理勘探提供更准确、更全面的地质信息。

④绿色环保。随着环保意识的不断提高,绿色环保成为物探技术的必然发展趋势。采用低剂量、低污染的勘探技术和设备,减少对环境的影响。同时,优化勘探方案,提高勘探效率,降低勘探成本,为可持续发展做出贡献。

⑤数字化勘探。是物探技术的未来发展方向。通过建立数字化勘探系统,实现地球物理数据的采集、处理、解释等全过程数字化管理。数字化勘探可以提高勘探效率和质量,降低勘探成本,推动地球物理勘探的数字化转型。

综上所述,高效化数据处理、多源数据融合、智能化解释、绿色环保以及数字化勘探是数据化物探技术的 5 大发展趋势。这些趋势将推动地球物理勘探领域的不断创新和发展,为油气勘探、矿产资源调查等领域提供更高效、更准确的技术支持。同时,这些趋势也将为地球物理勘探领域的可持续发展做出重要贡献。

(2)自动化。水利工程检测将逐渐实现自动化,采用自动化设备和机器人系统,可以显著减少人力投入以及提高工作效率。随着人工智能和机器学习等技术的不断发展,物探技术的智能化和自动化水平也在不断提高。智能化物探技术可以自动识别和处理数据,提高数据处理的效率和准确性;自动化物探技术可以减少人工操作,提高勘探的效率和质量。

自动化物探技术是一种利用物理原理对地球表面及内部进行探测的技术。它通过各种传感器和测量设备,获取地球表面的地形、地貌、地质构造、地下水、矿产资源等数据,为地质研究、资源开发、环境保护等领域提供重要的信息支持。

①智能化发展。随着人工智能和机器学习技术的不断发展,自动化物探技术将更加智能化。通过深度学习和神经网络等算法,实现对地球表面及内部数据的高效处理和分析,提高数据准确性和处理效率。

②多源信息融合技术。多源信息融合技术是未来自动化物探技术的重要发展方向。它将不同来源的数据进行整合和融合,形成更加全面、准确的地质信息。例如,将遥感数据、地球物理数据、地质数据等多源数据进行融合,可以更加准确地判断地质构造和矿产资源分布情况。

③高分辨率与高精度。随着探测设备的不断升级和改进,自动化物探技术将实现更高分辨率和更高精度的探测。这将有助于更加准确地识别地质现象和矿产资源分布情况,提高探测效率和准确性。

④深部和复杂条件探测。随着地球深部和复杂条件下的资源开发和环境保护需求不断增加,自动化物探技术将向深部和复杂条件探测方向发展。例如,利用地震勘探技术对深部地质构造进行探测,利用电磁法对复杂地形下的矿产资源进行探测等。

⑤绿色环保与可持续发展。随着环保意识的不断提高,自动化物探技术将更加注重绿色环保和可持续发展。例如,采用低能耗、低污染的探测设备和技术,减少对环境的影响;同时,加强对可再生能源的利用和研究,推动自动化物探技术的可持续发展。

⑥未来挑战与机遇。随着自动化物探技术的不断发展,技术挑战也日益增多。例如,如何提高数据处理和分析的效率及准确性;如何实现多源信息融合技术的优化和发展;如何应对深部和复杂条件下的探测难题等。这些技术挑战需要不断加强研究和探索,推动自动化物探技术的不断创新和发展。

随着资源开发和环境保护需求的不断增加,自动化物探技术的应用领域也将不断扩大。例如,在地质研究领域,可以利用自动化物探技术对地球表面及内部进行全面、准确的探测和分析;在资源开发领域,可以利用自动化物探技术对矿产资源进行高效、准确的定位和评估;在环境保护领域,可以利用自动化物探技术对环境污染进行监测和治理等。这些行业机遇将为自动化物探技术的发展提供广阔的市场和应用前景。

自动化物探技术是未来地质研究和资源开发领域的重要发展方向之一。随着技术的不断进步和创新,自动化物探技术将更加智能化、高效化、精确化和环保化。同时,随着应用领域的不断扩大和市场需求的不断增加,自动化物探技术的发展也将面临更多的机遇和挑战。因此,我们需要不断加强研究和探索,推动自动化物探技术的不断创新和发展,为地质研究和资源开发领域做出更大的贡献。

(3)精准化。水利工程检测需求越来越倾向于精准、细节化的数据采集和处理,以确保工程质量和长期稳定性。

智能化技术应用已经成为精准化物探技术的重要趋势。通过利用这些技术,物探设备可以自动识别和分析数据,提高数据处理的准确性和效率。同时,智能化技术还可以帮助物探工程师更好地理解和解释数据,提高探测结果的可靠性及精度。

①多源数据融合。是指将不同来源、不同类型的数据进行综合分析和处理,以提高探测结果的准确性和全面性。在精准化物探技术中,多源数据融合可以帮助物探工程师更好地了解地下地质构造和资源分布情况,提高探测的精度和可靠性。同时,多源数据融合还可以为其他领域提供有用的信息和支持。

②高分辨率成像。是指通过提高图像的分辨率和清晰度,提高探测结果的准确性和可靠性。在精准化物探技术中,高分辨率成像可以帮助物探工程师更好地了解地下地质构造和资源分布情况,提高探测的精度和可靠性。同时,高分辨率成像还可以为其他领域提供有用的信息和支持。

③自动化与无人化。是精准化物探技术的另一个重要趋势。通过自动化和无人化技术,可以实现物探设备的自动控制和操作,提高探测效率和精度。同时,自动化和无人化技术还可以减少人工操作的风险和误差,提高探测结果的可靠性和稳定性。

④环保与绿色发展。是精准化物探技术的另一个重要趋势。随着环保意识的不断提高,精准化物探技术需要更加注重环保和绿色发展。通过采用环保材料和技术手段,可以减少对环境的影响和破坏,实现绿色发展。同时,需要加强与其他领域的合作和创新,共同推动环保和绿色发展。

⑤跨界合作与创新。是精准化物探技术的另一个重要趋势。通过与其他领域的合作

和创新,可以推动精准化物探技术的发展和应用。例如,与地质学、地球物理学、计算机科学等多个领域的合作和创新,可以实现更加全面和深入的探测及分析。同时,需要加强国际合作和交流,共同推动精准化物探技术的发展与应用。

⑥拓展应用领域。是精准化物探技术的另一个重要趋势。目前,精准化物探技术已经广泛应用于地质勘探、资源调查、城市规划等多个领域。未来,随着技术的不断发展和应用需求的不断增加,精准化物探技术将会拓展到更多的领域和应用场景中。例如,在医疗领域中,精准化物探技术可以用于疾病诊断和治疗;在农业领域中,精准化物探技术可以用于土壤分析和农作物生长监测等。这些领域的拓展将为精准化物探技术的发展和应用带来更多的机遇与挑战。

(4)多元化。水利工程检测不只是关注传统的结构安全和性能,越来越受到水资源、生态环境以及气象监测等方面的关注,以保证工程与周边环境的协调发展。

①多元化电磁法物探技术。以其高精度、高效率、非接触性等优点在地质勘探领域得到了广泛应用。其中,地面电磁法和井中电磁法是该技术的两个主要分支。

②多元化地面电磁法。是一种利用电磁感应原理进行地质勘探的方法。它主要适用于勘探深度较浅的地层,如第四纪地质调查、考古遗址探测等。随着技术的不断发展,地面电磁法也在向高精度、高分辨率、高效率的方向发展。

③多元化井中电磁法。井中电磁法是一种在钻井内进行的电磁测量方法。它可以通过对井壁或井内物体的电磁响应进行测量,获取地层的地质信息。井中电磁法具有对地层分辨能力强、探测深度大、对地层无损等优点。

④多元化地震勘探技术。地震勘探技术是利用地震波在地层中的传播规律进行地质勘探的一种方法。随着技术的不断发展,地震勘探技术也在不断进步。

⑤多元化反射地震技术。反射地震技术是一种通过观测地震波在地层中的反射信息来推测地层性质的方法。该方法具有高精度、高分辨率的优点,但受限于地表条件和探测深度。

⑥多元化地震层析成像技术。地震层析成像技术是一种利用地震波在地层中的传播速度和方向等信息,对地层内部结构进行成像的方法。该方法具有分辨率高、直观性强的优点,但需要大量的数据采集与处理。

⑦多元化重力勘探技术。重力勘探技术是一种利用重力场在地层中的变化规律进行地质勘探的方法。其中,地面重力勘探和航空重力勘探是该技术的两个主要分支。

⑧多元化地面重力勘探。地面重力勘探是一种通过观测重力场在地层中的变化规律,推测地层性质的方法。该方法具有高精度、高分辨率的优点,但受限于地表条件和探测范围。

⑨多元化航空重力勘探。航空重力勘探是一种利用航空器搭载重力测量仪器进行地质勘探的方法。该方法具有高效率、大面积覆盖的优点,但受限于航空器的稳定性和精度。

⑩多元化磁法勘探技术。磁法勘探技术是一种利用磁场在地层中的变化规律进行地质勘探的方法。其中,地面磁法勘探是该技术的主要分支。

⑪多元化地面磁法勘探。地面磁法勘探是一种通过观测磁场在地层中的变化规律,

推测地层性质的方法。该方法具有高精度、高分辨率的优点,但受限于地表条件和探测范围。随着技术的不断发展,磁法勘探技术也在不断进步和完善。未来,磁法勘探技术可能会朝着更加高效、更加准确的方向发展,为地质勘探提供更加可靠的依据。

(5)实时性。实时性越来越受到重视,水利工程的检测不仅要求及时反馈外来影响和内部变化,还要能够做到即时监测,及时预警。

实时性物探技术已经成为地球物理探测领域的重要发展趋势。实时性物探技术不仅可以提高探测效率,减少误差,而且可以快速响应市场需求,为各行业提供准确、高效的服务。本节将详细介绍实时性物探技术的发展趋势及其在各行业中的应用。

①实时性物探技术的重要性。

a.高效准确的物探结果。实时性物探技术可以实时获取和处理数据,减少数据传输和处理的时间,提高探测效率。同时,由于实时性物探技术的特点,可以及时发现和纠正错误,提高数据的准确性。

b.快速响应市场需求。随着市场竞争的加剧,快速响应市场需求已经成为企业生存的重要因素。实时性物探技术可以快速提供探测结果,帮助企业及时做出决策,满足市场需求。

②实时性物探技术发展趋势。

a.自动化与智能化发展。随着人工智能技术的发展,实时性物探技术也在向自动化和智能化方向发展。自动化技术可以减少人工干预,提高工作效率;智能化技术可以通过机器学习和深度学习等技术,提高探测的准确性和效率。

b.高精度与高分辨率提升。实时性物探技术正在不断提高精度和分辨率,以适应不同探测需求。高精度和高分辨率的探测结果可以提高数据的准确性和可靠性,为各行业提供更好的服务。

c.多功能性整合与优化。实时性物探技术正在整合多种功能,以提供更全面的服务。例如,将实时性物探技术与 GIS 技术、大数据技术等相结合,可以提供更全面、更深入的探测和分析结果。同时,通过不断优化算法和数据处理流程,可以提高探测效率,减少误差。

③实时性物探技术在行业应用中的影响。

实时性物探技术可以用于水文地质调查、土壤污染监测、地下水污染监测等方面。通过实时监测地下水流速、流向、水位等信息,可以准确评估地下水资源状况和污染程度,为环境保护和治理提供科学依据。此外,实时性物探技术还可以应用于地震监测和预警系统,提高地震预测的准确性和时效性。

随着科技的不断进步和创新发展,实时性物探技术已经成为地球物理探测领域的重要发展趋势。它不仅提高了探测效率,减小了误差,而且可以快速响应市场需求,为各行业提供准确、高效的服务。未来随着自动化、智能化技术的不断发展以及多功能的整合与优化,实时性物探技术的应用前景将更加广阔。

(6)数据共享。随着大数据和互联网技术的发展,水利工程检测将越来越倾向于数据的共享和数据的整合,以促进行业的共同进步。

智能化技术应用在数据共享物探领域也逐渐成为趋势。通过利用机器学习、深度学习等技术,可以对物探数据进行自动化处理、分析和解释,提高物探数据的准确性和可靠性,降低人工干预的成本和时间。

①多源数据融合。是数据共享物探技术的另一个重要发展趋势。通过将不同来源、不同类型的数据进行融合,可以综合利用各种数据的信息,提高物探数据的全面性和准确性。同时,多源数据融合还可以促进不同领域之间的交流和合作,推动物探技术的发展和应用。

②云计算与大数据。云计算和大数据技术的发展为数据共享物探技术提供了更广阔的应用前景。通过云计算技术,可以实现物探数据的集中存储和处理,提高数据处理效率和质量。同时,大数据技术可以对海量数据进行快速、准确的分析和挖掘,为物探技术的发展提供强有力的支持。

③机器学习与深度学习。机器学习和深度学习技术在数据共享物探领域的应用也日益广泛。通过利用这些技术,可以对物探数据进行自动化的特征提取、模式识别和分类预测等操作,提高物探数据的处理效率和准确性。同时,这些技术还可以为物探技术的发展提供新的思路和方法,推动物探技术的不断创新与发展。

④标准化与安全性。随着数据共享物探技术的不断发展,标准化和安全性问题也日益突出。为了实现不同系统、不同平台之间的互操作和信息共享,需要制定统一的数据格式和标准。同时,为了保障数据的安全性和隐私性,需要采取一系列的安全措施和技术手段,如数据加密、访问控制等。

⑤跨行业应用拓展。数据共享物探技术的应用不仅局限于地质勘探领域,还可以拓展到其他领域如环境监测、城市规划、交通物流等。通过将数据共享物探技术与其他领域的应用相结合,可以形成一种全新的数据驱动模式,为各个领域的发展提供强有力的支持。

⑥实时数据分析。随着物联网、传感器等技术的不断发展,实时数据采集和处理成为可能。在数据共享物探领域,实时数据分析也成为了一个重要的发展趋势。通过实时采集和处理物探数据,可以及时发现异常情况并进行处理,提高数据处理效率和准确性。同时,实时数据分析还可以为决策者提供实时的决策支持,推动各个领域的发展和创新。

总之,随着科技的不断发展和社会需求的不断变化,数据共享物探技术将会不断创新和发展。未来,我们将看到更多的智能化技术应用、多源数据融合、云计算与大数据、机器学习与深度学习等技术在数据共享物探领域的应用和发展。同时,我们也需要关注标准化与安全性、跨行业应用拓展以及实时数据分析等方面的发展趋势,以推动数据共享物探技术的不断创新和应用。

(7)多学科融合。随着地球科学、物理学、数学、计算机科学等多个学科的不断发展,物探技术也在不断吸收和应用这些学科的理论和技术。多学科融合已经成为物探技术发展的重要趋势。例如,地球物理学与计算机科学的融合,使得物探数据的处理和分析更加准确和高效;地球物理学与数学的融合,使得物探解释更加深入和准确。

多学科融合物探技术是一种综合利用多种物理、化学、地质等多学科的理论和方法,是通过测量和研究地球物理场、地球化学场等数据,来推断和解释地下地质构造、矿产资源、环境问题等的一种技术。多学科融合物探技术是随着地球科学、物理学、化学、信息科学等多学科的不断发展而产生的,其应用范围广泛,对于推动人类对地球的认识和理解具有重要意义。

①多学科融合物探技术的分类与特点。

a.声波/地震波法。是一种利用声波或地震波在地下介质中的传播规律,通过测量和研究这些波的反射、折射等数据,来推断和解释地下地质构造、矿产资源等的一种技术。该方法具有探测深度大、分辨率高、抗干扰能力强等特点,因此在地球科学领域得到了广泛应用。

b.电法。是一种利用电场在地下介质中的分布规律,通过测量和研究这些电场的数据,来推断和解释地下地质构造、矿产资源等的一种技术。该方法具有探测深度浅、分辨率高、抗干扰能力强等特点,因此在矿产资源勘探等领域得到了广泛应用。

c.电磁波法。是一种利用电磁波在地下介质中的传播规律,通过测量和研究这些电磁波的数据,来推断和解释地下地质构造、矿产资源等的一种技术。该方法具有探测深度大、分辨率高、抗干扰能力强等特点,因此在地球科学领域得到了广泛应用。

②多学科融合物探技术的发展趋势。

a.高精度与高分辨率技术发展。随着科技的不断发展,多学科融合物探技术的精度和分辨率也在不断提高。未来,多学科融合物探技术将更加注重高精度和高分辨率技术的发展,以提高探测结果的准确性和可靠性。

b.多源信息融合技术发展。多源信息融合技术是指将多种不同来源的信息进行融合处理,以提高探测结果的准确性和可靠性。未来,多学科融合物探技术将更加注重多源信息融合技术的发展,以充分利用各种信息源的优势,提高探测结果的准确性和可靠性。

c.人工智能与机器学习在物探中的应用。人工智能和机器学习技术在多学科融合物探技术中的应用也日益受到关注。未来,这些技术将进一步应用于物探数据处理和分析中,以提高探测结果的自动化及智能化水平,减少人工干预,提高工作效率。

③多学科融合物探技术的应用领域与前景展望。

a.资源调查与开发。多学科融合物探技术在资源调查与开发领域有着广泛的应用前景。例如,在矿产资源勘探中,通过利用声波/地震波法、电法等物探方法,可以有效地确定矿床的位置和规模,为矿产资源的开发提供重要依据。此外,多学科融合物探技术在油气勘探等领域也有广泛的应用。

b.环境监测与评估。多学科融合物探技术在环境监测与评估领域也有着重要的应用前景。例如,在环境地质调查中,通过利用电磁波法等物探方法,可以有效地确定地质灾害的发生概率和影响范围,为环境保护和治理提供重要依据。此外,多学科融合物探技术在土壤污染调查等领域也有广泛的应用。

总之,多学科融合物探技术是一种综合利用多种学科的理论和方法的技术,其应用范围广泛且具有重要意义。未来随着科技的不断发展,多学科融合物探技术将更加注重高精度和高分辨率技术发展以及人工智能和机器学习技术的应用,以进一步提高探测结果的准确性和可靠性以及自动化和智能化水平。

(8)多模态综合探测。是指利用多种地球物理方法进行综合探测。不同的地球物理方法具有不同的探测原理和适用范围,通过多模态综合探测,可以获得更加全面和准确的地球物理信息。

多模态物探技术是将多种探测方法进行融合,以提高勘探精度和效率。随着技术的发展,多模态物探技术的融合趋势将更加明显。

①多种探测方法的融合。多模态物探技术将地震、电法、磁法等多种探测方法进行融合,以实现更全面的地质信息获取。这种融合方法可以充分发挥不同方法的优势,提高勘探精度和效率。

②硬件与软件的整合。随着硬件技术的发展,多模态物探技术的硬件设备越来越先进。同时,随着软件技术的不断发展,多模态物探技术的软件系统也越来越完善。未来,硬件与软件的整合将成为多模态物探技术的重要趋势,以提高数据处理和解释的效率。

③数据处理与解释技术进步。多模态物探技术的数据处理和解释技术是影响勘探精度的关键因素。未来,数据处理与解释技术将不断进步。

④自动化与智能化处理。随着人工智能技术的发展,多模态物探技术的数据处理和解释将越来越自动化和智能化。自动化和智能化处理可以提高数据处理效率,减小人为误差,提高勘探精度。

⑤多模态数据融合解释。多模态物探技术可以获取多种地质信息,未来将越来越注重多模态数据的融合解释。通过将不同方法获取的数据进行融合,可以更全面地揭示地质特征,提高勘探精度。

⑥新型传感器与设备研发。多模态物探技术的传感器和设备是影响勘探效果的关键因素。未来,新型传感器和设备的研发将成为重要趋势。

⑦高分辨率传感器。可以提高多模态物探技术的分辨率,获取更详细的地质信息。未来,高分辨率传感器的研发将成为重要趋势。

⑧智能化探测设备。可以提高多模态物探技术的自动化程度,减小人为操作误差。未来,智能化探测设备的研发将成为重要趋势。

⑨跨学科合作与人才培养。多模态物探技术涉及多个学科领域,因此跨学科合作与人才培养是重要的发展趋势。

⑩物探与其他学科的交叉研究。多模态物探技术可以与其他学科进行交叉研究,例如与地质学、地球物理学、数学等学科进行交叉研究。这种跨学科的合作可以促进多模态物探技术的发展,提高勘探精度和效率。

⑪人才培养。多模态物探技术的发展需要具备相关技能和知识的人才支持。未来,需要加强人才培养,提高相关领域从业人员的技能水平,推动多模态物探技术的进一步发展。

总之,多模态物探技术的发展趋势包括技术融合、数据处理与解释技术进步、新型传感器与设备研发以及跨学科合作与人才培养等方面。这些趋势将有助于提高多模态物探技术的勘探精度和效率,为地质勘探工作提供更全面、准确的地质信息。

(9)绿色环保。随着环保意识的不断提高,物探技术也在不断向着绿色环保的方向发展。绿色环保的物探技术可以减少对环境的影响,提高勘探的可持续性。例如,采用无损勘探技术可以减少对地下结构的破坏,采用低噪声设备可以减少对周围环境的影响。

绿色环保物探技术作为地球物理学探测技术的一个重要分支,在环保领域的应用越来越受到重视。本节将从高效节能技术、无损检测技术、智能化与自动化技术、环保材料应用、绿色施工与管理等方面,探讨绿色环保物探技术的发展趋势。

①高效节能技术。随着能源资源的日益紧缺,高效节能技术成为绿色环保物探技术发展的重要方向。在物探设备的设计和制造过程中,应注重提高设备的能源利用效率,减少能源消耗。例如,采用高效电机、优化设备结构、采用先进的控制技术等,以实现物探设备的节能运行。

②无损检测技术。无损检测技术是指在不影响被检测对象使用性能的前提下,利用物质的某些物理性质,对被检测对象内部或表面是否存在缺陷进行检测的技术。在绿色环保物探技术中,无损检测技术的应用将有助于减少对环境的影响。例如,在石油、天然气等资源勘探中,采用无损检测技术可以避免对地下环境的破坏。

③智能化与自动化技术。是未来绿色环保物探技术的重要发展方向。通过引入人工智能、大数据、云计算等先进技术,可以提高物探设备的智能化水平,实现设备的自动化运行和数据分析。这将大大提高物探工作的效率和准确性,减小人为因素对环境的影响。

④环保材料应用。在绿色环保物探技术的发展中,环保材料的应用将成为一项重要任务。应选择可再生、可降解、低污染的材料,以减小对环境的影响。同时,加强材料的研究和应用,提高材料的环保性能和耐久性,以满足绿色环保物探技术的需求。

⑤绿色施工与管理。在绿色环保物探技术的实施过程中,应注重绿色施工和管理。通过优化施工方案,采用环保施工技术和设备,减小施工过程中对环境的影响。同时,加强施工现场的管理和监控,确保施工过程的环保性和安全性。此外,还应建立完善的环保管理制度和标准,对施工过程进行严格的环保监管和评估,确保绿色环保物探技术的有效实施。

6.2.8　物探技术的应用及发展主要表现

人类科技发展到今天,"原创性"的发展愈来愈难;"组合式"的发明已成主流,将众多的现有科技组合在一起,便产生一种质的飞跃。

水利工程物探技术也必然如此。因此,我们必须实现多学科和多专业工种的结合,做到"一个基础,三个三结合",来提高物探技术的水平和勘探效益,即加强地质基础研究,包括构造、地层、沉积等各个方面;通过地质、地震、重磁电的三结合,查清深层次的地质结构;通过地质、地震、测井的三结合,发展储层特性预测和研究;通过地震采集、处理、解释的三结合,深化圈闭的研究和落实。在当前实际生产活动中,十分强调地震采集、处理、解释一体化的思路,并已着手向这个方向迈进。一体化不是一件简单的事情,除先进的软、硬件条件外,还必须有高素质的知识复合型人才,有指导实现一体化的科学思路。研究工作也必须采用这种思路,即使是某一个环节中的一个小专题,也必须研究其他环节对它的影响,以及它对其他环节的影响。只有这样,才能使我们的研究工作向深层次发展,使研究工作与油气的勘探效益紧密地结合在一起,确保研究工作的健康发展。

技术创新:随着科技的不断发展,物探技术不断创新,不断涌现出新的技术和方法,提高了物探技术的准确性和效率。

应用范围扩大:随着物探技术的不断发展,其应用范围不断扩大,不仅应用于资源勘探、环境监测等领域,还扩展到了医学成像、考古等领域。

　　智能化发展:随着人工智能、大数据等技术的不断发展,物探技术也向着智能化方向发展。通过智能化技术,可以实现物探数据的自动处理和分析,提高物探技术的效率和准确性。

　　今后几年水利地球物理勘探技术的发展将集中在两个方面:

　　(1)复杂地区水利勘探的地球物理勘探技术。

　　(2)地球物理技术向水利工程开发利用领域延伸。

　　工程物探技术要适应岩土工程勘察不断发展的要求,进一步提高物探技术人员的素质,特别是针对不同工程条件合理选用综合物探方法和对各种物理参数的解释能力。

　　进一步研究各种物探技术方法对不同地球物理前提的适用性,避免滥用。针对一般情况下岩土工程勘察勘探深度不大,但分辨和定量解释精度要求高的特点,推广使用面波、多道瞬态面波技术与高密度电法、地下管线探测等方法,并加强电磁、地震波成像技术的研究和工程应用。

　　进一步加强工程物探中计算机技术的应用,并注意软硬件的适用性和采用的数学模型、物理力学参数的准确性和代表性。提高技术人员的应用水平和成果的可信度。

　　综上所述,由于电子技术,计算机技术的广泛应用,工程物探技术在勘察精度和勘察能力方面有了较大提高,已经从定性分析发展为定量、半定量分析,另外加上工程物探技术本身探测速度快、检测点密度大、成本低,所以工程物探技术已成为解决工程建设问题必不可少的非常有效的高科技手段。

参考文献

[1] 陈兴海,张平松,江晓益,等.水库大坝渗漏地球物理检测技术方法及进展[J].工程地球物理学报, 2014, 11(2):1672-7940.

[2] 周杨,李新,冷元宝,等.黄河堤防隐患探测技术研发及展望[J].人民黄河, 2009(4):1000-1379.

[3] 周莉,郭玉松,崔炎锋.黄河河道整治工程根石探测新技术研究[J].人民黄河, 2011, 33(7): 1000-1379.

[4] 肖宽怀.隧道超前预报地球物理方法及应用研究[D].成都:成都理工大学,2012.

[5] 谢国文.西南典型岩溶含水介质特征识别方法研究[D].重庆:西南大学,2019.

[6] 祈庆和.水工建筑物[M].北京:中国水利水电出版社,2001.

[7] 刘海清.水利工程帷幕灌浆工程质量检测及评价综合方法[J].科技论坛,2020,10:18.

[8] 石昆法.可控源大地音频地磁法理论与应用[M].北京:科学出版社,1999.

[9] 沈远超,李金铭.地电场与电法勘探[M].北京:地质出版社,2005.